SUPER
중학 수학

1

Level 중학교 수학 1 과정

문제 해결력 강화 교재

SUPER
중학 수학

특목고에 진학하거나, 수학 경시 대회에 나가는 학생들은 수학 천재일까요?

꼭, 그렇지만은 않습니다.

그 학생들도 처음에는 평범한 학생으로 출발하였습니다.

그러나 그 학생들에게 물어보면 오랜 시간 특목고와 경시 대회를 목표로 공부해왔다는 것을 알 수 있었습니다.

그렇습니다!

그들도 특화된 문제를 풀기 위해서 그들만의 수많은 시행착오를 걸친 결과였습니다.

수학은 과목의 특성상 수천 또는 수만 개의 유형의 문제일지라도, 그 속에 들어 있는 수학의 개념은 몇 개로 정해져 있습니다.

따라서 다양한 유형의 문제들 속에서, 그 문제들이 묻고자하는 수학 개념이 무엇인지를 파악하는 능력을 기르는 것이 매우 중요합니다.

이렇듯, 특목고나 경시대회의 문제일지라도 기출 문제나 유사한 문제들을 많이 접하고 풀어보다 보면, 그러한 문제를 푸는 능력이 향상 될 수 있을 것입니다.

아무쪼록, SUPER 수학과 함께 여러분의 문제 해결력 능력이 향상되길 기원합니다.

- 지은이 씀 -

Seeing much, suffering much, and studying much, are the three pillars of learning.
(많이 보고, 많이 겪고, 많이 공부하는 것은 배움의 세 기둥이다.)

Constitution

01 개념 정리

특목고 및 경시 대비를 할 수 있도록 교과서의
주요 핵심 내용을 철저히 분석하여 학생들이 이
해하기 쉽게 정리하였을 뿐만 아니라 상위 개념
도 필요한 경우 교과서 뛰어넘기로 해결할 수 있
도록 하였습니다.

I 수와 연산

자연수의 성질 ★★

(1) 거듭제곱
① 거듭제곱: 같은 수나 문자를 거듭하여 곱한 것
② 밑: 거듭하여 곱하여진 수나 문자
③ 지수: 거듭하여 곱한 수나 문자의 개수

(2) 소인수분해
① 소수: 1보다 큰 자연수 중에서 1과 그 수 자신만을 약수
② 합성수: 1보다 큰 자연수 중에서 소수가 아닌 수, 즉 약

Point
① 소인수 : 소수인 인수
② 1은 소수도 아니고
합성수도 아니다

교과서 뛰어넘기
절댓값의 성질
① $|a| = \begin{cases} a(a \geq 0) \\ -a(a < 0) \end{cases}$
② $|a| \geq 0$
③ $|a||b| = |ab|$

교과서 뛰어넘기 ●----
고등학교 과정이 필요한 개념 및
정리를 다루어 문제를 해결하는데
용이하도록 하였습니다.

02 특목고 대비 문제

그 동안 출제되었던 과학고, 외고, 영재고, 자립형
사립고, 민사고 등의 문제를 분석하여 실제 기출
문제와 동일한 유형 및 출제가 예상되는 문제를
다양하게 다루어 특목고에 대비할 수 있게 하
였습니다.

▷ 특목고 대비 문제

정답

1 두 양의 정수 A, B의 최대공약수 G와 최소공배수 L에 대하여 $\dfrac{G}{A} + \dfrac{G}{B} = \dfrac{7}{10}$, $L = 70$일 때, $A + B$의 값을 구하여라.

03 특목고 구술·면접 대비 문제

그 단원에서 가장 중요한 내용을 가지고 실제 특
목고에서 출제된 구술·면접 문제와 동일한 유형
으로 출제하여 특목고 시험에서 자신감을 가질
수 있도록 하였습니다.

❖ 특목고 구술·면접 대비 문제

01 다음 물음에 답하여라.
(1) 초콜릿이 10g 들어가는 아이스크림을 만드는 회사가 5개 있다. 그런데
이스크림 가게에서는 5개의 회사 중 한 곳의 회사가 초콜릿을 9g으로 속
스크림을 만들고 있다는 사실을 알게 되자, 각 회사로부터 여러 개의 견
들고 와서 초콜릿의 용량을 어긴 회사를 찾으려고 한다. 이때, 눈금 저울
만 사용한다면 어떻게 회사를 찾을 수 있겠는지 설명하여라.
(2) 초콜릿이 10g 들어가는 아이스크림을 만드는 회사가 5개 있다. 그런데
중 몇 개가 초콜릿을 9g으로 속여 납품하고 있다는 사실을 알게 되자, ᄀ

> 과고, 외고, 영재고, 자립형 사립고, 민사고 경시에서 출제
> 되었던 문제를 종합적으로 분석하여 출제 가능성이 높은
> 유형만을 수록하였기 때문에 어떤 특목고 및 경시 시험도
> 절대로 Super 수학을 벗어날 수 없게 만들었습니다.

04 시·도 경시 대비 문제

각 시·도에서 출제된 경시 문제를 종합적으로
분석하여 출제가 예상되는 문제를 통해 시·도
경시 대회에 대비할 수 있게 하였습니다.

※ 시·도 경시 대비 문제

01 $\frac{n}{2}$이 어떤 자연수의 세제곱이고, $\frac{n}{3}$이 어떤 자연수의 제곱이 되는 자연수 n 중
가장 작은 것을 구하여라.

05 올림피아드 대비 문제

시·도 경시 및 올림피아드에 출전하고 싶은 학
생들을 위해 중학교 교육 과정 및 중학교 교육
과정을 뛰어 넘는 문제를 다루어 올림피아드의
시험 문제 유형을 파악하여 올림피아드에 대비할
수 있도록 하였습니다.

※ 올림피아드 대비 문제

정답 및

1 자연수 n이 있다. 이 자연수 n과 서로소이며, n을 넘지 않는 자연수의 개수를 $\phi(n)$
이라고 할 때, 다음 물음에 답하여라.
(1) $\phi(a^p)$ (a는 소수이고, p는 자연수)의 값을 구하여라.
(2) $n = pq$ (p, q는 서로 다른 소수)일 때, $\phi(n) = (p-1)(q-1)$임을 보여라.
(3) $n = p^q q^r r$ (p, q, r은 서로 다른 소수)일 때, $\phi(n)$의 값을 구하여라.

06 정답 및 해설

정답 및 해설을 학생들의 입장에서 가능한 이해
하기 쉽게 자세한 풀이를 하였습니다.

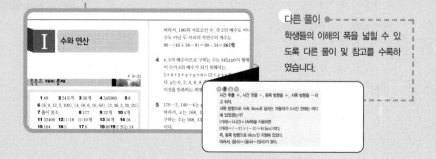

I 수와 연산

특목고 대비 문제
P. 9~23

1 49	2 24도막	3 36개	4 345960	5 8
6 (8, 9, 12, 5, 100), (4, 18, 6, 10, 50), (2, 36, 3, 20, 25)				
7 풀이 참조		8 177	9 22개	10 4개
11 32400	12 (1) 18 (2) 10개		13 30개	14 16
15 164	16 5	17 6	18 60 19 2 또는 14	

따라서, 100과 서로소인 수, 즉 2의 배수도 아
수도 아닌 두 자리의 자연수의 개수는
$90 - (45 + 18 - 9) = 90 - 54 = 36$(개)

4. 5의 배수이므로 구하는 수는 345xy0의 형태
이 수가 3의 배수가 되기 위해서
$3 + 4 + 5 + x + y + 0 = 12 + x$
다. y는 0, 2, 4, 6, 8
이것을 만족하는 최대

5 170−2, 140−4는
따라서, x는 168,
구하는 수는 168, 13
이다.

다른 풀이

학생들의 이해의 폭을 넓힐 수 있
도록 다른 풀이 및 참고를 수록하
였습니다.

> 시간 흐름 +, 시간 전일 −, 동북 방향을 +, 서쪽 방향을 −라
> 고 하자.
> 서쪽 방향으로 시속 3km로 달리는 자동차가 2시간 전에는 어디
> 에 있었겠는가?
> (거리)=(시간)×(속력)을 이용하면
> (거리)=(−2) × (−3) = 6(km) 이다.
> 즉, 동북 방향으로 6km인 지점에 있었다.
> 따라서, (음수) × (음수) = (양수)가 된다.

Contents

Chapter I

수와 연산

Ⅰ 수와 연산

① 자연수의 성질 ★★

(1) 거듭제곱
① 거듭제곱: 같은 수나 문자를 거듭하여 곱한 것
② 밑: 거듭하여 곱하여진 수나 문자
③ 지수: 거듭하여 곱한 수나 문자의 개수

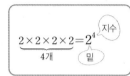

point
① 소인수 : 소수인 인수
② 1은 소수도 아니고
합성수도 아니다.
③ 소수는 무한히 많다.

(2) 소인수분해
① 소수 : 1보다 큰 자연수 중에서 1과 그 수 자신만을 약수로 가지는 수
② 합성수: 1보다 큰 자연수 중에서 소수가 아닌 수, 즉 약수가 3개 이상인 수
③ 소인수분해 : 자연수를 소수들만의 곱으로 나타내는 것

(3) 소인수분해와 약수
자연수 N이 $N=a^n \times b^m$(단, a, b는 서로 다른 소수)으로 소인수분해될 때
① N의 약수의 개수 : $(n+1) \times (m+1)$개
② N의 약수의 총합 : $(1+a+a^2+\cdots+a^n) \times (1+b+b^2+\cdots+b^m)$

point
4의 배수 판정법 : 100이
4로 나누어 떨어지기 때
문에 끝의 두 자릿수만 확
인하면 된다.

(4) 배수판정법
① 2의 배수 : 일의 자리의 숫자가 0 또는 짝수일 때
② 3의 배수 : 각 자리의 숫자의 합이 3의 배수일 때
③ 4의 배수 : 끝의 두 자릿수가 00 또는 4의 배수일 때
④ 6의 배수 : 2의 배수이면서 3의 배수일 때
⑤ 9의 배수 : 각 자리의 숫자의 합이 9의 배수일 때
⑥ 11의 배수 : 홀수번째의 숫자의 합과 짝수번째의 숫자의 합의 차가 11의 배수일 때

② 최대공약수와 최소공배수 ★★★

point
두 자연수 A, B의 최대
공약수를 G, 최소공배수
를 L이라 하면
① $A=aG$, $B=bG$
(단, a, b는 서로소)
② $L=abG$
③ $AB=LG$

(1) 최대공약수
① 최대공약수의 성질: 두 개 이상의 자연수의 공약수는 그 수들의 최대공약수의 약수이다.
② 서로소: 최대공약수가 1인 두 자연수
③ 소인수분해를 이용하여 최대공약수 구하기: 공통인 소인수를 모두 곱한다.

$$
\begin{aligned}
12 &= 2 \times 2 \times 3 \\
18 &= 2 \quad\;\; \times 3 \times 3 \\
\hline
(최대공약수): 2 \quad\;\; \times 3
\end{aligned}
$$

(2) 최소공배수
① 최소공배수의 성질: 두 개 이상의 자연수의 공배수는 그 수들의 최소공배수의 배수이다.
② 소인수분해를 이용하여 최소공배수 구하기: 공통인 소인수와 공통이 아닌 소인수를 모두 곱한다.

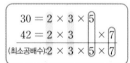

(3) 최대공약수와 최소공배수의 활용
① 최대공약수의 활용: '가능한 한 많은', '가장 큰', '최대의' 등의 표현이 있는 경우
② 최소공배수의 활용: '가능한 한 적은', '가장 작은', '최소의' 등의 표현이 있는 경우

③ 정수와 유리수 ★

(1) 양수와 음수

① 양수 : 0보다 큰 수, 즉 양의 부호 +가 붙은 수

② 음수 : 0보다 작은 수, 즉 음의 부호 −가 붙은 수

(2) 정수

① 양의 정수 : 자연수에 양의 부호 +를 붙인 수, 즉 +1, +2, +3, …

② 음의 정수 : 자연수에 음의 부호 −를 붙인 수, 즉 −1, −2, −3, …

③ 정수 : 양의 정수, 0, 음의 정수를 통틀어 일컫는 수

(3) 유리수의 분류

양의 유리수(양수), 0, 음의 유리수(음수)를 통틀어 유리수라 한다.

$$유리수 \begin{cases} 정수 \begin{cases} 양의 정수(자연수) : +1, +2, +3, \cdots \\ 0 \\ 음의 정수 : -1, -2, -3, \cdots \end{cases} \\ 정수가 아닌 유리수 : 0.2, -\dfrac{9}{5}, +\dfrac{7}{4}, \cdots \end{cases}$$

교과서 뛰어넘기

절댓값의 성질

① $|a| = \begin{cases} a \, (a \geq 0) \\ -a \, (a < 0) \end{cases}$

② $|a| \geq 0$

③ $|a| \, |b| = |ab|$

④ $\dfrac{|a|}{|b|} = \left| \dfrac{a}{b} \right|$ (단, $b \neq 0$)

⑤ $|a| \leq b \Longleftrightarrow -b \leq a \leq b$ (단, $b > 0$)

$|a| \geq b \Longleftrightarrow a \leq -b$ 또는 $a \geq b$ (단, $b > 0$)

④ 수의 대소 관계 ★★

① 양수는 0보다 크고, 음수는 0보다 작다. 즉, (음수) < 0 < (양수)

② 양수는 음수보다 크다. 즉, (양수) > (음수)

③ 두 양수에서는 절댓값이 클수록 크다.

④ 두 음수에서는 절댓값이 클수록 작다.

⑤ 정수와 유리수의 계산 ★★★

(1) 유리수의 덧셈

① 같은 부호의 두 수의 덧셈 : 두 수의 절댓값의 합에 공통인 부호를 붙인다.

② 다른 부호의 두 수의 덧셈 : 두 수의 절댓값의 차에 절댓값이 큰 수의 부호를 붙인다.

---

(2) 유리수의 뺄셈

빼는 수의 부호를 바꾸어 덧셈으로 계산한다.

(3) 덧셈과 뺄셈의 혼합 계산

① 뺄셈을 덧셈으로 고친다.
② 양수는 양수끼리, 음수는 음수끼리 모아서 계산한다.

(4) 유리수의 곱셈

① 부호가 같은 두 수의 곱셈 : 두 수의 절댓값의 곱에 양의 부호를 붙인다.
② 부호가 다른 두 수의 곱셈 : 두 수의 절댓값의 곱에 음의 부호를 붙인다.
③ 어떤 수와 0의 곱은 항상 0이다. 즉, $0×$ (모든 수) $=0$
④ 곱해진 음수의 개수가 짝수 개이면 부호가 $+$ 이다.
⑤ 곱해진 음수의 개수가 홀수 개이면 부호가 $-$ 이다.

(5) 분배법칙

a, b, c가 유리수일 때,
① $a×(b+c)=a×b+a×c$
② $a×b+a×c=a×(b+c)$

(6) 유리수의 나눗셈

① 부호가 같은 두 수의 나눗셈 : 두 수의 절댓값의 몫에 양의 부호를 붙인다.
② 부호가 다른 두 수의 나눗셈 : 두 수의 절댓값의 몫에 음의 부호를 붙인다.
③ 0을 0이 아닌 수로 나누면 그 몫은 항상 0이다. 즉, $0÷$(0이 아닌 수)$=0$
④ 유리수의 나눗셈에서 어떤 수로 나누는 것은 그 수의 역수를 곱하는 것과 같다.

   즉, 두 유리수 $a, b(b≠0)$에 대하여 $a÷b=a×\dfrac{1}{b}$

(7) 덧셈, 뺄셈, 곱셈, 나눗셈의 혼합 계산

① 거듭제곱이 있으면 거듭제곱을 먼저 계산한다.
② 소괄호 ( ) → 중괄호 { } → 대괄호 [ ] 순으로 괄호를 정리한다.
③ 곱셈, 나눗셈을 먼저 계산하고, 덧셈, 뺄셈을 나중에 계산한다.

교과서 뛰어넘기

유리식의 계산

A, B, C, D, M이 모두 0이 아닌 유리식일 때,

① $\dfrac{A}{B}=\dfrac{A×M}{B×M}$

② $\dfrac{A}{B}=\dfrac{A÷M}{B÷M}$

③ $\dfrac{1}{AB}=\dfrac{1}{B-A}\left(\dfrac{1}{A}-\dfrac{1}{B}\right)$

④ $\dfrac{\dfrac{A}{B}}{\dfrac{C}{D}}=\dfrac{A×D}{B×C}=\dfrac{AD}{BC}$

1 두 양의 정수 A, B의 최대공약수 G와 최소공배수 L에 대하여 $\dfrac{G}{A} + \dfrac{G}{B} = \dfrac{7}{10}$, $L = 70$일 때, $A + B$의 값을 구하여라.

2 긴 나무 막대기 위에 이 막대기의 길이를 12등분, 15등분 하는 눈금이 각각 새겨져 있다. 이 눈금을 따라 막대기를 자르면 모두 몇 도막이 생기는지 구하여라.

3 두 자리의 자연수 중 100과 서로소인 것의 개수를 구하여라.

신유형 new

04 345의 뒤에 세 자리의 수를 붙여서 여섯 자리의 수를 만들려고 한다. 이 수가 3, 4, 5로 나누어 떨어지는 최대의 자연수가 되도록 할 때, 이 여섯 자리의 수를 구하여라.

05 170을 어떤 수 x로 나누면 2가 남고, 140을 x로 나누면 4가 남을 때, x가 될 수 있는 가장 큰 자연수를 구하여라.

06 5개의 자연수 a, b, c, d, e에 대하여 a와 b의 곱은 72, b와 c의 곱은 108, c와 d의 곱은 60, d와 e의 곱은 500이다. 이때, 자연수의 순서쌍 (a, b, c, d, e)를 모두 구하여라.

07 임의의 n자리의 자연수에 대하여 이 숫자의 배열을 바꾼 수를 생각해 보자. 원래의 수와 배열을 바꾼 수의 차는 9의 배수임을 설명하여라.

8 어떤 두 자리의 자연수 N을 2로 나누면 나머지가 1이고, 3으로 나누면 나머지가 2이고, 5로 나누면 나머지가 4라고 한다. 가능한 모든 N의 값들의 합을 구하여라.

9 6의 약수는 모두 1, 2, 3, 6으로 4개이다. 이것을 참고로 하여 500 이하의 자연수 중에서 약수를 홀수 개 갖는 것의 개수를 구하여라.

10 다음과 같은 꼴로 소인수분해되는 자연수의 개수를 구하여라.

$$ab(10a+b)(단, a, b는 1보다 크고 9보다 작은 자연수이다.)$$

11 75로 나누면 나누어 떨어지고, 1과 자기 자신을 포함한 양의 약수의 개수가 75개인 최소의 자연수 n을 구하여라.

12 오른쪽 그림과 같은 정오각형 ABCDE의 각 꼭짓점 A, B, C, D, E에 1, 2, 3, 4, 5, 6, 7, …과 같이 숫자를 차례로 대응시킬 때, 다음 물음에 답하여라.

(1) 꼭짓점 C에 4번째로 오는 숫자를 구하여라.

(2) 50과 100 사이의 수 중에서 꼭짓점 D에 오는 숫자는 모두 몇 개인지 구하여라.

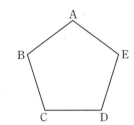

13 가로의 길이, 세로의 길이, 높이가 각각 60cm, 90cm, 150cm인 직육면체를 나누어 여러 개의 같은 크기의 정육면체를 만들려고 한다. 정육면체의 개수를 가장 적게 할 때, 정육면체의 개수를 구하여라.

Super Math

14 $30 \times 31 \times 32 \times \cdots \times 98 \times 99$ 는 5^n 으로 나누어떨어진다. 가장 큰 자연수 n 의 값을 구하여라.

15 1부터 9까지의 서로 다른 세 수 a, b, c 로 이루어진 다섯 자리의 자연수 $ababc$ 는 12의 배수이고, 두 자리의 자연수 ab 는 c^2 과 같을 때, 세 자리의 자연수 abc 를 구하여라.

신유형 **new**

16 합성수 n 을 소인수분해하였다. $n=ab$ (단, $a \neq b$)일 때, 부등식 $100 < nab < 200$ 을 만족하는 n, a, b 에 대하여 $n-a-b$ 의 값을 구하여라.

17 세 정수 a, b, c가 있다. a와 b의 최대공약수는 18이고, b와 c의 최대공약수는 24이다. 이때, a, b, c의 최대공약수를 구하여라.

18 신유형 new

두 자연수 a, b에 대하여 a와 b의 최대공약수를 $a \bullet b$로 나타내고, a와 b의 최소공배수를 $a \bigcirc b$로 나타내기로 하자. 다음 두 식을 만족하는 x, y에 대하여 $(x \bullet y) \bigcirc (x \bigcirc y)$를 구하여라.

㈎ $(63 \bullet 99)x = 540$ ㈏ $3y - (18 \bigcirc 45) = 0$

---

19 수직선 위에 대응하는 두 정수 x, y의 중앙에 있는 점이 4이고, x의 절댓값이 6이라고 한다. 이때, y의 값이 될 수 있는 수를 모두 구하여라.

20 두 정수 x, y에 대하여 $|x-2|=4$, $|x-y+3|=4$일 때, $x+y$의 값의 최댓값과 최솟값을 각각 구하여라.

신유형 new

21 유리수 $\dfrac{1}{7}$ 을 $\dfrac{1}{7}=\dfrac{1}{8}+\dfrac{1}{56}$ 과 같이 분자를 1로 하는 서로 다른 두 분수의 합으로 나타낼 수 있다. 같은 방법으로 유리수 $\dfrac{1}{5}$ 을 나타내어라.
(단, 두 분수 중 하나의 분모는 한 자리의 수이다.)

22 두 유리수 x, y에 대하여 $|3x-2y+4|+|-x+2y-2|=0$이 성립할 때, $2x-y$의 값을 구하여라.

23 갑과 을이 같은 방향으로 가고 있다. 갑이 4걸음 가는 동안 을은 3걸음 가고, 갑이 7 걸음에 갈 거리를 을은 5걸음에 간다. 현재 갑이 을의 걸음으로 10걸음 앞서 있다 면, 지금부터 을은 몇 걸음 가서 갑과 만나는지 구하여라.

24 유리수 x에 대하여 $f(x)$를

$$f(x) = \begin{cases} \dfrac{1}{2} & (x\text{가 정수가 아닐 때}) \\ \dfrac{1}{4} & (x\text{가 정수일 때}) \end{cases}$$

로 정의할 때, $|-f(2)| + f(f(1)) + f\left(\dfrac{2}{3}\right)$의 값을 구하여라.

25 1, 10, 100, 1000, 10000, …을 차례대로 7로 나눈 나머지가 4번째로 1이 되는 것 은 처음부터 몇 번째 수인가?

26

수 1234567891011121314151616…30을 9로 나누었을 때의 나머지를 구하여라.

27 자연수 N은 각 자리의 숫자가 0 또는 8로만 이루어진 15의 배수 중 최소의 수이다.

이때, $\dfrac{N}{15}$ 의 값을 구하여라.

28 $\dfrac{1}{3}$보다 크고 $\dfrac{6}{7}$보다 작은 분수 중에서 분모가 6인 분수들의 합을 구하여라.

29 $\left[\dfrac{4x-3}{6}\right]=0$이 성립하는 x의 값 중에서 정수인 것을 모두 구하여라.

(단, $[x]$는 x보다 크지 않은 최대의 정수이다.)

30 $a^2-b^2=(a+b)(a-b)$임을 이용하여 $\left(1+\dfrac{1}{2}\right)\left(1+\dfrac{1}{4}\right)\left(1+\dfrac{1}{16}\right)$의 값을 구하여라.

31 유리수 x, y에 대하여 연산 $\langle x, y\rangle$를 $\langle x, y\rangle=\dfrac{2x+y}{x-2y}$(단, $x\neq 2y$)로 정의할 때, $\left\langle \dfrac{1}{2}, \dfrac{2}{3}\right\rangle-\left\langle \dfrac{1}{3}, \dfrac{1}{4}\right\rangle$의 값을 구하여라.

Super Math

32 두 사람이 가위바위보를 할 때, 이기거나 비기는 경우를 기호 $*$로 나타내기로 하자. 예를 들어 (가위) $*$ (보)＝(가위), (보) $*$ (보)＝(보), (바위) $*$ (보)＝(보)이다.
이때, {(가위) $*$ (바위)} $*$ (보)＝(가위) $*$ {(바위) $*$ (보)}는 성립하는지 알아보아라.

33 $\dfrac{11}{52}=\cfrac{1}{a+\cfrac{1}{b+\cfrac{1}{c+\cfrac{1}{d+\cfrac{1}{2}}}}}$ 일 때, $a+b+c+d$의 값을 구하여라.

(단, a, b, c, d는 자연수이다.)

34 0이 아닌 두 유리수 a, b에 대하여 $[a, b]=\dfrac{\dfrac{b}{a-b}}{\dfrac{a}{a+b}}$ 로 정의할 때, $[3, 5]$의 값을 구하여라.

35 0이 아닌 두 수 a, b에 대하여 $a \diamondsuit b = \dfrac{1}{a+b} - \dfrac{1}{a}$이라 정의하자. 이때, $5 \diamondsuit x = 2$가 되는 x의 값을 구하여라.

36 n은 1보다 큰 자연수일 때, $(-1)^{n+2} - (-1)^{n-1} + (-1)^{n+1} - (-1)^n$의 값을 구하여라.

37 $-3^2 - \left[\dfrac{5}{2} \div \{5 \times (-2)^2 - 5\} + 6 \right]$을 계산하여라.

38 첫번째 수를 $1 \cdot 10$, 두 번째 수를 $2 \cdot 9$, 세 번째 수를 $3 \cdot 8$, 네 번째 수를 $4 \cdot 7$, $\cdots$, 열 번째 수를 $10 \cdot 1$이라고 한다. n번째 수를 n을 이용하여 나타내어라.

39 유리수 x, y에 대하여 $\langle x, y \rangle = x + \dfrac{y}{2}$로 정의할 때, $\langle 2x, 2y \rangle + 1 = \langle y, x \rangle - 2$를 만족하는 x의 값을 구하여라.

신유형 new

40 1을 더하거나 3을 곱하여 1부터 시작하여 34를 만들려고 한다. 최소한 몇 단계가 있어야 하는지 구하여라.

신유형 new

41 정수 a, b, c가 다음 조건을 모두 만족할 때, $a-b-c$의 값을 구하여라.

조건

(가) (c의 절댓값)< (b의 절댓값)< (a의 절댓값)

(나) $a \times b \times c = 12$

(다) $a+b+c=-7$

42 1999년은 각 자리의 숫자의 합이 28이다. 1999년 이후의 해 중에서 각 자리의 숫자의 합이 28이 되는 가장 빠른 해를 구하여라.

43 오른쪽 표는 유리수 x, y, z를 일정한 공식에 대입하여 계산한 값이다. □ 안에 알맞은 수를 모두 구하여라.

x	y	z	계산한 값
7	4	9	28
12	15	3	60
2	3	3	□

44 9의 배수는 각 자리의 숫자를 모두 합하여 9로 나누어 떨어진다. 16개의 숫자 1, 1, 1, 2, 3, 4, 5, 5, 6, 6, 7, 7, 7, 8, 9, 9를 오른쪽 그림의 빈칸에 채워서 가로, 세로 어느 방향으로 읽어도 네 자리의 숫자가 9의 배수가 되도록 만들어라.

45 다음 그림과 같이 숫자가 배열되어 있다. 빈칸에 알맞은 수를 구하여라.

17	7
6	

32	8
10	

15	13

46 오른쪽 그림과 같은 삼각형 모양이 있다. ○ 안에 1부터 6까지의 숫자를 한 번씩 넣는데, 삼각형의 한 변에 해당하는 세 수의 합이 모두 같게 하려고 한다. 삼각형의 한 변의 합이 가장 클 때와 가장 작을 때를 차례로 구하여라.

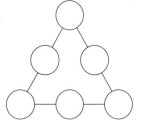

01 다음 물음에 답하여라.

(1) 초콜릿이 10g 들어가는 아이스크림을 만드는 회사가 5개 있다. 그런데 어떤 아이스크림 가게에서는 5개의 회사 중 한 곳의 회사가 초콜릿을 9g으로 속여 아이스크림을 만들고 있다는 사실을 알게 되자, 각 회사로부터 여러 개의 견본품들을 들고 와서 초콜릿의 용량을 어긴 회사를 찾으려고 한다. 이때, 눈금 저울을 한 번만 사용한다면 어떻게 이 회사를 찾을 수 있겠는지 설명하여라.

(2) 초콜릿이 10g 들어가는 아이스크림을 만드는 회사가 5개 있다. 그런데 이 회사 중 몇 개가 초콜릿을 9g으로 속여 납품하고 있다는 사실을 알게 되자, 각 회사로부터 여러 개의 견본품들을 입수하여 초콜릿의 용량을 속인 회사를 찾으려고 한다. 이때, 눈금 저울을 한 번만 사용한다면 어떻게 이 회사를 찾을 수 있겠는지 설명하여라.

02 아래 그림과 같이 한 변의 길이가 1인 정사각형을 붙여서 정사각형을 만들었다. 다음 물음에 답하여라.

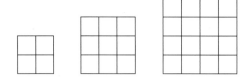

(1) 한 변의 길이가 6인 정사각형에 포함된 정사각형의 개수를 모두 구하여라.
(2) 한 변의 길이가 n인 정사각형에 포함된 정사각형의 개수를 모두 구하여라.

03 은지는 동생에게 (음수)×(음수)＝(양수)임을 설명하고자 한다. 은지가 정수의 곱셈에서 (음수)×(음수)＝(양수)가 됨을 어떻게 설명하면 동생이 알 수 있을지 예를 들어 설명하여라.

04 다음 그림은 수의 규칙성을 그림으로 나타낸 것이다.

$$1+2+3+2+1=3^2$$

$$1+2+3+4+5+4+3+2+1=5^2$$

$$1+2+3+4+5+6+7+6+5+4+3+2+1=7^2$$

$$1+2+3+4+5+\cdots+2n+(2n+1)+2n+\cdots+5+4+3+2+1=(2n+1)^2$$
이것을 바탕으로 하여 n이 자연수일 때,
$$1+3+5+\cdots+(2n-1)+(2n+1)+(2n-1)+\cdots+5+3+1=n^2+(n+1)^2$$
임을 그림을 그려 설명하여라.

01 $\frac{n}{2}$ 이 어떤 자연수의 세제곱이고, $\frac{n}{3}$ 이 어떤 자연수의 제곱이 되는 자연수 n 중에서 가장 작은 것을 구하여라.

02 각 자리의 수의 곱으로 새로운 수를 만들어 나가는 작업을 계속하면 결국 한 자리의 수로 끝난다. 예를 들어 $59 \rightarrow 45 \rightarrow 20 \rightarrow 0$ 은 59로 시작하여 0으로 끝나는 길이가 4인 연결이다. 연결의 길이가 5가 되고 8로 끝나는 두 자리 양의 정수를 구하여라.

03 다섯 자리의 자연수 $ab3cd$ 가 225의 배수가 되는 가장 큰 수를 구하여라.

04 여섯 자리의 자연수 $abcdef$가 있다. 이 수가 13의 배수인지 아닌지를 판별하는 식에 대하여 설명하여라.

05 어떤 5개의 자연수가 있어서 이들의 합과 곱이 같다고 한다. 5개의 자연수의 곱을 모두 구하여라.

06 다음 그림과 같이 ●의 합의 변화를 보고 $1+2+3+\cdots+n=\dfrac{n(n+1)}{2}$ 임을 보여라.

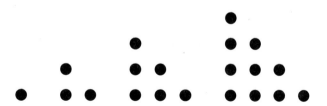

07 두 자연수 A, B의 최소공배수는 455이고 $\dfrac{A-10}{B-14} = \dfrac{A}{B}$ 를 만족한다. 이때, A, B의 값을 구하여라.

08 어떤 자연수 N은 7로 나누면 나머지가 2이고, 5로 나누면 나머지가 3이 된다. 이 중 두 번째로 작은 자연수를 구하여라.

09 2178에 4를 곱한 결과는 2178을 반대로 나열한 8712가 된다. 9를 곱한 결과가 이와 같이 되는 네 자리 자연수를 구하여라.

10 a, b, c가 1부터 9까지의 정수일 때, $\dfrac{1}{ab}+\dfrac{1}{bc}+\dfrac{1}{ca}$ 의 최댓값을 구하여라.

11 $f(2a-1, b+1)=ab-2a+b-3$일 때, $f(x-3, 2y+1)$을 x, y를 사용하여 나타내어라.

12 정수 x, y에 대하여 $x*y=\dfrac{x+y}{2}+\dfrac{|x-y|}{2}$ 로 정의하자. 연산 $*$은 x와 y 중에서 어떤 값을 나타내는지에 대하여 설명하고, $(1*2)*3$의 값을 구하여라.

13 자연수를 다음 그림과 같은 규칙으로 나열하였다. 2017에서 2018로 가는 화살표의 방향은 어떻게 되는지 구하여라.

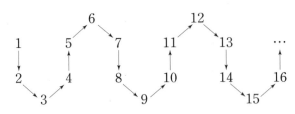

14 아래 그림과 같은 규칙으로 흰 바둑돌과 검은 바둑돌을 계속하여 배열할 때, 19번째 사각형 안에 있는 검은 바둑돌의 개수를 구하여라.

첫번째   두 번째   세 번째   네 번째

15 여섯 자리의 수 A가 있다. $A, 2A, 3A, 4A, 5A, 6A$는 서로 같은 자리에 똑같은 숫자가 하나도 없는 여섯 자리의 수이며, $2A, 3A, 4A, 5A, 6A$는 각각 A의 자리의 숫자의 위치를 적당히 바꾼 수이다. 다음 물음에 답하여라.
(1) $A = 5291 \times (A$의 각 자리의 숫자의 합)이 성립함을 보여라.
(2) A의 값을 구하여라.

16 분수 $\dfrac{N+7}{N+4}$ 이 기약분수가 되지 않도록 하는 0보다 크고 2015보다 작은 정수 N의 개수를 구하여라.

17 바둑판에 아래 그림과 같은 규칙으로 흰 돌과 검은 돌을 놓는다. 다음 물음에 답하여라.

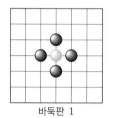 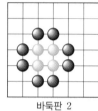 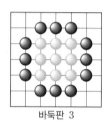

바둑판 1   바둑판 2   바둑판 3

(1) n번째 바둑판에 놓인 흰 돌과 검은 돌의 개수의 합을 구하여라.
(2) 10번째 바둑판까지 놓인 흰 돌과 검은 돌의 개수의 총합을 구하여라.

18 1, 2, 3, 4, 5를 모두 한 번씩 사용하여 만들 수 있는 5자리의 정수는 모두 120개가 있다. 이 수들을 작은 수부터 차례대로 나열할 때(12345, 12354, 12435, …, 54321), 75번째 오는 수를 구하여라.

19 세 수 3048, 5988, 8088을 자연수 k로 나누었을 때, 나머지를 같게 하는 자연수 k의 개수를 구하여라.

20 x가 3이 아닌 유리수일 때, $\dfrac{5x-3}{x-3}$ 은 유리수임을 설명하여라.

21 10개의 숫자 0, 1, 2, 3, 4, 5, 6, 7, 8, 9에서 서로 다른 두 수를 뽑아 나눗셈으로 나타낼 수 있는 수들에 대하여 다음 물음에 답하여라.

(1) 유리수의 개수를 구하여라.
   (단, 약분하지 않은 수는 약분한 수와 다른 것으로 간주한다.)
(2) 0보다 크고 1보다 작은 기약분수의 개수를 구하여라.

1 자연수 n이 있다. 이 자연수 n과 서로소이며, n을 넘지 않는 자연수의 개수를 $\phi(n)$이라고 할 때, 다음 물음에 답하여라.

(1) $\phi(a^p)$ (a는 소수이고, p는 자연수)의 값을 구하여라.

(2) $n=pq$ (p, q는 서로 다른 소수)일 때, $\phi(n)=(p-1)(q-1)$임을 보여라.

(3) $n=p^a q^b r^c$ (p, q, r은 서로 다른 소수)일 때, $\phi(n)$의 값을 구하여라.

2 전개식이 $a_1 \times 10^9 + a_2 \times 10^8 + a_3 \times 10^7 + \cdots + a_{10}$ (단, a_1, a_2, $\cdots$, a_{10}은 1, 2 또는 3이고, 3인 a_i는 정확히 2개)인 자연수 중에서 9의 배수는 모두 몇 개인지 구하여라.

3 a와 b는 1부터 9까지의 자연수일 때, 분수 $\dfrac{b}{a}$에 두 자리의 수를 분모에는 뒤에, 분자에는 앞에 붙여서 써도 분수의 값이 변하지 않았다. 예를 들면, $\dfrac{5}{6} = \dfrac{545}{654}$ 이다. 이러한 분수 $\dfrac{b}{a}$ 를 모두 구하여라.

4   자연수 N을 $N = a + b + \cdots$ (단, a, b, $\cdots$는 자연수)로 나타낼 수 있다. 예를 들면, $6 = 1 + 2 + 3 = 2 + 2 + 2 = 3 + 3$의 형태로 나타낼 수 있다. 이때, 자연수 N에 대하여 $a \times b \times \cdots$의 최댓값을 구하여라.

5 1번부터 100번까지 번호가 부여된 100명의 사람이 번호 순서대로 원을 이루고 앉아 있다. 1번의 사람부터 시작하여 6명을 건너가면서 계속하여 연필을 주기로 한다. 예를 들어, 1, 7, 13, 19, …, 97번의 사람에게 연필을 주고, 이어서 3, 9, 15, …, 99번의 사람에게 연필을 준다. 연필은 충분히 많이 준비되어 있고, 이와 같은 방법으로 연필을 계속 나누어 준다고 할 때, 연필을 한 자루도 받지 못하는 사람 수를 구하여라.

6 $1 < a < b$일 때, 다음 6개의 수를 작은 것부터 차례대로 나열하고, 그 이유를 설명하여라.

$$\frac{b}{a}, \ \frac{b-1}{a-1}, \ \frac{a-1}{b-1}, \ \frac{b+1}{a+1}, \ \frac{a+1}{b+1}, \ \frac{a}{b}$$

한국 수학 올림피아드 (KMO : Korean Mathematical Olympiad) *

※ 주관 : 대한수학회 (www.kms.or.kr)

한국 수학 올림피아드는 대한수학회가 주최하는 전국 규모의 수학 경시대회로서 우리나라 수학 영재들의 발굴을 목적으로 하며, 시험은 1차 시험과 2차 시험이 있다. 1차, 2차 시험에 합격한 학생에게 국제 수학 올림피아드 한국 대표로 참가하게 된다.

※ 한국 수학 올림피아드 1차 시험(중등부)

1. 지원 대상

① 중학교 재학생 또는 이에 준하는 자
② 탁월한 수학적 재능이 있는 초등학생 또는 이에 준하는 자

• 현재 재학생이 아닌 경우 초등 · 중학교 교육과정에 해당하는 나이이면 중등부 시험에 지원 가능함.

2. 시험 유형 : 주관식 단답형 20문항, 100점 만점

• 각 문항의 배점은 난이도에 따라 4점, 5점, 6점으로 구성
• 답안은 OMR 카드에 작성하게 되어 있으므로 컴퓨터용 수성 사인펜을 지참하여야 함.

3. 출제 범위 : 기하, 정수, 함수, 부등식, 경우의 수 등

4. 시상

(1) 시상 원칙

• 전국 성적순으로 전국 금상, 은상, 동상, 장려상을 시상하며 지역별 성적순으로 지역 금상, 은상, 동상, 장려상을 시상함.
• 지역 구분은 서울특별시, 부산광역시, 대구광역시, 인천광역시, 광주광역시, 대전광역시, 울산광역시, 경기도, 강원도, 충청북도, 충청남도, 경상북도, 경상남도, 전라북도, 전라남도,

제주도의 16개 시 · 도 · 광역시로 나눔.

(2) 시상 범위

• 전국상은 총 응시자의 10% 내외가 되도록 금상, 은상, 동상, 장려상을 시상함을 원칙으로 함.
 지역상은 지역별 응시자수와 득점 상황을 고려하여 금상, 은상, 동상, 장려상을 시상함. 한 학생이 전국상과 지역상을 둘 다 받을 수 있음.

※ 한국 수학 올림피아드 2차 시험(고등부및중등부)

1. 응시 자격

고등부 – ① 한국 수학 올림피아드 고등부 1차 교육 및 수행평가에서 우수한 성적을 거두어 KMO 고등부 시험 응시 자격을 부여받은 자
② 한국 수학 올림피아드 위원회에서 추천한 자

중등부 – ① 한국 수학 올림피아드 중등부 1차 시험에서 우수한 성적을 거두어 KMO 중등부 2차 시험 응시 자격을 부여받은 자(전국상 동상 이상 수상자와 지역상 동상 이상 수상자)
② 한국 수학 올림피아드 위원회에서 추천한 자

2. 시험 유형

주관식 서술형 8문항(오전, 오후 각 4문항씩 총 5시간)

3. 출제 범위

출제 범위는 국제 수학 올림피아드(IMO)의 출제 범위와 동일함. 기하, 정수, 대수(함수 및 부등식), 조합 등 4분야의 문제가 출제되며, 미적분은 제외됨. 중등부에서는 고등부보다 다소 적은 수학적 지식을 갖고도 풀 수 있는 문제가 출제됨.

Chapter II

문자와 식

① 문자를 사용한 식 ★★★

(1) 문자를 사용한 식
① 수량이 사용된 문장을 문자를 사용하여 식으로 나타낼 수 있다.
② 수량과 수량 사이의 관계를 문자를 사용하여 간단한 식으로 나타낼 수 있다.

(2) 문자를 사용한 식을 세울 때 자주 쓰이는 공식
① (거리)=(속력)×(시간)

② (소금물의 농도)= $\dfrac{(소금의 \ 양)}{(소금물의 \ 양)} \times 100(\%)$

③ (거스름 돈)=(지불한 돈)−(물건 값)

② 문자를 사용한 식을 간단히 나타내기 ★

(1) 곱셈 기호(×)의 생략
① 수와 문자의 곱에서 곱셈 기호는 생략하고, 수를 문자 앞에 쓴다.
② 문자와 문자의 곱에서 곱셈 기호는 생략하고, 문자는 알파벳 순으로 쓴다.
③ 같은 문자의 곱은 거듭제곱을 사용한다.
④ 1, −1과 문자의 곱에서 1은 생략한다.

(2) 나눗셈 식을 쓰는 방법 : 나눗셈 기호(÷)는 쓰지 않고 분수의 꼴로 나타낸다.

③ 식의 값 ★★

(1) 대입 : 문자가 있는 식에서 문자에 수를 넣는 것
(2) 식의 값 : 식의 문자에 수를 대입하여 얻은 값

④ 다항식 ★

(1) 항 : 수 또는 문자의 곱으로 이루어진 식
(2) 상수항 : 수만으로 이루어진 항
(3) 다항식 : 하나 이상의 항의 합으로 이루어진 식
(4) 단항식 : 다항식 중에서 하나의 항으로만 이루어진 식
(5) 계수 : 수와 문자의 곱으로 이루어진 항에서 문자 앞에 곱해진 수
(6) 차수 : 어떤 항에 포함된 어떤 문자의 곱해진 개수
(7) 다항식의 차수 : 다항식에서 차수가 가장 큰 항의 차수
(8) 일차식 : 차수가 1인 다항식

⑤ 일차식과 수의 곱셈, 나눗셈 ★★

(1) (일차식)×(수) : 분배법칙을 이용하여 수를 일차식의 각 항에 곱한다.
(2) (일차식)÷(수) : 나누는 수의 역수를 각 항에 곱한다.

6 일차식의 덧셈과 뺄셈 ★★

(1) 괄호가 있으면 분배법칙을 이용하여 괄호를 먼저 푼다.
(2) 동류항끼리 계산한다.

point
동류항 : 문자와 차수가
같은 항

point
$ax+b=0$이 x에 관한
방정식이려면 $a \neq 0$이어
야 한다.

point
$ax+b=cx+d$가 x에
관한 항등식이면
$a=c$, $b=d$이다.

7 방정식 ★

(1) **x에 관한 방정식** : x에 따라 참이 되기도 하고 거짓이 되기도 하는 등식
(2) **해(근)** : 방정식을 참이 되게 하는 x의 값
(3) **x에 관한 항등식** : x에 어떤 수를 대입하여도 항상 참이 되는 등식, 즉 x의 값에 관계없이
    항상 (좌변)=(우변)인 등식

8 등식의 성질 ★★

(1) 등식의 양변에 같은 수를 더하여도 등식은 성립한다.
    즉, $a=b$이면 $a+c=b+c$
(2) 등식의 양변에서 같은 수를 빼어도 등식은 성립한다.
    즉, $a=b$이면 $a-c=b-c$
(3) 등식의 양변에 같은 수를 곱하여도 등식은 성립한다.
    즉, $a=b$이면 $ac=bc$
(4) 등식의 양변을 0이 아닌 같은 수로 나누어도 등식은 성립한다.
    즉, $a=b$이고, $c \neq 0$이면 $\dfrac{a}{c}=\dfrac{b}{c}$

9 일차방정식 ★★★

(1) **이항** : 등식의 성질을 이용하여 한 변에 있는 항의 부호를 바꾸어 다른 변으로 옮기는 것
(2) **일차방정식** : 모든 항을 좌변으로 이항하여 정리한 식이 (일차식)=0의 꼴로 변형되는
    방정식
(3) **일차방정식의 풀이 순서**
    ① 계수가 분수 또는 소수이면 양변에 적당한 수를 곱하여 계수를 정수로 고친다.
    ② 괄호가 있으면 괄호를 푼다.
    ③ x를 포함한 항은 좌변으로, 상수항은 우변으로 이항한다.
    ④ 양변을 정리하여 $ax=b(a \neq 0)$의 꼴로 고친다.
    ⑤ ④를 x의 계수 a로 나누어 해를 구한다.
(4) **일차방정식의 활용 문제 풀이 순서**
    ① 구하려는 것을 미지수 x로 놓는다.
    ② 문제 중에 있는 수량들 사이의 관계를 찾아 일차방정식으로 나타낸다.
    ③ ②의 일차방정식을 푼다.
    ④ 구한 해가 문제의 뜻에 맞는지 확인한다.

point
계수가 분수 또는 소수인
방정식의 풀이
① 계수가 분수인 방정식 :
   양변에 분모의 최소공
   배수를 곱한다.
② 계수가 소수인 방정식 :
   양변에 10, 100, 1000,
   …등 적당한 수를 곱
   한다.

point
괄호가 여러 개 있는 경우
에는 ( ) → { } → [ ]
의 순서대로 괄호를 푼다.

1 $x\%$의 소금물 200g과 $y\%$의 소금물 300g에 물 500g을 섞어서 만든 소금물의 농도를 x, y를 사용하여 나타내어라.

2 $a\%$의 소금물 500g이 있다. 이 소금물을 xg 증발시켜 $b\%$의 소금물을 만들 때, x를 a, b를 사용하여 나타내어라.

3 시속 $a$km인 자전거와 시속 $b$km인 자동차가 있다. 자전거가 A지점을 출발한 지 40분 후에 자동차가 A지점을 출발하여 자전거를 추월할 때까지 걸린 시간을 a, b를 사용하여 나타내어라.

4 원가가 x원인 물건 1개를 y원의 가격으로 팔면 $z\%$의 이익이 생긴다. x를 y, z에 관한 식으로 나타내어라.

5 자동차로 서울, 부산을 왕복하는데 갈 때는 시속 x km, 올 때는 시속 y km로 달렸다. 이 자동차의 왕복 평균 속력을 구하여라.

6 유속이 시속 3 km인 강을 x km 거슬러 올라가는데 y 시간이 걸리는 배가 있다. 흐르지 않는 물에서의 이 배의 속력을 구하여라.

신유형 new

7 어떤 농구팀의 9명의 선수 중에서 5명의 키의 평균은 x cm이고, 이것은 전체의 평균보다 y cm가 작은 것이라 한다. 이때, 나머지 4명의 키의 평균을 구하여라.

8 A 학교의 2006년 입학시험 결과 합격생 수는 2005년과 같았다. 이 중에서 남학생은 2005년보다 5% 증가하고, 여학생은 4% 감소하였다. 2005년 A 학교의 합격생 수는 a 명, 남학생 수는 x 명이라 할 때, x 를 a 에 관한 식으로 나타내어라.

09 둘레의 길이가 $x$km인 트랙의 한 지점에서 갑, 을 두 사람이 서로 반대 방향으로 출발하여 30분만에 만났다고 한다. 갑의 속력은 시속 $a$km이고, 을의 속력은 시속 $b$km일 때, x를 a, b를 사용하여 나타내어라.

10 자연수 x, y, z에 대하여 x의 역수는 y의 역수와 $2z$의 역수의 합과 같다. z를 x, y를 사용하여 나타내어라. (단, $x \neq y$)

11 자전거를 타고 A지점에서 B지점으로 가는데 처음에는 시속 $x$km의 속력으로 40분을 달리고, 나중에는 시속 $y$km의 속력으로 80분을 달려서 B지점에 도착하였다. 이때, A지점에서 B지점까지 갈 때의 평균 속력을 x, y를 사용하여 분속으로 나타내어라.

Super Math

12 철수네 공장에서는 하루에 x대씩 자전거를 생산하고 있었는데 주문이 밀려서 내일과 모레 2일간 하루에 $10y\%$씩 증가시켜서 생산하기로 하였다. 모레 생산되는 자전거는 몇 대인지 x, y를 사용하여 나타내어라.

13 수직선 위에 점 $A(a)$가 있다. 이 수직선 위에 점 $B(b)$를 잡고, 점 A에 대하여 점 B와 대칭인 점을 $C(c)$라 할 때, a, b, c 사이의 관계식을 구하여라.

(단, 세 점 A, B, C는 서로 다른 점이다.)

14 오른쪽 그림과 같이 가로의 길이가 $a$cm, 세로의 길이가 $b$cm인 직사각형 $ABCD$가 있다. 가로의 길이는 3cm 줄이고, 세로의 길이는 5cm 늘려서 만든 직사각형 $EFGH$의 넓이와 직사각형 $ABCD$의 넓이의 합을 a, b를 사용하여 나타내어라.

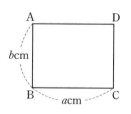

15 오른쪽 그림과 같이 가로의 길이가 am, 세로의 길이가 bm인 직사각형 모양의 땅이 있다. 이 땅의 둘레를 따라 안쪽으로 폭이 2m, 3m인 길을 만들고 나머지 땅은 꽃밭을 만들려고 한다. 다음을 a, b를 사용하여 나타내어라.
(단, $a>6$, $b>4$)

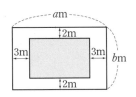

(1) 길의 넓이
(2) 꽃밭의 둘레의 길이

16 오른쪽 그림과 같이 한 변의 길이가 xm인 정사각형 모양의 땅에 너비가 2m, 4m인 십자형 도로를 만들었다. 이때, 도로의 넓이를 x를 사용하여 나타내어라.(단, $x>4$)

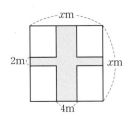

17 오른쪽 그림과 같은 직사각형 ABCD에 대하여 사각형 EFGH의 넓이를 x를 사용하여 나타내어라.

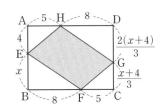

18 오른쪽 그림과 같이 가로, 세로의 길이가 각각 a, b인 직사각형 모양의 종이가 있다. 네 모퉁이에서 한 변의 길이가 3인 정사각형을 잘라내고, 남은 부분으로 뚜껑이 없는 직육면체 모양의 상자를 만들어 그 부피를 V라 한다. 이때, a를 b, V에 관한 식으로 나타내어라.

(단, $a > 6$, $b > 6$)

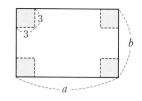

19 어떤 자연수 x를 9로 나누었더니 몫은 y, 나머지는 4가 된다. 이 몫을 5로 나누면 몫은 z, 나머지는 3이 된다. x를 15로 나누었을 때의 몫과 나머지를 구하여라.

신유형 new

20 높이가 10m인 물탱크에 물이 가득차 있었는데 물의 높이가 1시간에 40cm만큼 줄어들어서 현재는 6m가 되었다. 다음을 구하여라.
(1) 지금부터 4시간 후의 물의 높이
(2) 지금부터 3시간 전의 물의 높이

21 천의 자리의 숫자가 x, 백의 자리의 숫자가 y, 십의 자리의 숫자가 z, 일의 자리의 숫자가 5인 네 자리의 자연수를 5로 나누었을 때의 몫을 x, y, z를 사용하여 나타내어라.

22 길이가 $\dfrac{x}{10}$km인 기차가 길이가 $x$km인 다리를 시속 10km의 속력으로 완전히 통과하는데 걸리는 시간을 구하여라.

신유형 new

23 앞 바퀴의 지름이 90cm, 뒷바퀴의 지름이 150cm인 자전거에서 앞바퀴가 x번 회전할 때, 뒷바퀴의 회전 수를 구하여라. (단, 원주율은 π로 계산한다.)

Super Math

24 용량이 같은 두 개의 병 A, B가 있다. A병에는 세균이 한 마리, B병에는 네 마리가 들어 있다. 이 세균은 한 마리가 두 마리로 증식하는데 k분이 걸린다고 한다. B병에 있는 세균이 증식하여 병에 가득차는데 m시간 걸릴 때, A병에 있는 세균이 증식하여 가득차는데 몇 시간이 걸리는지 구하여라.

25 같은 크기의 두 비이커 A, B에 소금물을 가득 채웠다. A에 들어 있는 소금의 양과 물의 양의 비가 $a : 2$이고, B에 들어 있는 소금의 양과 물의 양의 비가 $b : 3$일 때, 두 비이커의 소금물을 모두 섞은 것의 소금의 양과 물의 양의 비를 구하여라.

26 식 $3x-5y+6$에서 어떤 식을 **빼어야** 할 것을 잘못하여 더하였더니 $2x-3y+2$가 되었다. 바르게 계산한 식을 구하여라.

27 $\dfrac{x+2y}{3}+\dfrac{3x-y}{2}$ 에서 x의 계수를 a, y의 계수를 b라고 할 때, $\dfrac{a+b}{2a-b}$ 의 값을 구하여라.

28 $\dfrac{1}{a}+\dfrac{1}{b}=4$일 때, $\dfrac{a+2ab+b}{3ab}$ 의 값을 구하여라.

29 $\dfrac{1}{a}+\dfrac{1}{b}=-\dfrac{1}{3}$일 때, $\dfrac{a+3ab+b}{a-3ab+b}$ 의 값을 구하여라.

30 서로 다른 두 자연수 x, y 중에서 큰 수는 $M(x, y)$로, 작은 수는 $m(x, y)$로 나타 내기로 한다. 예를 들어, $M(3, 5)=5$, $m(3, 5)=3$이다.
5개의 자연수 a, b, c, d, e에 대하여 $a<b<c<d<e$일 때,
$M(m(a, M(b, c)), M(e, m(c, d)))$를 구하여라.

31 $xyz=-3$, $x+y+z=0$일 때, $(x+y)(y+z)(z+x)+5$의 값을 구하여라.

32 $ab=1$일 때, $\dfrac{2a}{a+1}+\dfrac{2b}{b+1}$의 값을 구하여라. (단, $a+b\neq-2$)

33

$a=2$, $b=10$, $c=110$, $d=2000$일 때, 다음 식의 값을 구하여라.

$$(a+b+c-2d)+(a+b-2c+d)+(a-2b+c+d)+(-2a+b+c+d)$$

34

정수 x에 대하여 $x=7q+r$(단, q, r은 정수, $0 \le r < 7$)를 만족하는 r을 기호 $\langle x \rangle$로 나타낼 때, $(\langle 13 \rangle + \langle -6 \rangle) \times \langle 12 \rangle$의 값을 구하여라.

35

서로 다른 세 정수 x, y, z에 대하여 $[x, y, z] = \dfrac{z+x}{2z-y}$라고 정의할 때, $[3, -1, 2]$의 값을 구하여라.

36

신유형 new

세 수 x, y, z에 대하여 $[x, y, z]=xy+yz+zx$라고 정의할 때, 등식 $[1, x, 2]=[4, -3, 2]$를 만족하는 x의 값을 구하여라.

37 $2x=3y$일 때, $\dfrac{5x^2+xy}{3x^2-4xy}$의 값을 구하여라. (단, $xy \neq 0$)

38 $x+\dfrac{1}{y}=2$, $y-\dfrac{1}{z}=\dfrac{1}{2}$일 때, xyz의 값을 구하여라.

39 오른쪽 계산에서 각 문자는 1에서 9까지의 숫자 중 서로 다른 숫자를 나타낼 때, $G+A+M+E+S$의 값을 구하여라. (단, $M=9$, $S=8$)

$$\begin{array}{r} B\,A\,S\,E \\ +)\ B\,A\,L\,L \\ \hline G\,A\,M\,E\,S \end{array}$$

40 x에 관한 일차방정식 $\dfrac{x-2}{5} - \dfrac{2a-3}{3} = 1$의 해가 $\dfrac{x+1-2a}{2} = \dfrac{3a+3}{6}$의 해의 $\dfrac{3}{4}$배일 때, a의 값을 구하여라.

41 x에 관한 다음 방정식을 풀어라.
(1) $a(x+1) = 2x+1$　　　　　　　　(2) $ax+b = cx+d$

42 x에 관한 일차방정식 $(b-a)x - (2a-3b) = 0$의 해가 $x = -\dfrac{3}{2}$일 때, x에 관한 일차방정식 $2ax - 3b = a - bx$의 해를 구하여라. (단, $b \neq 0$)

43 원가에 4할을 더하여 정가를 붙인 상품을 50원 할인하여 판매하였더니 300원의 이익을 얻었다. 이 상품의 정가와 원가의 차액을 구하여라.

신유형 new

44 시곗바늘은 3시 정각에 시침과 분침이 서로 직각을 이룬다. 이 후, 다시 시곗바늘이 맨 처음으로 직각을 이루게 되는 시각을 구하여라.

45 어떤 일을 완성하는데 희주는 5시간, 성웅이는 2시간이 걸린다고 한다. 먼저 희주가 1시간 30분 동안 일을 한 다음 희주와 성웅이가 함께 일을 하면 몇 분 후에 일을 완성하는지 구하여라.

01 서기 ○○○○년 ○○월 ○○일을 숫자만 한 줄로 배열해 보자.(예를 들어, 서기 2014년 04월 27일을 숫자만 한 줄로 배열하면 20140427이 된다.) 이 수를 4배하고 124를 더한 다음 그 결과를 다시 4로 나눈다. 이때, 나온 수에서 처음 수를 다시 뺄 때, 그 결과를 구하여라.

02 아래 그림은 한 변의 바둑돌의 개수가 2, 3, 4, …개가 되도록 나열한 것이다. 다음 물음에 답하여라.

(1) 한 변의 바둑돌의 개수가 7개일 때, 바둑돌의 개수는 모두 몇 개인가?

(2) 한 변의 바둑돌의 개수가 n개일 때, 바둑돌의 개수는 모두 몇 개인지 n을 사용하여 나타내어라.

(3) 사용한 바둑돌의 개수는 항상 3의 배수임을 설명하여라.

(4) 사용한 바둑돌의 개수가 9의 배수가 되는 경우는 한 변에 사용한 바둑돌의 개수가 몇 개일 때인가?

03 백의 자리의 숫자가 x, 일의 자리의 숫자가 y인 세 자리의 자연수 A가 있다.
A의 백의 자리의 숫자와 일의 자리의 숫자를 바꾼 세 자리의 자연수를 B라 할 때,
$|A-B|$는 9의 배수임을 설명하여라.

04 어떤 자동차 타이어의 지름의 길이는 60cm이다. 이 자동차로 300km를 달린 후
타이어의 지름의 길이를 재었더니 타이어의 양옆으로 0.5cm만큼 닳았다. 300km
를 달린 후에 1km를 더 달릴 때, 바퀴의 회전 수는 타이어의 양옆에 닳기 전에 달
릴 때의 회전 수보다 몇 % 증가했는지 구하여라. (단, 원주율 3.14는 π로 계산하
고, 증가율은 반올림하여 소수점 아래 첫째 자리까지 나타낸다.)

01 A상점에서는 어느 상품 한 개를 팔 때 500원을 이익을 남긴다. 그런데, 이 상품을 팔지 못하면 200원의 손해를 본다. 이 상품을 x개 구입한 뒤 판매하였으나 그중의 3할은 팔지 못했다. 이때, 발생한 상품 1개에 대한 이익금을 구하여라.

02 동우는 오전 8시에 집을 나서서 자전거를 타고 전국 일주 여행을 떠났다. 동우는 하루에 10시간씩 자전거를 타고 $x$km를 갈 수 있었다. 그런데, 동우가 중요한 물건을 잃어버리고 가서 용원이가 동우가 출발한 지 4시간 후에 출발하여 자전거로 그 뒤를 따라가서 물건을 전해주고 오후 4시가 되어서 돌아왔다. 용원이의 자전거 속력을 x에 대한 식으로 나타내어라. (단, 동우와 용원이의 자전거의 속력은 각각 일정하다.)

03 오른쪽 그림과 같이 중심이 같은 세 반원이 있다.
$\overline{AA'} = 8r$이고 $\overline{BB'} = \dfrac{1}{2}\overline{AA'}$, $\overline{CC'} = \dfrac{1}{2}\overline{BB'}$일 때, 다음을 구하여라. (단, 원주율 3.14는 π로 계산한다.)

(1) 색칠한 부분의 둘레의 길이
(2) 색칠한 부분의 넓이

04 50명의 학생들에게 10점짜리 A, B 문제를 풀게 하였더니 A 문제를 푼 학생은 35명, 두 문제를 모두 푼 학생은 20명이었다. 전체 평균이 13점일 때, B 문제만 푼 학생 수를 구하여라.

05 보물이 묻혀 있는 옛날 성에 들어가서 보물이 있는 곳까지 가기 위해서 하나의 문을 통과할 때마다 가지고 있는 돈의 $\frac{1}{3}$씩을 남겨 놓아야만 통과할 수 있다. 세 개의 문을 통과한 후 가지고 있는 돈이 x원일 때, 처음에 가지고 있던 돈은 얼마인지 x를 사용 하여 나타내어라.

06 일 원 단위까지 계산된 어느 제품의 생산 가격에 2%의 이윤을 붙인 판매 가격이 n원이다. 판매 가격은 반올림 없이 백 원 미만의 단위가 없을 때, n의 최솟값을 구하여라.

07 다음 그림과 같이 모두 합동인 정사각형을 중점을 지나도록 겹쳐 놓은 도형의 넓이를 x를 사용하여 나타내어라.

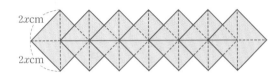

08 오른쪽 그림과 같이 한 변의 길이가 1cm인 정육면체를 평면 AEHD에 평행인 평면으로 $2n$번 잘라 $(2n+1)$개의 직육면체를 만들었다. 이 직육면체의 겉넓이의 총합을 n을 사용하여 나타내어라. (단, 자른 간격은 일정하지 않다.)

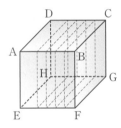

09 A 그릇에는 $x\%$의 소금물이 300g, B 그릇에는 $y\%$의 소금물이 500g 들어 있다. A 그릇의 소금물 200g을 B 그릇에 넣고 잘 섞은 뒤, 다시 B 그릇의 소금물 100g을 A 그릇에 넣었다. 이때, A 그릇의 소금물의 농도를 x, y를 사용하여 나타내어라.

10 자연수 n에 대하여 $P(n)=(n$의 각 자리 숫자의 곱)으로 정의하자. 예를 들어, $P(29)=2\times9=18$, $P(457)=4\times5\times7=140$이다. 이때, $P(a)\times P(b)\times P(c)=9$를 만족하는 두 자리의 자연수 a, b, c에 대하여 $a+b+c$의 최댓값을 구하여라.

11 $abc\neq0$, $a+b+c=0$일 때, 다음 식의 값을 구하여라.

$$a\left(\frac{1}{b}+\frac{1}{c}\right)+b\left(\frac{1}{c}+\frac{1}{a}\right)+c\left(\frac{1}{a}+\frac{1}{b}\right)$$

12 $xyz=2$일 때, 다음 식의 값을 구하여라.

$$\frac{x}{xy+x+2}+\frac{y}{yz+y+1}+\frac{2z}{zx+2z+2}$$

1 $S=5437682 \times 34567254$일 때, S는 몇 자리의 수인지 구하여라.

2 $\dfrac{1}{AB}=\dfrac{1}{B-A}\left(\dfrac{1}{A}-\dfrac{1}{B}\right)$임을 이용하여 다음 식을 n에 관한 간단한 식으로 나타내고, $n=5$일 때 이 식의 값을 구하여라.

$$\frac{1}{n(n+1)}+\frac{2}{(n+1)(n+3)}+\frac{3}{(n+3)(n+6)}+\frac{4}{(n+6)(n+10)}$$

3 임의의 실수 x에 대하여 $[x]+\left[x+\dfrac{1}{2}\right]=[2x]$임을 설명하여라.

(단, $[x]$는 x보다 크지 않은 최대의 정수이다.)

4 자연수 m, n 사이에 있고 분모가 8인 모든 기약분수의 합을 m, n을 사용하여 나타내어라. (단, $m<n$)

국제 수학 올림피아드(IMO : International Mathematical Olympiad)

* 개최 목적

1959년에 창설된 국제 수학 올림피아드는 한 나라의 기초과학 또는 과학교육 수준을 가늠하는 국제 청소년 수학 경시대회로서 대회를 통하여 수학영재의 조기 발굴 및 육성, 세계 수학자 및 수학영재들의 국제 친선 및 문화교류, 수학교육의 정보교환 등을 도모한다.

* 개최 방법

• 문제 출제(어떠한 문제를 어떠한 방법으로 출제하는가)

문제 출제는 각 나라에서 문제를 제출하고(총 약 150~200 문제) 이를 주최국의 출제위원회에서 검토·수정한 후 최종 후보 문제 30문제를 선정한다. 이를 Shortlist라 부르며 이 문제들을 대회 기간 중 각국 단장들의 모임인 Jury Meeting에서 3~4일간 논의를 거쳐 다수결 원칙으로 최종 6문제를 결정하게 된다. 기하, 정수론, 함수, 조합, 부등식 등이 출제 분야이며 미적분은 제외된다. 각국은 최대 6명의 학생으로 이루어진 선수단을 참가시킬 수 있다. 시험은 이틀 동안 치러지며, 시험 시간은 오전 9시부터 오후 1시 30분까지 4시간 30분간이다. 문제 수는 첫날 3문제, 둘째 날 3문제로 총 6문제이며 각 문제는 7점 만점으로 총 42점 만점이다. 채점은 각국의 단장 및 부단장이 자기 나라 학생들의 답을 1차 채점하고 난 후 주최국 수학자들로 이루어진 조정(Coordination)팀과 만나서 최종 점수를 결정한다.

* 수상자 선정 방법(금, 은, 동 수상자 결정 방법)

각 참가자의 점수가 결정되면 Jury Meeting에서 금, 은, 동메달 수상자를 결정하게 되어 있다. 수상자 수는 참가자의 약 $\frac{1}{12}$에게 금메달, $\frac{2}{12}$에게 은메달, $\frac{3}{12}$에게 동메달을 수여하는 것을 원칙으로 하고 있다. 각국의 순위는 비공식이지만 각국이 얻은 총점을 기준으로 정해지는 것이 전통이다.

* 국제대회 참가 경위

1986년 2월, 호주는 호주에서 열리는 제 29회(1988년) IMO에 우리나라 선수단의 파견을 요청하였고 이를 받아들여 한국 수학 올림피아드(Korean Mathematical Olympiad, 약칭 KMO)위원회가 결성되었다. 1987년 11월 29일에 제1회 KMO가 개최되었고 여기서 34명을 선발하여 겨울학교, 통신강좌를 통하여 교육하였다. 1988년 4월에 거행된 최종 선발시험에서 선발된 6명이 IMO 한국 대표 선수로 처음 참가하게 되었다.

* 대표 학생 선발 경위

한국 수학 올림피아드(KMO, 11월), 겨울학교 모의고사(1월), 아시아태평양 수학 올림피아드(APMO, 3월), 한국 수학 올림피아드 2차 시험(4월), 이 4가지 시험의 성적을 한국 수학 올림피아드 위원회에서 정한 가중치를 곱하여 합산한 성적을 기준으로 최종 후보 학생 12명을 선발한다. 최종 후보 12명은 5월부터 7~8주간 주말교육을 받게 되며 이 기간 중 모의고사를 2회 실시하여 이 모의고사 성적과 이전 시험의 성적을 합산한 성적을 기준으로 한국 수학 올림피아드 위원회에서 최종 대표 6명을 선발하게 된다.

Chapter III

함 수

1 함수 ★★

(1) **함수** : 두 변수 x, y에 대하여 x의 값에 따라 y의 값이 오직 하나씩 정해질 때, y를 x의 함수라고 한다.

(2) **정비례 관계가 있는 함수**

① 두 변수 x, y 사이에 정비례 관계가 있으면 x의 값에 따라 y의 값이 오직 하나로 정해지므로 y는 x의 함수이다.

② 정비례 관계식 : x와 y 사이의 관계식은 $y=ax$ $(a \neq 0)$ ➡ $\dfrac{y}{x}=a$ (일정)

(3) **반비례 관계가 있는 함수**

① 두 변수 x, y 사이에 반비례 관계가 있으면 x의 값에 따라 y의 값이 오직 하나로 정해지므로 y는 x의 함수이다.

② 반비례 관계식 : x와 y 사이의 관계식은 $y=\dfrac{a}{x}$ $(a \neq 0)$ ➡ $xy=a$ (일정)

(4) **함숫값**

① $y=f(x)$: y가 x의 함수이면 이것을 기호로 $y=f(x)$와 같이 나타낸다.

② 함숫값 : 함수 $y=f(x)$에서 x의 값에 의하여 정해지는 $f(x)$의 값

2 순서쌍과 좌표 ★

(1) **수직선 위의 점의 좌표와 순서쌍**

① 수직선 위의 점의 좌표

수직선 위의 한 점 P에 대응하는 수 a를 그 점의 좌표라 하고, 이것을 기호로 P(a)와 같이 나타낸다.

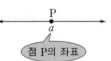
점 P의 좌표

② 순서쌍 : (a, b)와 같이 순서를 생각하여 두 수를 한 쌍으로 나타낸 것으로 평면 위의 점의 좌표는 순서쌍으로 나타낸다.

(2) **수직선 위의 두 점 사이의 거리** : 두 점 A(a), B(b) 사이의 거리 $\overline{AB}$는

① $b \geq a$일 때, $\overline{AB}=b-a$ ② $a>b$일 때, $\overline{AB}=a-b$

(3) **좌표평면**

① 좌표평면 : 좌표축이 그려져 있는 평면

② 좌표 : 좌표평면에서 점의 위치를 순서쌍 (x좌표, y좌표)로 나타낸 것

(4) **사분면**

① 사분면 : 좌표평면은 좌표축에 의하여 4개의 부분으로 나뉘어진다.

② x축과 y축은 어느 사분면에도 속하지 않는다.

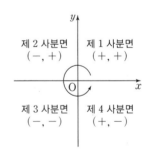

point
점 (a, b)에 대하여
① x축에 대하여 대칭인 점 : (a, $-b$)
② y축에 대하여 대칭인 점 : ($-a$, b)
③ 원점에 대하여 대칭인 점 : ($-a$, $-b$)

선분의 내분점과 외분점 : 두 점 A(x_1, y_1), B(x_2, y_2)에 대하여

① $\overline{AB}$를 $m:n$으로 내분하는 점의 좌표 : $\left(\dfrac{mx_2+nx_1}{m+n}, \dfrac{my_2+ny_1}{m+n} \right)$

② $\overline{AB}$를 $m:n$으로 외분하는 점의 좌표 : $\left(\dfrac{mx_2-nx_1}{m-n}, \dfrac{my_2-ny_1}{m-n} \right)$ (단, $m \neq n$)

point
두 점 A(x_1, y_1), B(x_2, y_2)의 중점의 좌표는
$\left(\dfrac{x_1+x_2}{2}, \dfrac{y_1+y_2}{2} \right)$

③ 함수 $y=ax\ (a\neq0)$의 그래프 ★★

정비례 관계를 나타내는 함수로 원점을 지나는 직선이다.

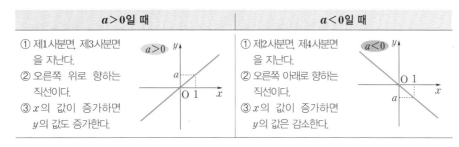

$a>0$일 때		$a<0$일 때	
① 제1사분면, 제3사분면을 지난다. ② 오른쪽 위로 향하는 직선이다. ③ x의 값이 증가하면 y의 값도 증가한다.		① 제2사분면, 제4사분면을 지난다. ② 오른쪽 아래로 향하는 직선이다. ③ x의 값이 증가하면 y의 값은 감소한다.	

교과서 뛰어들기

일차함수의 그래프

일차함수 $y=ax+b$의 그래프
① 기울기가 a이고 y절편이 b인 직선이다.
② 직선이 x축의 양의 방향과 이루는 각의 크기를 θ라고 하면 $a=\tan\theta$이다.

일차방정식 $ax+by+c=0(a\neq0,\ b\neq0)$의 그래프
일차함수 $y=-\dfrac{a}{b}x-\dfrac{c}{b}$의 그래프와 같은 직선이다.

① 기울기 : $-\dfrac{a}{b}\,(b\neq0)$ ② y절편 : $-\dfrac{c}{b}\,(b\neq0)$

수직, 평행 : 일차함수 $y=ax+b,\ y=a'x+b'$의 그래프에 대하여
① 수직 : $aa'=-1$ ② 평행 : $a=a',\ b\neq b'$

④ 함수 $y=\dfrac{a}{x}(a\neq0)$ ★★

(1) 함수 $y=\dfrac{a}{x}(a\neq0)$의 그래프
반비례 관계를 나타내는 함수로 x의 값이 0을 제외한 수 전체일 때, 원점에 대하여 대칭인 한 쌍의 매끄러운 곡선이다.

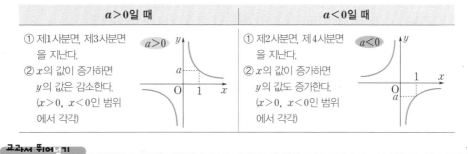

$a>0$일 때		$a<0$일 때	
① 제1사분면, 제3사분면을 지난다. ② x의 값이 증가하면 y의 값은 감소한다. ($x>0$, $x<0$인 범위에서 각각)		① 제2사분면, 제4사분면을 지난다. ② x의 값이 증가하면 y의 값도 증가한다. ($x>0$, $x<0$인 범위에서 각각)	

교과서 뛰어들기

유리함수 $y=\dfrac{a}{x-m}+n(a\neq0)$의 그래프

$y=\dfrac{a}{x}$의 그래프를 x축의 방향으로 m만큼, y축의 방향으로 n만큼 평행이동한 것이다.
점 $(m,\ n)$에 관하여 대칭인 한 쌍의 매끄러운 곡선이다.

---

point
x절편이 a, y절편이 b인 직선의 방정식 :
$\dfrac{x}{a}+\dfrac{y}{b}=1$(단, $ab\neq0$)

point
두 직선에 대하여 수직이면 기울기의 곱이 -1이고, 평행하면 기울기가 같고 y절편이 다르다.

point
유리함수 $y=\dfrac{ax+b}{cx+d}$
$(ad-bc\neq0,\ c\neq0)$의 그래프는 $y=\dfrac{k}{x-p}+q$
의 꼴로 바꾸어 그린다.

1 임의의 실수 x, y에 대하여 $f(x) \circ f(y) = f(x+y+2xy)$라고 정의하자.
함수 $f(x) = 2x+1$에 대하여 $1 \circ (-1)$의 값을 구하여라.

2 함수 $y=f(x)$가 임의의 두 실수 a, b에 대하여 $f(a+b)=f(a) \times f(b)$,
$f(1)=1$을 만족할 때, $\dfrac{f(2)}{f(1)} + \dfrac{f(3)}{f(2)} + \dfrac{f(4)}{f(3)} + \cdots + \dfrac{f(2006)}{f(2005)}$ 의 값을 구하여라.

3 함수 $y=f(x)$가 임의의 두 실수 a, b에 대하여
$$f(a) \times f(b) = 3f(a+b) + f(a-b), \quad f(1)=5$$
를 만족할 때, $f(3)+f(2)$의 값을 구하여라.

4 함수 $f(x)$는 $f(11)=11$이고, 모든 실수 x에 대하여 $f(x+3)=\dfrac{f(x)-1}{f(x)+1}$ 을 만족한다. 이때, $f(2006)$의 값을 구하여라.

5 모든 실수 x에 대하여 $2f(x)+3f(1-x)=x^2$을 만족하는 함수 $f(x)$를 구하여라.

6 0이 아닌 실수 x에 대하여 함수 $f(x)$가 $f(x)+4f\left(\dfrac{1}{x}\right)=15x$를 만족할 때, 방정식 $f(x)=f(-x)$의 해를 구하여라.

신유형 new

7 자연수 n에 대하여 $E(n) = (n$의 각 자리의 숫자 중 짝수들의 합$)$이라고 정의하자.
예를 들면, $E(148) = 4+8 = 12$, $E(3821) = 8+2 = 10$이다. 이때,
$E(1) + E(2) + E(3) + \cdots + E(2006)$의 값을 구하여라.

8 함수 $f_n(x)$가 $f_1(x) = \dfrac{x}{1+x}$ 이고, $n \geq 2$인 자연수 n에 대하여

$f_n(x) = f_1(f_{n-1}(x))$라고 정의할 때, $f_n\left(\dfrac{2}{3}\right) = \dfrac{2}{255}$를 만족하는 n의 값을 구하여라.

9 임의의 두 실수 x, y에 대하여 $f(x) \cdot f(y) - 3f(xy) = x+y$, $f(0) = 3$을 만족하는
함수 $f(x)$를 구하여라.

10 자연수 x 이하의 소수의 개수를 $f(x)$라 하고, 두 수 a, b 중 작지 않은 수를 $m(a, b)$라고 할 때, $m(f(x), 5)=5$를 만족시키는 x의 값들의 합을 구하여라.

신유형 new

11 자연수 n에 대하여 함수 $f(n)$을 $f(n)=(n$의 소인수 중에서 가장 큰 수$)$라고 정의하자. 예를 들면, $f(30)=f(2\times3\times5)=5$이다. 세 자연수 a, b, c에 대하여 $f(a)+f(b)+f(c)=16$일 때, $f(abc)$의 값을 구하여라.

12 함수 $y=f(x)$가 임의의 두 실수 a, b에 대하여
$$f(a)f(b)=f(a+b)+f(a-b), \quad f(1)=3$$
을 만족할 때, $4f(0)-3f(2)$의 값을 구하여라.

13 자연수 n에 대하여 함수 $f(n)$을 다음과 같이 정의하자.
$$f(n)=\begin{cases}f(n+7)\,(n<50\text{일 때})\\3n-100\,(n\geq50\text{일 때})\end{cases}$$
이때, $f(3)+f(35)-f(70)$의 값을 구하여라.

14 함수 $f(x)=\left[\dfrac{10^n}{x}\right]$에 대하여 x가 정수일 때, $f(x)=2006$을 만족하는 최소의 자연수 n의 값을 구하여라.(단, $[x]$는 x보다 크지 않은 최대의 정수이다.)

15 함수 $f(x)=x-10\times\left[\dfrac{x}{10}\right]$일 때, $f(3^1)+f(3^2)+f(3^3)+\cdots+f(3^{2006})$의 값을 구하여라. (단, $[x]$는 x보다 크지 않은 최대의 정수이다.)

Super Math

신유형 new

16 양수 x에 대하여 $f(x)=[x]$로 정의하자. 다음 두 조건을 만족하는 양의 유리수 x를 기약분수인 가분수로 나타낼 때, x의 값을 구하여라.(단, $[x]$는 x보다 크지 않은 최대의 정수이다.)

(가) $xf(8x)=154$	(나) $f(2x)=8$

17 모든 자연수 x에 대하여 함수 $f(x)=(x$의 약수의 개수$)$라고 할 때, $f(2)+f(5)+f(9)+f(12)$의 값을 구하여라.

18 함수 $y=ax$의 그래프는 점 $(4,\ -8)$을 지나고, 함수 $y=-\dfrac{2}{x}$ 의 그래프는 점 $(-3,b)$를 지날 때, $2a-6b$의 값을 구하여라.

19 좌표평면 위의 점에 대하여 y축에 대한 대칭이동을 A, x축의 양의 방향으로 5만큼 평행이동하고 y축의 음의 방향으로 3만큼 평행이동하는 것을 B, 원점에 대한 대칭이동을 C라고 하자. 처음 A로 변환하고 B로 변환하는 것을 $B \circ A$로 나타낼 때, 점 $(6, 2)$가 다음의 각 경우에 대하여 이동하는 점의 좌표를 구하여라.
(1) $A \circ B$
(2) $C \circ B \circ A$

20 좌표평면 위의 두 점 $\mathrm{P}(-3a+1, 1-2b)$, $\mathrm{Q}(6a-10, 5b-27)$이 y축에 대하여 서로 대칭일 때, $\triangle \mathrm{OPQ}$의 넓이를 구하여라. (단, 점 O는 원점이다.)

신유형 new

21 점 $\mathrm{A}(0, 3)$을 x축에 대하여 대칭이동한 점을 C, 점 $\mathrm{B}(-4, 0)$을 y축에 대하여 대칭이동한 점을 D라고 할 때, □ABCD 내부에 있는 점들 중 x좌표와 y좌표가 모두 정수인 점의 개수를 구하여라.(단, 사각형의 각 변 위의 점은 세지 않는다.)

Super Math

22 오른쪽 그림에서 세 점 A, B, C의 좌표는 $A(-5, 7)$, $B(-7, -2)$, $C(-2, 1)$이고, 직선 l은 점 $(3, 0)$을 지나는 y축에 평행한 직선이다. 다음 물음에 답하여라.

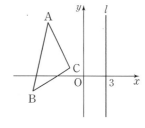

(1) 점 A, B, C가 직선 l에 대하여 대칭인 점의 좌표를 각각 A′, B′, C′이라고 할 때, 점 A′, B′, C′의 좌표를 구하여라.

(2) 세 점 A′, B′, C′으로 이루어진 삼각형 A′B′C′의 넓이를 구하여라.

신유형 **new**

23 오른쪽 그림과 같이 좌표평면 위에 일정한 규칙으로 점 A_1, A_2, A_3, $\cdots$의 점을 찍는다. 이때, 점 A_{83}의 좌표를 구하여라.

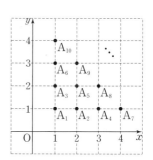

24 세 점 $A(-3, 2)$, $B(-6, -5)$, $C(1, -8)$에 대하여 $\overline{AB}$, $\overline{BC}$를 두 변으로 하는 평행사변형 ABCD에서 점 D의 좌표를 구하여라.

25 오른쪽 그림에서 두 점 P, Q는 4cm만큼 떨어져 있다. 두 점 P, Q는 각각 매초 2.5cm, 2cm의 속력으로 서로 반대 방향으로 움직인다. 두 점 P, Q가 떨어진 거리가 40cm일 때는 출발한 지 몇 초 후인가?

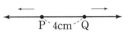

26 오른쪽 그림에서 직선 l은 일차방정식 $x-y=0$의 그래프이다. △BOC의 넓이가 6이고, 점 C의 좌표가 $(6, 0)$일 때, △AOB의 넓이를 구하여라.

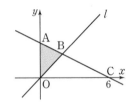

27 세 점 O$(0, 0)$, A$(7, 1)$, B$(2, 7)$을 꼭짓점으로 하는 △AOB의 넓이를 직선 $y=kx$가 이등분할 때, 상수 k의 값을 구하여라.

신유형 new

28 오른쪽 그림에서 □ABCD는 정사각형이고, 점 A의 좌표는 $(5, 5)$, 두 점 B, C는 x축 위의 점이다. 또한, 점 E는 변 CD 위의 점이다. 선분 OE가 사다리꼴 AOCD의 넓이를 이등분할 때, 점 E의 좌표를 구하여라.

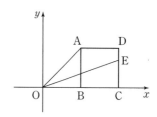

29 오른쪽 그림과 같이 세로의 길이가 가로의 길이의 2.5배인 직사각형 ABCD가 있다. 동점 P가 직사각형 ABCD의 둘레 위를 매초 일정한 속력으로 점 A에서 점 D까지 움직일 때, 점 P가 점 A를 출발한 지 x초 후의 △APD의 넓이를 y라 한다. 다음 중 x와 y 사이의 관계를 나타내는 그래프는?

①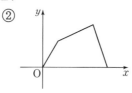
②

③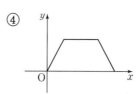
④
⑤

30 좌표평면 위의 네 점 $O(0, 0)$, $A(2, 0)$, $B(2, 2)$, $C(0, 2)$를 연결한 정사각형 $OABC$의 넓이를 두 직선 $y=ax$, $y=bx$가 삼등분할 때, $\dfrac{a}{b}$의 값을 구하여라. (단, $a > b$)

신유형 **new**

31 함수 $y=ax+b$에 대하여 $y=0$일 때 $-1 < x < 1$, $y=1$일 때 $2 < x < 4$이다. $y=3$일 때, x의 값의 범위를 구하여라.

32 오른쪽 그림과 같이 직사각형 ABCD가 직선 $y=ax$에 의하여 두 개의 사다리꼴로 나누어진다. 점 A를 포함하는 사다리꼴의 넓이가 다른 쪽의 사다리꼴의 넓이의 1.5배일 때, 상수 a의 값을 구하여라. (단, $\overline{AD}$, $\overline{BC}$는 x축에 평행하고, $\overline{AB}$, $\overline{DC}$는 y축에 평행하다.)

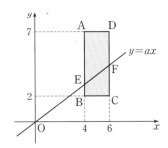

33 x의 값의 범위가 $3 \leq x \leq 7$일 때, 함숫값 $f(x)$의 값의 범위가 $1 \leq f(x) \leq 13$인 모든 일차함수 $y=f(x)$의 그래프의 y절편의 합을 구하여라.

34 수직선 위에 세 점 $A(-5)$, $B(2)$, $C(3)$이 있다. $\overline{AP}+\overline{BP}+\overline{CP}$가 최소가 되는 점 P의 좌표와 이때의 최솟값을 구하여라.

35 세 직선 $y=-x+4$, $y=2x+1$, $y=k(x+7)$이 삼각형을 이루지 않도록 하는 상수 k의 값을 모두 구하여라.

36 오른쪽 그림과 같이 좌표평면 위의 세 점 A(2, 4), B(0, 3), C(6, 0)과 한 점 D를 네 꼭짓점으로 하는 평행사변형 ABCD의 넓이를 이등분하고, 점 (2, 0)을 지나는 직선의 방정식을 구하여라.

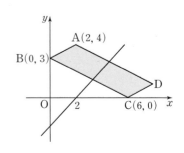

37 오른쪽 그림과 같이 좌표평면 위에 두 직선 $y = \dfrac{2}{3}x + 2$, $y = -2x + 4$가 있다. 두 직선의 교점 A를 지나고 $\triangle$ABC의 넓이를 이등분하는 직선의 방정식이 $y = ax + b$일 때, ab의 값을 구하여라.

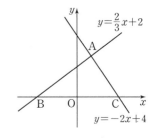

38 오른쪽 그림에서 두 직선 A, B는 각각 $y = ax$, $y = bx$의 그래프이고, $a : b = 3 : 2$를 만족한다. y축과 평행한 직선 l을 그어 두 직선 A, B와 만나는 점을 각각 Q, P라 한다. 점 R의 좌표는 (6, 0)이고 $\triangle$OPQ의 넓이가 24일 때, a, b의 값을 구하여라.

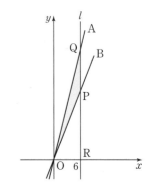

39 오른쪽 그림과 같이 좌표평면 위에 두 직사각형이 있다. 두 직사각형의 넓이를 각각 이등분하는 직선의 기울기를 구하여라. (단, 두 직사각형의 각 변은 x축 또는 y축에 평행하다.)

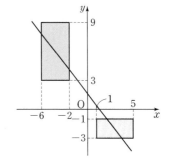

40 오른쪽 그림에서 점 A는 x축 위를 원점에서 양의 방향으로 매초 1.5의 속력으로 움직이는 점이다. 점 A를 지나 y축에 평행한 직선과 직선 $y=4x$의 교점을 B라 하여 $\overline{AB}$를 한 변으로 하는 정사각형 ABCD를 만들었다. 점 A가 원점을 출발한 지 x초 후의 정사각형 ABCD의 넓이 y를 x에 관한 식으로 나타내고, 점 A의 x좌표가 2일 때, 점 C의 좌표를 구하여라.

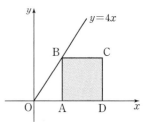

41 점 A$(4, 3)$을 원점을 중심으로 시계 방향으로 회전시킨 점 B의 좌표가 $(3, -4)$이다. $\overline{\mathrm{OA}}$의 길이가 5일 때, 부채꼴 OAB의 넓이를 구하여라.

42 오른쪽 그림에서 두 점 A, B의 좌표는 각각 A$(1, 0)$, B$(0, -5)$이다. 점 P는 점 A를 출발하여 매초 2의 속력으로 x축의 양의 방향으로 움직이고, 점 Q는 점 B를 출발하여 매초 1의 속력으로 y축의 음의 방향으로 움직인다. $\overline{\mathrm{OP}} = \overline{\mathrm{OQ}}$일 때, 두 점 P, Q를 지나는 일차함수의 식을 구하여라.

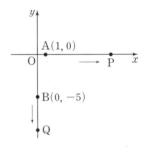

43 오른쪽 그림과 같이 점 A$(3, 7)$을 지나는 직선이 직선 $y = x$와 만나는 점을 B, x축과의 교점을 C라 한다. $\overline{\mathrm{AB}} : \overline{\mathrm{BC}} = 2 : 5$일 때, 직선 AC의 방정식을 구하여라.

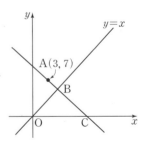

44 오른쪽 그림과 같이 y절편이 1이고, 기울기가 m인 직선이 직사각형 OABC를 두 부분으로 나눌 때, □BCDE의 넓이가 □EDOA의 넓이보다 큰 m의 값의 범위를 구하여라.

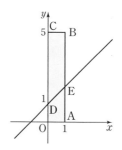

45 함수 $y = \dfrac{12}{x}$의 그래프와 x축, y축으로 둘러싸인 부분에서 x좌표와 y좌표가 모두 정수인 점의 개수를 구하여라. (단, 경계는 포함하지 않는다.)

신유형 new

46 오른쪽 그림에서 직사각형 ABCD의 꼭짓점 A와 대각선 BD의 중점 E는 함수 $y = \dfrac{7}{x} \ (x > 0)$의 그래프 위의 점이고, $\overline{BC}$는 x축 위에 있다. 점 E의 x좌표가 7일 때, 함수 $y = \dfrac{7}{x} \ (x > 0)$의 그래프와 $\overline{CD}$의 교점 F의 좌표를 구하여라.

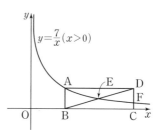

01 오른쪽 그림은 주사위의 전개도이다. 주사위를 n번 던졌을 때, 보이는 부분인 윗면의 눈의 합을 x, 서로 마주 보는 (보이지 않는) 부분인 아랫면의 눈의 합을 y라 하자. n번 시행 후 나온 결과를 (x, y)라 할 때, $(x, 12)$가 되는 x의 최댓값과 최솟값을 구하여라.

(단, $n \geq 2$)

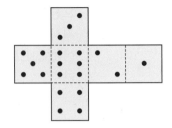

02 임의의 점 P_1을 x축에 대하여 대칭이동한 점을 P_2, 점 P_2를 직선 $y=x$에 대하여 대칭이동한 점을 P_3, 점 P_3를 y축에 대하여 대칭이동한 점을 P_4, …라 하며, 이 과정을 반복하여 시행한다. 점 $P_1(3, -5)$가 주어졌을 때, 점 P_{58}의 좌표를 구하여라.

03 오른쪽 그림에서 실선은 함수 $y=\dfrac{4}{x}$의 그래프이고, 점선은 함수 $y=-\dfrac{6}{x}$의 그래프일 때, 색칠한 도형의 넓이를 구하여라. (단, $\overline{\text{AD}}$는 x축에 평행하고, $\overline{\text{AB}}$, $\overline{\text{CD}}$는 y축에 평행하다.)

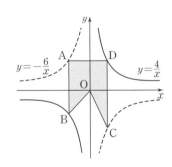

04 $t \neq 1$이고, $f(t) = \dfrac{t}{1-t}$ 라 한다. $f\left(\dfrac{x}{1-x}\right) = \dfrac{1}{2}$ 을 만족하는 x의 값을 구하여라.

05 점의 좌표가 오른쪽 그림과 같을 때, 점 a_{50}의 좌표를 구하여라.

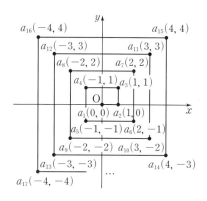

06 함수 $f(x)$가 모든 실수 x, y에 대하여
$$|f(x) - f(y)| = |x - y|, \ f(0) = 0$$
이 성립할 때, 다음을 설명하여라.
(1) $|f(x)| = |x|$
(2) $f(x)f(y) = xy$
(3) $f(x+y) = f(x) + f(y)$

01 함수 $f(x)=\dfrac{x-3}{x+1}$ 에 대하여 기호 $\circ$ 은 $f_2(x)=(f\circ f)(x)=f(f(x))$ 로 정의한다. $\underbrace{(f\circ f\circ f\circ\cdots\circ f)}_{n개}(x)=f_n(x)$ (단, n은 자연수)라 할 때, 다음 함숫값을 구하여라.

(1) $f_{1995}(1995)$

(2) $f_{1998}(f_{1999}(f_{2000}(1)))$

02 방정식 $x-[x]-kx=0$의 해가 7개 존재할 때, 상수 k의 값의 범위를 구하여라.(단, $[x]$는 x보다 크지 않은 최대의 정수이다.)

03 오른쪽 그림과 같이 $A(-3,4)$, $B(-5,0)$, $C(2,0)$, $D(1,4)$로 이루어진 사다리꼴 ABCD에 대하여 변 AB에 평행하고, 사다리꼴 ABCD의 넓이를 이등분하는 직선 l의 방정식을 구하여라.

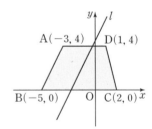

04

x의 값의 범위가 $0 \le x \le 1$인 유리수일 때, 함수 $y = f(x)$가 다음의 두 조건을 만족한다. 이때, $f\left(\dfrac{2}{3} + \dfrac{2}{9} + \dfrac{1}{9841}\right)$의 값을 구하여라.

(가) $f(x) + f(1-x) = 1$　　　　　　(나) $f\left(\dfrac{x}{3}\right) = \dfrac{1}{2} f(x)$

05

x는 0을 제외한 유리수이고 y는 유리수일 때, 함수 $y = f(x)$에 대하여 다음 조건을 만족하는 함수 $f(x)$를 모두 구하여라.

$$f\left(\frac{x+y}{3}\right) = \frac{f(x) + f(y)}{2}$$

06

함수 $f(x) = \begin{cases} \dfrac{x}{6} & (x\text{가 6의 배수일 때}) \\ x+1 & (x\text{가 6의 배수가 아닐 때}) \end{cases}$ 이고, $f(x_n) = x_{n+1}$, $f(x_1) = 600$

일 때, $f(x_{67})$을 구하여라.

07 양의 정수 n에 대하여 $f(n)=1+\dfrac{1}{2}+\dfrac{1}{3}+\cdots+\dfrac{1}{n}$이라 한다. $n=2, 3, 4, \cdots$에 대하여 $n+f(1)+f(2)+\cdots+f(n-1)=nf(n)$임을 설명하여라.

08 좌표평면 위에서 직선 $2x-y-1=0$에 대하여 점 $\mathrm{A}(5, 4)$와 대칭인 점을 B라 할 때, 삼각형 OAB의 넓이를 구하여라. (단, 점 O는 원점이다.)

09 오른쪽 그림에서 점 P는 직사각형 ABCD의 둘레 위를 점 A에서 점 B를 거쳐 점 C까지 움직인다. 점 P가 움직인 거리를 $x\,\mathrm{cm}$, 이때의 $\triangle\mathrm{MPC}$의 넓이를 $y\,\mathrm{cm}^2$라 할 때, y를 x에 대한 식으로 나타내어라. (단, 점 M은 $\overline{\mathrm{AD}}$의 중점이다.)

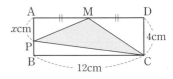

10

함수 $f(x)$를 $f(x)=\begin{cases} 2 & (x\geq 0\text{일 때}) \\ 0 & (x<0\text{일 때}) \end{cases}$ 으로 정의될 때,

함수 $y=\dfrac{f(x-1)+f(x-4)}{x}$ $(x>0)$의 최댓값을 구하여라.

11

n의 값이 0 또는 자연수일 때 함수 $f(x)$는 다음을 만족한다. 이때, $f(2006)-f(0)$의 값을 구하여라.(단, $[x]$는 x보다 크지 않은 최대의 정수이다.)

$$f(n)=f\left(\left[\frac{n}{2}\right]\right)+\frac{1+(-1)^{n+1}}{2}$$

12

두 수 a, b에 대하여 $\max\{a, b\}$는 a, b 중에서 큰 쪽을, $\min\{a, b\}$는 a, b 중에서 작은 쪽을 나타낸다. 또한, $a=b$이면 $\max\{a, b\}=\min\{a, b\}=a=b$이다. 두 함수 $f(x)$, $g(x)$를 다음과 같이 정의할 때, 함수 $y=f(x)$와 $y=g(x)$의 그래프로 둘러싸인 사각형의 넓이를 구하여라.

$$f(x)=\max\left\{\frac{1}{2}x, 3\right\}, \ g(x)=\min\{3x, 9\}$$

1 실수 x에 대하여 함수 $f(x)$가 $f(x)+f(1-x)=7$, $x+f\left(\dfrac{x}{3}\right)=\dfrac{1}{2}f(x)$를 만족

할 때, $f\left(\dfrac{1}{9}\right)$의 값을 구하여라.

2 실수 x에 대하여 두 함수 $f(x)$, $g(x)$는 다음 조건을 만족할 때, $f(x)=g(x)$임
을 보여라.

> (가) $f \circ f \circ f \circ g \circ g(x)=f(x)$
> (나) $f \circ g \circ f \circ f \circ g(x)=g(x)$

3 모든 실수 x, y에 대하여 다음을 만족하는 함수 $y=f(x)$를 구하여라.

$$f(x-f(y))=f(f(y))+xf(y)+f(x)-1$$

4 모든 실수 x, y에 대하여
$$f(x^2-y^2)=(x-y)(f(x)-f(y))$$
를 만족하는 함수 $y=f(x)$를 모두 구하여라.

예전엔 미처 몰랐습니다 *

울 엄마만큼은 자식들 말에 상처받지 않는 줄 알았습니다. 그러나 제가 엄마가 되고 보니 자식이 툭 던지는 한마디에도 가슴이 저림을 이제야 깨달았습니다.

울 엄마만큼은 엄마가 보고 싶을 거라 생각하지 못했습니다. 그러나 제가 엄마가 되고 보니 이렇게도 엄마가 보고 싶은 걸 이제야 알았습니다.

울 엄마만큼은 혼자만의 여행도, 자유로운 시간도 필요하지 않다고 생각했습니다. 항상 우리를 위해서 밥하고 빨래하고 늘 우리 곁에 있어야 되는 존재인 줄 알았습니다. 그러나 제가 엄마가 되고 보니 엄마 혼자만의 시간도 필요함을 이제야 알았습니다.

저는 항상 눈이 밝을 줄 알았습니다. 노안은 저하고 상관이 없는 줄 알았습니다. 그래서 울 엄마가 바늘귀에 실을 꿰어 달라고 하면 핀잔을 주었습니다. 엄만 바늘귀도 못 본다고 ... 그러나 세월이 흐르면서 제게 노안이 올 줄 그땐 몰랐습니다.

울 엄마의 주머니에선 항상 돈이 생겨나는 줄 알았습니다. 제가 손을 내밀 때마다 한번도 거절하지 않으셨기에 ... 그러나 제가 엄마가 되고 보니 이제야 알게 되었습니다. 아끼고 아껴 저에게 그 귀중한 돈을 주신 엄마의 마음을 ...

며칠 전엔 울 엄마 기일이었습니다. 오늘은 울 엄마가 너무나도 보고 싶습니다. 평생 제 곁에 계실 줄 알고 사랑한다는 말 한마디 못 했습니다.

어머니 사랑합니다...

Chapter IV

통 계

① 줄기와 잎 그림 ★

(1) 줄기와 잎 그림

    ① 변량 : 자료를 수량으로 나타낸 것

    ② 줄기와 잎 그림 : 줄기와 잎을 이용하여 자료를 나타낸 그림

       • 줄기 : 세로 선의 왼쪽에 있는 수   • 잎 : 세로 선의 오른쪽에 있는 수

(2) 줄기와 잎 그림을 그리는 순서

    ① 변량을 줄기와 잎으로 구분한다.

    ② 세로 선을 긋고, 세로 선의 왼쪽에 줄기를 작은 값에서부터 차례로 세로로 쓴다.

    ③ 세로 선의 오른쪽에 각 줄기에 해당되는 잎을 작은 값에서부터 차례로 가로로 쓴다.

       이때, 중복되는 잎이 있으면 모두 쓰고, 간격은 일정하게 띄어 쓴다.

② 도수분포표 ★

(1) 도수분포표 : 전체의 자료를 몇 개의 계급으로 나누고, 각 계급에 속하는 도수를 조사하여 나타낸 표를 도수분포표라 한다.

(2) 변량 : 자료를 수량으로 나타낸 것

(3) 계급 : 변량을 일정한 간격으로 나눈 구간

(4) 계급의 크기 : 일정하게 나누어진 구간의 너비

(5) 도수 : 각 계급에 속하는 자료의 수

(6) 계급값 : 계급의 중앙의 값

③ 히스토그램과 도수분포다각형 ★ ★

(1) 히스토그램 : 도수분포표의 계급을 가로축, 도수를 세로축으로 하여 그려진 직사각형의 모양의 그래프를 히스토그램이라 한다.

(2) 도수분포다각형 : 히스토그램에서 각 직사각형의 윗변의 중점을 연결한 그래프를 도수분포다각형이라 한다.

점수(점)	학생 수(명)
40^{이상}~50^{미만}	1
50 ~60	2
60 ~70	4
70 ~80	3
합계	10

도수분포표

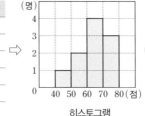

히스토그램

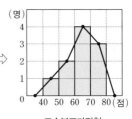

도수분포다각형

(3) 히스토그램의 특징

    ① 히스토그램에서 각 직사각형의 넓이는 계급의 도수에 정비례한다.

    ② 도수분포표를 히스토그램으로 나타내면 자료의 분포 상태를 쉽게 알 수 있다.

    ③ 히스토그램에서 색칠한 부분의 넓이의 합은 (계급의 크기)×(도수의 총합)이다.

(4) 히스토그램과 도수분포다각형의 넓이

    히스토그램의 직사각형의 넓이의 합과 도수분포다각형과 가로축으로 둘러싸인 부분의 넓이는 같다.

④ 도수분포표에서의 평균 ★★

(1) 도수분포표에서의 평균

$$(평균)=\frac{\{(계급값)\times(도수)의\ 총합\}}{(도수의\ 총합)}$$

(2) 도수분포표에서 평균 구하기

① 각 계급의 계급값을 구한다.

② 각 계급에 대하여 (계급값)×(도수)를 구한다.

③ ②의 총합을 계산한다.

④ ③의 값을 도수의 총합으로 나눈다.

점수(점)	도수(명)	계급값 ①	계급값 ×도수 ②
40^{이상}~50^{미만}	1	45	45
50 ~60	2	55	110
60 ~70	4	65	260
70 ~80	3	75	225
합계	10		③

③ 640   ④ $(평균)=\dfrac{③}{10}=\dfrac{640}{10}=64(점)$

(3) 도수의 합이 다른 집단 전체의 평균

a명의 평균이 x점, b명의 평균이 y점일 때,
$(a+b)$명 전체의 평균은

$$(전체\ 평균)=\frac{(전체\ 총점)}{(전체\ 학생\ 수)}$$
$$=\frac{ax+by}{a+b}$$

학생 수(명)	평균 점수(점)	총점(점)
a	x	ax
b	y	by
$a+b$		$ax+by$

⑤ 상대도수 ★★★

(1) 상대도수 : 각 계급의 도수를 전체 도수로 나눈 몫을 그 계급의 상대도수라 한다.

즉, $(상대도수)=\dfrac{(그\ 계급의\ 도수)}{(전체\ 도수)}$

(2) 상대도수의 성질

① 상대도수의 총합은 1이다.

② 각 계급의 상대도수는 그 계급의 도수에 정비례한다.

③ 도수의 총합이 다른 두 가지 이상의 자료에 대한 분포 상태를 비교할 때, 상대도수를 이용하면 편리하다.

(3) 상대도수의 분포표 : 각 계급의 상대도수를 나타낸 표

(4) 상대도수의 분포다각형 모양의 그래프 : 가로축에 계급, 세로축에는 상대도수를 써넣어 도수분포다각형을 그리는 방법과 같은 방법으로 그린다.

점수(점)	도수(명)	상대도수
40^{이상}~50^{미만}	1	0.1
50 ~60	2	0.2
60 ~70	4	0.4
70 ~80	3	0.3
합계	10	1

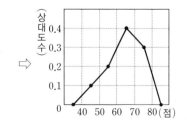

상대도수의 분포표   상대도수의 분포다각형 모양의 그래프

특목고 대비 문제

1 오른쪽 그림은 호영이네 반 학생들의 국어 성적을 나타낸 도수분포다각형이다. 계급값이 85점인 계급의 직사각형의 넓이를 100이라고 할 때, 계급값이 55점인 계급의 직사각형의 넓이를 구하여라.

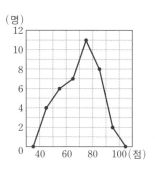

2 오른쪽 표는 두 학급 학생 중 몸무게가 50 kg 이상인 학생의 상대도수를 나타낸 것이다. 전체 학생 95명에 대한 50 kg 이상인 계급의 상대도수를 x, y를 사용하여 나타내어라.

	학생 수(명)	상대도수
A반	50	x
B반	45	y

3 오른쪽 표는 성호네 반 학생들의 영어 성적을 조사하여 나타낸 것이다. 전체 학생 수가 두 자리의 수일 때, 전체 학생 수가 될 수 있는 최댓값을 구하여라.

영어 성적(점)	상대도수
$50^{이상} \sim 60^{미만}$	$\dfrac{1}{8}$
$60 \sim 70$	$\dfrac{1}{4}$
$70 \sim 80$	□
$80 \sim 90$	$\dfrac{1}{6}$
$90 \sim 100$	$\dfrac{1}{8}$

Super Math

4 A, B 두 회사의 직원 수는 각각 80명, 120명이다. 근무 년 수를 계급으로 하는 도수분포표를 만들었더니 근무 년 수가 8년 이상 10년 미만인 계급의 직원 수의 비가 4 : 5이었다. 이때, 근무 년 수가 8년 이상 10년 미만인 계급에 대한 상대도수의 비를 구하여라.

5 신유형 new

오른쪽 그림은 어느 학급 학생 60명의 몸무게에 대한 상대도수의 분포다각형 모양의 그래프인데 일부가 지워져 보이지 않는다. 몸무게가 50kg 이상 60kg 미만인 학생 수가 몸무게가 60kg 이상 65kg 미만인 학생 수의 1.5배일 때, 몸무게가 60kg 이상 65kg 미만인 학생 수를 구하여라.

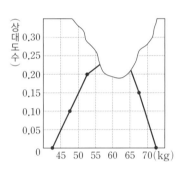

6 오른쪽 표는 어느 학급 학생들의 턱걸이 횟수를 조사한 것이다. 이때, 이 반 학생들의 턱걸이 횟수에 대한 평균을 구하여라.

턱걸이 횟수(회)	누적도수
1이상 ~ 3미만	5
3 ~ 5	19
5 ~ 7	34
7 ~ 9	38
9 ~11	40

07 오른쪽 도수분포표는 1학년 학생들의 수학 성적을 조사하여 나타낸 것이다. 수학 성적이 70점 이상 80점 미만인 학생이 전체의 20%일 때, 전체 학생 수를 구하여라.

수학 성적(점)	학생 수(명)
50^{이상}~ 60^{미만}	2
60 ~ 70	7
70 ~ 80	
80 ~ 90	8
90 ~100	3

신유형 **NEW**

08 오른쪽 도수분포표는 진아네 반 학생들의 키를 조사하여 나타낸 것이다. 키가 155cm 이상인 학생이 155cm 미만인 학생의 4배이고, 160cm 미만인 학생은 전체의 40%일 때, 170cm 이상 175cm 미만인 학생 수를 구하여라.

키(cm)	학생 수(명)
145^{이상}~150^{미만}	1
150 ~155	6
155 ~160	
160 ~165	5
165 ~170	3
170 ~175	

09 5명의 농구 선수 중 한 명을 키가 192cm인 선수와 교체하였더니 5명의 농구 선수의 키의 평균이 1.8cm 늘었다. 교체하기 전 농구 선수의 키를 구하여라.

10 오른쪽 도수분포표는 어느 학급 학생들의 1학기 수학 성적을 조사하여 나타낸 것이다. 1학기 수학 성적의 평균이 75점일 때, 1학기 수학 성적이 80점 이상 90점 미만인 학생 수를 구하여라.

수학 성적(점)	학생 수(명)
$50^{이상} \sim 60^{미만}$	4
60 ~ 70	6
70 ~ 80	8
80 ~ 90	
90 ~100	2
합계	

11 A, B 두 학교의 전체 도수의 비가 4 : 3이고, 어떤 계급의 도수의 비가 3 : 2일 때, 그 계급의 상대도수의 비를 구하여라.

12 오른쪽 그림은 어느 분단 학생들의 국어 성적을 조사하여 그린 히스토그램이다. 국어 성적이 60점 이상 70점 미만인 학생이 전체 25%일 때, 60점 이상 70점 미만인 학생 수를 구하여라.

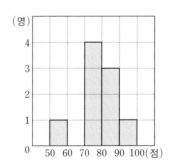

13 오른쪽 그림은 어느 학급 학생들의 영어 성적을 조사하여 그린 도수분포다각형이다. 영어 성적이 낮은 쪽에서 20번째인 학생이 속하는 점수가 정수로 나타내어질 때, 최소 몇 점 이상인지 구하여라.

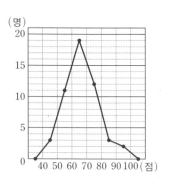

14 신유형 new

오른쪽 도수분포표는 가족들과 단풍구경을 간 학생들을 대상으로 가장 인상 깊은 산을 조사한 것이다. 다음 물음에 답하여라.

	1학년(명)	2학년(명)	3학년(명)
설악산	12	15	18
지리산	12	18	20
속리산	6	7	12
합계	30	40	50

(1) 지리산에 대한 상대도수가 가장 큰 학년을 구하여라.

(2) 3학년이 다른 학년과 비교했을 때, 상대적으로 많이 답한 산을 구하여라.

15

오른쪽 도수분포표는 D고등학교의 입학 시험 성적을 조사하여 나타낸 것이다. D고등학교 모집 정원이 300명이고, 경쟁률이 1.5 : 1일 때, 점수가 고르게 분포되어 있다고 가정하면 합격자의 점수는 몇 점 이상인지 구하여라.

입학 시험 성적(점)	학생 수(명)
220^{이상}~230^{미만}	25
230 ~240	36
240 ~250	89
250 ~260	88
260 ~270	76
270 ~280	62
280 ~290	53
290 ~300	21

16

다음 표는 M중학교 1학년 학생들의 통학 거리를 조사한 것이다.
(가), (나), (다)에 알맞은 수를 각각 구하여라.

통학 거리(km)	도수(명)	상대도수
0^{이상}~1^{미만}	(가)	0.12
1 ~2	42	0.21
2 ~3	59	(나)
3 ~4	45	
4 ~5		0.13
5 ~6		(다)
합계		

17

집 앞의 사거리에 우회전 하는 차가 몇 대 있는지 평일 오전 8시부터 9시까지 1시간 동안 조사해보았더니 1시간 동안 총 350대 중에서 60대가 우회전을 하였다. 토요일에는 차량의 양이 줄어서 집 앞의 사거리에 1시간 동안 총 300대가 지나갔었다. 같은 비율로 차가 우회전을 한다고 하면 약 몇 대가 우회전을 하였는지 구하여라.

신유형 new

18 오른쪽 그림은 1학년 1반의 과학 성적을 히스토그램과 도수분포다각형으로 나타낸 것이다. 왼쪽의 파란색으로 색칠한 부분의 넓이와 오른쪽의 파란색으로 색칠한 부분의 넓이의 비를 구하여라.

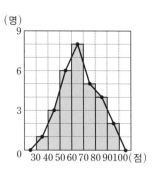

19 계급의 크기가 4인 도수분포표에서 변량 x가 속하는 계급의 계급값이 37일 때, 이 변량의 값의 범위는 $a \leq x < b$라고 한다. 이때, $a+b$의 값을 구하여라.

20 오른쪽 표는 어느 학급 학생들의 수학 성적을 조사하여 나타낸 것이다. 수학 성적이 70점 이상 80점 미만인 도수의 두 배가 되는 계급의 계급값을 구하여라.

수학 성적(점)	상대도수
50이상～60미만	0.21
60 ～70	0.14
70 ～80	
80 ～90	0.32
90 ～100	0.22

Super Math

21

오른쪽 표는 A, B, C, D 4명의 키를 조사한 것이다. 어떤 학생의 키를 기준으로 크면 +, 작으면 − 로 표시할 때, 키가 가장 큰 사람과 가장 작은 사람의 차를 구하여라.

A	B	C	D
+2.3	−0.7	+0.2	−1.8

(단위 : cm)

22

오른쪽 도수분포표는 어느 학급 학생들의 몸무게를 조사하여 나타낸 것이다. 몸무게가 60kg 이상인 학생이 전체의 30%일 때, 몸무게가 55kg 이상 60kg 미만인 학생 수를 구하여라.

몸무게(kg)	학생 수(명)
40이상~45미만	1
45 ~50	8
50 ~55	10
55 ~60	
60 ~65	7
65 ~70	3
70 ~75	2

신유형 new

23

오른쪽 그림은 어느 학급 학생들의 국어 성적을 조사하여 나타낸 것이다. 다음 물음에 답하여라.

(1) 국어 성적이 70점 이상 80점 미만인 학생은 전체의 몇 %인지 구하여라.

(2) 전체 학생 수가 50명이고, 성적이 낮은 쪽에서 전체의 10%에 해당하는 학생들을 선발할 때, 국어 성적이 50점 이상 60점 미만인 계급에서는 몇 명이 선발되는지 구하여라.

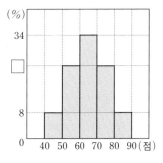

01   히스토그램과 막대그래프의 차이점을 두 가지 이상 말하여라.

02   오른쪽 도수분포표는 A학교와 B학교 학생들의 통학 거리를 조사한 것이다. 다음 물음에 답하여라.

(1) 통학 거리가 짧은 쪽은 A학교와 B학교 중 어느 학교의 비율이 더 높은지 말하여라.

(2) A학교와 B학교 주위에 C학교와 D학교가 신설될 때, 통학 거리가 6km 이상인 학생

통학 거리(km)	A학교	B학교
0이상~ 2미만	24	23
2 ～ 4	42	34
4 ～ 6	45	43
6 ～ 8	59	61
8 ～10	26	31
10 ～12	4	8
합계	200	200

들을 C학교와 D학교로 옮겨야 한다고 한다. A학교와 B학교에서는 각각 몇 명의 학생이 학교를 옮겨야 하는지 구하여라. (단, 6km 이상인 학생들은 C학교나 D학교와의 거리가 6km 미만에 있다.)

03 다음 표는 주머니에 흰 구슬 100개를 넣고 검은 구슬과 같이 넣어 잘 섞은 후 몇 개의 구슬을 꺼내어 흰 구슬과 검은 구슬이 나온 개수를 5번 반복하여 조사한 것이다. 검은 구슬의 개수를 구하여라.

횟수(회)	1	2	3	4	5
흰 구슬(개)	2	3	1	3	1
검은 구슬(개)	39	42	36	45	38

04 오른쪽 그림은 기존의 히스토그램을 변형하여 어떤 변량을 기준으로 오른쪽은 +, 왼쪽은 −를 나타낸 것이다. 기존의 히스토그램보다 편리한 점은 어떤 것이 있는지 예를 들어 설명하여라.

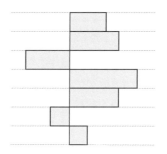

01 오른쪽 그림은 K중학교 A반과 B반 학생들의 수학 성적에 대한 상대도수를 반올림하여 나타낸 상대도수의 분포다각형 모양의 그래프이다. A반과 B반의 계급별 인원 집중도에 대하여 B반이 A반보다 상대적으로 인원이 많은 계급의 계급값을 모두 구하여라.

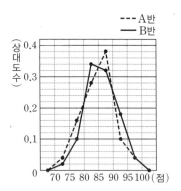

02 오른쪽 도수분포표는 어느 학급 학생들의 키를 조사하여 나타낸 것이다. 키가 작은 쪽에서부터 20%에 해당하는 학생이 속하는 계급의 계급값이 147.5cm를 넘지 않을 때, A의 값의 범위를 구하여라.

키(cm)	학생 수(명)
140^{이상}~145^{미만}	2
145 ~150	A
150 ~155	B
155 ~160	8
160 ~165	3
합계	40

Super Math

03 오른쪽 그림은 도수분포표에서 어느 특정한 계급의 도수를 0으로 하여 그 기준에서 얼마만큼 부족하고, 남는지에 대한 것을 나타낸 것이다. 계급값이 1씩 증가할 때, 히스토그램의 사각형의 넓이와 오른쪽 그림의 사각형의 넓이의 차가 29일 때, 기준이 되는 도수를 구하여라.

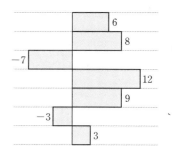

04 오른쪽 그림은 어느 반 학생들의 턱걸이 횟수를 조사한 도수분포다각형이다. 도수분포다각형과 가로축으로 둘러싸인 부분의 넓이가 60일 때, 도수의 총합을 구하여라. (단, 1회, 1명은 각각 1로 계산한다.)

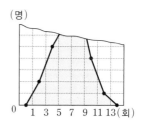

05 오른쪽 그림은 어느 반 학생들의 키를 조사하여 나타낸 도수분포다각형이다. 가로의 1cm 단위를 1로 생각하고, 세로의 1명 단위를 1로 생각하여 삼각형 S_1과 S_2의 넓이의 합을 구했더니 $S_1+S_2=15$이었다. 이때, 키가 150cm 이상 160cm 미만인 학생 수를 구하여라.

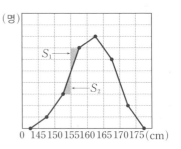

06 오른쪽 표는 중학교 1학년 A반과 B반에서 국어, 영어, 수학 성적이 90점 이상인 학생 수의 비를 나타낸 것이다. A

	국어	영어	수학
A반	3	1	2
B반	1	2	1

반과 B반의 학생 수의 비는 2 : 3일 때, A반과 B반을 합하여 국어, 영어, 수학 성적이 90점 이상인 학생 수의 비를 구하여라.

Super Math

07

오른쪽 히스토그램은 어느 학급 학생들의 100m 달리기 기록을 나타낸 것이다. 100m 달리기 기록의 평균보다 기록이 늦은 학생 수의 최댓값과 최솟값을 각각 구하여라.

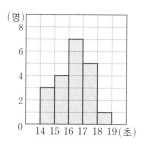

08

오른쪽 도수분포표는 어느 반 학생들의 1학기 중간고사 영어 성적을 조사하여 나타낸 것이다. 이것을 바탕으로 1학기 기말고사 영어 문제를 출제하려고 한다. 1학기 영어 성적의 평균이 80점 이상이 되게 할 때, 1학기 기말고사에서 영어 성적의 총점은 몇 점 이상이 되어야 하는가?

영어 성적(점)	학생 수(명)
20^{이상} ~ 30^{미만}	1
30 ~ 40	2
40 ~ 50	2
50 ~ 60	6
60 ~ 70	8
70 ~ 80	5
80 ~ 90	7
90 ~100	4
합계	35

올림피아드 대비 문제

1 아래 표는 어느 반 학생들의 영어 듣기 평가 성적을 조사하여 나타낸 것이다. 이 시험은 모두 세 문제이고, 1번과 2번은 1점씩, 3번은 3점이라고 한다. 다음 물음에 답하여라.

성적(점)	0	1	2	3	4	5
학생 수(명)	2	3	6	7	9	8

(1) 1번의 정답자 수의 최댓값과 최솟값을 구하여라.

(2) 2번의 정답자 수의 최댓값과 최솟값을 구하여라.

(3) 3번의 정답자 수를 구하여라.

2 변량의 계급값이 x_1, x_2, x_3, x_4, x_5인 어떤 실험의 분포를 만들면서 실험 횟수인 도수의 총합 N을 기록하지 않았다. 이 실험에서 상대도수의 분포표가 오른쪽과 같을 때, N의 최솟값을 구하여라.

계급값	도수	상대도수
x_1		0.125
x_2		0.5
x_3		0.25
x_4		0.0625
x_5		0.0625
합계	N	1

3 오른쪽 도수분포표에서 몸무게가 적은 쪽에서 10번째인 사람의 몸무게를 구하는 방법은 $52+4\times\dfrac{2}{4}=54(\mathrm{kg})$ 이다. 다음 물음에 답하여라.

몸무게(kg)	학생 수(명)
40^{이상} ~44^{미만}	1
44 ~48	2
48 ~52	5
52 ~56	4
56 ~60	5
60 ~64	3
합계	20

(1) 몸무게가 54kg인 사람은 몸무게가 52kg 이상 56kg 미만인 계급에서 적은 쪽으로 몇 번째 있는지 구하여라.

(2) 도수가 m명인 $a$kg 이상 $b$kg 미만인 계급에서 k번째에 있는 사람의 몸무게를 구하여라.

4 오른쪽 표는 어느 가정의 올해 1년 동안의 지출 내역비를 조사한 것이다. 내년에는

식비	교육비	문화비	세금	총지출액
700	800	400	500	2400

(단위 : 만 원)

올해보다 식비가 10%, 교육비가 20%, 세금이 10%만큼 각각 오르고, 문화비만 $x\%$ 만큼 내릴 때, 내년도의 총지출이 올해보다 10% 만큼 증가한다면 문화비는 몇 $x\%$ 만큼 내려야 하는지 구하여라.

솔개의 선택*

솔개는 가장 장수하는 조류로 알려져 있다. 솔개는 최고 약 70살의 수명을 누릴 수 있는데 이렇게 장수하려면 약 40살이 되었을 때 매우 고통스럽고 중요한 결심을 해야만 한다.

솔개는 약 40살이 되면 발톱이 노화하여 사냥감을 그다지 효과적으로 잡아챌 수 없게 된다. 부리도 길게 자라고 구부러져 가슴에 닿을 정도가 되고, 깃털이 짙고 두껍게 자라 날개가 매우 무겁게 되어 하늘로 날아오르기가 나날이 힘들게 된다.

이 즈음이 되면 솔개에게는 두 가지 선택이 있을 뿐이다. 그대로 죽을 날을 기다리든가 아니면 약 반년에 걸친 매우 고통스런 갱생 과정을 수행하는 것이다.

갱생의 길을 선택한 솔개는 먼저 산 정상 부근으로 높이 날아올라 그 곳에 둥지를 짓고 머물며 고통스런 수행을 시작한다.

먼저 부리로 바위를 쪼아 부리가 깨지고 빠지게 만든다. 그러면 서서히 새로운 부리가 돋아나는 것이다. 그런 후 새로 돋은 부리로 발톱을 하나하나 뽑아낸다. 그리고 새로 발톱이 돋아나면 이번에는 날개의 깃털을 하나하나 뽑아낸다. 이리하여 약 반년이 지나 새 깃털이 돋아난 솔개는 완전히 새로운 모습으로 변신하게 된다.

그리고 다시 힘차게 하늘로 날아올라 30년의 수명을 더 누리게 되는 것이다.

Chapter V

기본 도형과 작도

기본 도형과 작도

1 기본 도형 ★★

(1) 점·선·면과 직선
① 한 점을 지나는 직선은 무수히 많으나, 두 점을 지나는 직선은 오직 하나 뿐이다.
② 교점 : 선과 선 또는 선과 면이 만나서 생기는 점
③ 교선 : 면과 면이 만나서 생기는 선

(2) 각의 종류
① 평각 : 크기가 180°인 각   ② 직각 : 크기가 90°인 각
③ 예각 : 크기가 0°보다 크고 90°보다 작은 각
④ 둔각 : 크기가 90°보다 크고 180°보다 작은 각

(3) 맞꼭지각

① 맞꼭지각 : 네 개의 교각 중 서로 마주 보는 각
즉, $\angle a$와 $\angle b$, $\angle c$와 $\angle d$
② 맞꼭지각의 성질 : 맞꼭지각의 크기는 서로 같다.
즉, $\angle a = \angle b$, $\angle c = \angle d$

(4) 수직과 수선
① 직교 : 두 직선의 교각이 직각일 때, 두 직선은 직교한다고 하고, 기호로는 $\overrightarrow{AB} \perp \overrightarrow{CD}$로 나타낸다.
② 수선의 발 : 점 H를 점 C에서 $\overrightarrow{AB}$에 그은 수선의 발이라고 한다.
③ 점과 직선 사이의 거리 : $\overline{CH}$의 길이를 점 C에서 $\overrightarrow{AB}$까지의 거리라고 한다.

(5) 평행선의 성질

① 평행선과 동위각
• 평행선이 한 직선과 만날 때, 동위각의 크기는 서로 같다.
즉, $l /\!/ m$이면 $\angle a = \angle b$
• 한 쌍의 동위각의 크기가 서로 같으면 두 직선은 평행하다.
즉, $\angle a = \angle b$이면 $l /\!/ m$

② 평행선과 엇각
• 평행선이 한 직선과 만날 때, 엇각의 크기는 서로 같다.
즉, $l /\!/ m$이면 $\angle a = \angle b$
• 한 쌍의 엇각의 크기가 서로 같으면 두 직선은 평행하다.
즉, $\angle a = \angle b$이면 $l /\!/ m$

2 위치 관계 ★

(1) 평면에서 두 직선의 위치 관계
① 만난다.(한 점에서 만난다. 일치한다.)   ② 만나지 않는다.(평행하다.)

(2) 공간에서 두 직선의 위치 관계
① 만난다.(한 점에서 만난다.)   ② 만나지 않는다.(평행하다. 꼬인 위치에 있다.)

point
평면을 결정하는 조건
① 한 직선 위에 있지 않
  은 세 점
② 한 직선과 그 직선 밖
  에 있는 한 점
③ 한 점에서 만나는 두
  직선
④ 평행한 두 직선

(3) **공간에서 직선과 평면의 위치 관계**

    ① 한 점에서 만난다.   ② 포함된다.   ③ 평행하다.

(4) **공간에서 평면과 평면의 위치 관계**

    ① 만난다.   ② 만나지 않는다.(평행하다.)

③ 작도의 합동 ★★

(1) **기본도형의 작도**

    ① 각의 이등분선의 작도

      ❶ 점 O를 중심으로 원을 그린다.

      ❷ 점 A, B에서 반지름의 길이가 같은 원을 그린다.

      ❸ 점 O와 점 C를 지나는 반직선을 그린다.

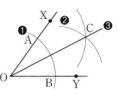

point
① 각의 이등분선의 작도
  원리 : 각의 이등분선
  위의 한 점에서 그 각
  의 두 변에 이르는 거
  리는 같다.
② 선분의 수직이등분선
  의 작도 원리 : 선분의
  수직이등분선 위의 한
  점에서 선분의 양 끝점
  까지의 거리는 같다.

    ② 선분의 수직이등분선의 작도

      ❶ 선분의 양 끝점 A, B에서 반지름의 길이가 같은 원을
        그린다.

      ❷ 점 P와 점 Q를 지나는 직선을 그린다.

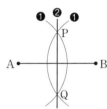

    ③ 크기가 같은 각의 작도

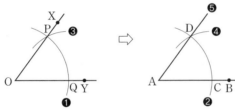

    ❶ 점 O를 중심으로 원을 그린다.

    ❷ 점 A를 중심으로 ❶과 반지름의 길이가 같은 원을 그린다.

    ❸ 컴퍼스로 $\overline{PQ}$의 길이를 잰다.

    ❹ 점 C를 중심으로 ❸과 반지름의 길이가 같은 원을 그린다.

    ❺ 점 A와 점 D를 지나는 반직선 AD를 그린다.

(2) **삼각형의 결정조건**

    ① 세 변의 길이가 주어질 때

    ② 두 변의 길이와 그 끼인각의 크기가 주어질 때

    ③ 한 변의 길이와 그 양 끝각의 크기가 주어질 때

(3) **합동**

    ① 합동 : 완전히 포개어지는 것

    ② 합동인 도형의 성질

      • 대응하는 변의 길이가 같다.   • 대응하는 각의 크기가 같다.

(4) **삼각형의 합동조건**

    ① SSS합동 : 대응하는 세 변의 길이가 각각 같을 때

    ② SAS합동 : 대응하는 두 변의 길이가 각각 같고, 그 끼인각의 크기가 같을 때

    ③ ASA합동 : 대응하는 한 변의 길이가 같고, 그 양 끝각의 크기가 같을 때

1 오른쪽 그림에서 $\angle AOB=180°$, $\angle AOC=90°$이고,
$\angle EOB=\dfrac{4}{5}\angle AOD$, $\angle DOE=\dfrac{1}{2}\angle AOB$일 때,
$\angle AOD$의 크기를 구하여라.

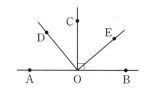

2 다음 그림과 같이 $\overline{AB}=24$이고, 점 C는 선분 AB의 중점이다.
$\overline{AD}+\overline{CE}=5$, $\overline{AD}=\dfrac{1}{3}\overline{CD}$일 때, $\overline{BE}$의 길이를 구하여라.

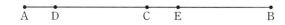

3 세 평면 α, β, γ와 세 직선 l, m, n에 대하여 다음 중 옳지 <u>않은</u> 것을 모두 고르면?
(정답 2개)

① $l /\!/ m$, $m /\!/ n$이면 $l /\!/ n$이다.
② $l \perp m$, $m \perp n$이면 $l /\!/ n$이다.
③ $\alpha \perp l$, $\beta \perp l$이면 $\alpha /\!/ \beta$이다.
④ $\alpha /\!/ l$, $\beta /\!/ l$이면 $\alpha = \beta$이다.
⑤ $\alpha /\!/ \beta$, $\beta /\!/ \gamma$이면 $\alpha /\!/ \gamma$이다.

4 A4용지에 직선을 그어서 용지를 여러 영역으로 분할하려고 한다. 한 개의 직선을 그으면 두 개의 영역이 생기고, 두 개의 직선을 그으면 최대 4개의 영역이 생기고, 세 개의 직선을 그으면 최대 7개의 영역이 생긴다. 이때, 4개의 직선을 그으면 최대 몇 개의 영역이 생기는가?

5 오른쪽 그림과 같은 △ABC에서 ∠ABF=∠ACF=∠FEC=30°이고, $\overline{\text{DE}} \parallel \overline{\text{BC}}$일 때, ∠DEF의 크기를 구하여라.

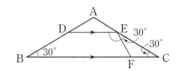

6 오른쪽 그림에서는 $m \parallel n$, $l \parallel k$이고, ∠CBD=45° ∠FAE=80°일 때, ∠BDC의 크기를 구하여라.

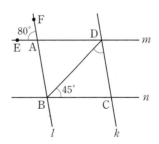

07 시각이 5시 44분일 때, 시계의 긴 바늘과 짧은 바늘이 이루는 두 각 중에서 작은 각의 크기를 구하여라.

신유형 new

08 오른쪽 그림과 같이 $l // m$일 때,
$$\angle x + \angle y + \angle z + \angle p + \angle q + \angle r$$
의 크기를 구하여라.

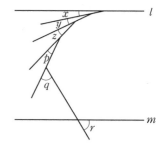

09 오른쪽 그림과 같은 직사각형을 접어서, 점 A는 A′으로, 점 B는 점 B′으로, 점 C는 C′으로 오도록 하였다. $\angle EGC' = 50°$, $\angle FC'D = 20°$일 때, $\angle GEC'$의 크기를 구하여라.

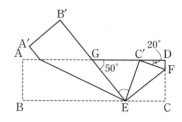

10 오른쪽 그림과 같은 정삼각형 ABC에서 삼각형의 내부에 점 D를 잡아서 $\overline{DC}$의 길이를 한 변으로 하는 정삼각형 CDE를 작도한 것이다. 이때, △ACD와 합동인 삼각형을 찾고, 그때의 합동조건을 말하여라.

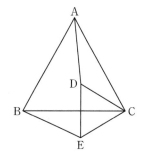

11 오른쪽 그림에서 $l /\!/ m$이고, ∠ABC=60°, ∠BCD=30°, ∠CDE=90°일 때, ∠DEF의 크기를 구하여라.

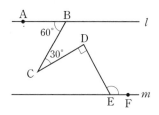

12 다음 그림에서 $l /\!/ m$일 때, ∠x의 크기를 구하여라.

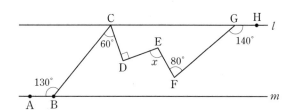

13 길이가 각각 20m, 30m, 40m, 50m인 철재 빔이 각각 한 개씩 있다. 이 철재 빔으로 삼각형 모양의 야외 조형물을 만들려고 한다. 이 중 3개 또는 4개를 선택하여 만들 수 있는 삼각형은 모두 몇 가지인지 구하여라. (단, 뒤집거나 회전하여 합동이 되면 같은 삼각형으로 생각한다.)

14 오른쪽 그림과 같은 $\triangle ABC$의 내부에 점 O가 있다. $\overline{AB}$ 위를 움직이는 점 P와 $\overline{BC}$ 위를 움직이는 점 Q에 대하여 $\triangle OPQ$를 만들 때, $\triangle OPQ$의 둘레의 길이를 최소로 하는 두 점 P, Q의 위치를 작도하여라.

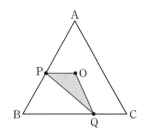

15 아래 그림과 같이 직선 l 위에 n개의 점 K_1, K_2, $\cdots$, K_n이 있다. 이때, 반직선의 총 개수를 a개, 선분의 총 개수를 b개라고 할 때, $a+b$의 값을 n을 사용하여 나타내면?

$$l \quad \overset{\bullet}{K_1} \quad \overset{\bullet}{K_2} \quad \overset{\bullet}{K_3} \quad \overset{\bullet}{K_4} \quad \cdots \quad \overset{\bullet}{K_{n-2}} \quad \overset{\bullet}{K_{n-1}} \quad \overset{\bullet}{K_n}$$

① $n+(1+2+3+\cdots+n)$

② $(n-1)+(1+2+3+\cdots+n)$

③ $2n+\{1+2+3+\cdots+(n-1)\}$

④ $2(n-1)+(1+2+3+\cdots+n)$

⑤ $2(n-1)+\{1+2+3+\cdots+(n-1)\}$

Super Math

16

오른쪽 그림과 같은 □ABCD의 내부에 임의의 점 Q를 잡을 때, $\overline{AQ}+\overline{BQ}+\overline{CQ}+\overline{DQ}$의 값이 최소가 되게 하는 점 Q의 위치를 작도하여라.

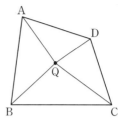

17

오른쪽 그림과 같이 가로, 세로의 간격이 일정한 격자점이 25개 있다. 이 중에서 4개의 점을 선택하여 그릴 수 있는 정사각형의 종류는 모두 몇 종류인지 구하여라.

```
·  ·  ·  ·  ·
·  ·  ·  ·  ·
·  ·  ·  ·  ·
·  ·  ·  ·  ·
·  ·  ·  ·  ·
```

18 오른쪽 그림과 같이 4개의 직선이 한 점에서 만날 때, 생기는 맞꼭지각은 모두 몇 쌍인지 구하여라. 또, n개의 직선이 한 점에서 만날 때, 생기는 맞꼭지각은 모두 몇 쌍인지 구하여라.

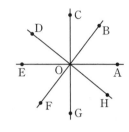

19 오른쪽 그림은 직각을 삼등분하여 30°의 각들을 작도한 것이다. 다음 중 작도 순서가 바른 것은?

(단, ∠AOB＝90°)

① (가) → (나) → (다) → (라) → (마)

② (나) → (가) → (다) → (라) → (마)

③ (다) → (나) → (가) → (라) → (마)

④ (다) → (라) → (가) → (나) → (마)

⑤ (라) → (마) → (가) → (나) → (다)

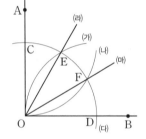

신유형 ｎｅｗ

20 오른쪽 그림과 같은 직육면체가 있다. 이때, 각 면의 대각선 $\overline{AC}$, $\overline{BD}$, $\overline{EG}$, $\overline{FH}$, $\overline{BG}$, $\overline{CF}$, $\overline{CH}$, $\overline{DG}$, $\overline{AH}$, $\overline{DE}$, $\overline{AF}$, $\overline{BE}$에 대하여 꼬인 위치에 있는 선분은 모두 몇 쌍인지 구하여라.

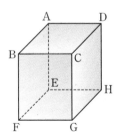

21 오른쪽 그림과 같이 정사각형 ABCD가 평행한 두 직선 l과 m 위에 두 꼭짓점이 있을 때, $\angle y - \angle x$의 크기를 구하여라.

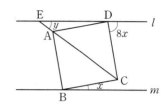

22 오른쪽 그림과 같은 △ABC에서 $\angle BAC + \angle ABC = \angle ACD$임을 보여라.

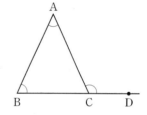

23 오른쪽 그림의 정육면체 ABCD−EFGH에 대하여 다음 중 옳지 않은 것을 모두 고르면? (정답 2개)

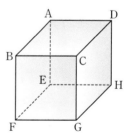

① $\overline{AB}$와 꼬인 위치에 있는 모서리는 4개이다.
② $\overleftrightarrow{DG}$와 $\overleftrightarrow{AB}$는 서로 만나지도 평행하지도 않다.
③ $\overline{AE}$와 $\overline{EF}$는 서로 수직이다.
④ $\overline{EF}$와 $\overline{CD}$는 꼬인 위치에 있는 선분이다.
⑤ 대각선 $\overline{BD}$와 $\overline{DG}$는 서로 수직이다.

신유형 new

24 오른쪽 그림에서 $\overline{AB} \parallel \overline{FE}$일 때,
$\angle ABC + \angle BCD + \angle CDE + \angle DEF$
의 크기를 구하여라.

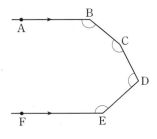

신유형 new

25 오른쪽 그림에서
$\angle a + \angle b + \angle c + \angle d + \angle e - \angle f + \angle g$
의 크기를 구하여라.

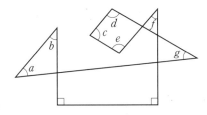

26 오른쪽 그림과 같은 작도에서 ∠BDC의 크기를 구하여라.

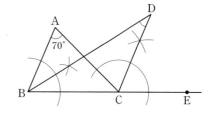

27 오른쪽 그림에서 $l /\!/ \overline{AB}$이고 직선 l에서 $\overline{AB}$에 이르는 최단 거리는 2이다. 직선 l 위를 움직이는 점 P에 대하여 △PAB가 이등변삼각형이 되는 점 P의 개수를 구하여라.

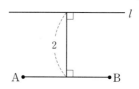

28 오른쪽 그림과 같은 직사각형 ABCD에서 ∠x − ∠y의 크기를 구하여라.

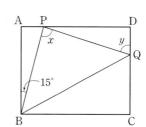

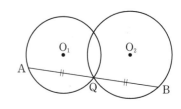

29 오른쪽 그림과 같이 중심이 O_1, O_2이고, 반지름의 길이가 서로 다른 두 원의 교점 Q를 지나고, $\overline{QA}=\overline{QB}$를 만족하는 두 점 A, B를 작도하고, 그 순서를 적어라.

30 오른쪽 그림과 같은 △ABC에서 $\overline{AB}=\overline{AC}$일 때, $\overline{BE}=\overline{CD}$임을 설명하여라.

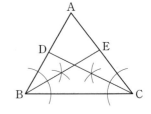

31 오른쪽 그림과 같이 선분 AB의 위쪽 부분에 두 점 P, Q 가 있다. 다음 물음에 답하여라.

(1) $\overline{OP}+\overline{OQ}$의 값이 최소가 되도록 선분 AB 위에 점 O를 잡으려고 한다.

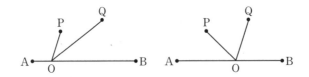

위와 같이 점 O가 $\overline{AB}$ 위를 움직이는 점일 때, 점 O를 작도하여라.

(2) $\overline{OP}+\overline{OQ}$의 길이를 (1)과 같이 작도하면 최소가 되는 이유를 설명하여라.

32 다음 그림과 같이 원을 오른쪽으로 굴리면서 이동할 때, P → P′ → P″의 자리로 점 P의 위치는 차츰 바뀌어간다. 이때, 점 P가 이동하는 모습을 자취로 남겨 작도하여라. (단, 바닥과 원은 미끄러지지 않는다.)

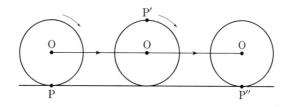

33 신유형 new

세 변의 길이가 자연수이고, 세 변의 길이의 합이 25인 삼각형을 작도하려고 한다. 이때, 두 변의 길이만을 같게 만들 수 있는 삼각형의 개수를 구하여라.

01 오른쪽 그림과 같이 정육면체의 임의의 세 꼭짓점을 택하여 삼각형을 만들 때, △AFH와 합동인 삼각형을 만들 수 있는 방법의 수를 구하여라.

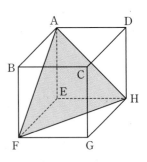

02 오른쪽 그림과 같이 점과 점 사이의 거리가 1cm인 격자점이 있다. 여기에 오른쪽 그림과 같은 도형을 그렸을 때, 이 도형을 아래 도형으로 모두 분할하는 삼각형을 작도하여라.

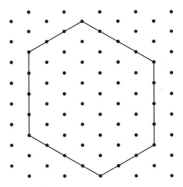

> ㈎ 한 변의 길이가 1cm인 정삼각형 5개
> ㈏ 한 변의 길이가 2cm인 정삼각형 4개
> ㈐ 한 변의 길이가 3cm인 정삼각형 3개
> ㈑ 한 변의 길이가 4cm인 정삼각형 2개

03 다음 그림의 작도는 □BCFG의 넓이의 5배가 되는 □ABED를 작도한 것이다.
이때, □ABED의 넓이가 □BCFG의 넓이의 5배임을 설명하여라. (단, □BCFG
는 정사각형이다.)

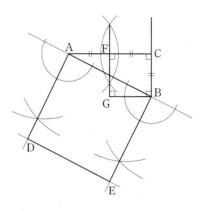

04 오른쪽 그림과 같이 $\overline{AB} /\!/ \overline{DC}$, $\overline{AD} /\!/ \overline{BC}$인
□ABCD에서 ∠BAF = ∠EAF, ∠DCE = ∠FCE
일 때, $\overline{AF}$와 $\overline{EC}$가 평행함을 설명하여라.

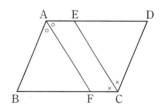

01 오른쪽 그림과 같이 $\overline{AB}$와 $\overline{CD}$가 평행하고, $\overline{EH}$가 $\overline{AB}$와 만나는 점을 F, $\overline{EH}$가 $\overline{CD}$와 만나는 점을 G라고 한다. 이때, $\angle EFB$와 $\angle FGD$의 크기가 같음을 설명하여라.

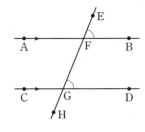

02 오른쪽 그림과 같은 정삼각형 ABC에서 $\overline{AD}=\overline{CF}=\overline{BE}$일 때, $\triangle AED \equiv \triangle BFE \equiv \triangle CDF$임을 설명하여라.

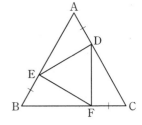

03 오른쪽 그림과 같이 직사각형 ABCD의 대각선 AC의 수직이등분선 l을 작도하였다. 이때, 선분 AC는 $\overline{PQ}$의 수직이등분선임을 설명하여라.

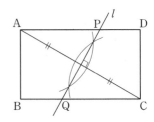

Super Math ▦

04 오른쪽 그림과 같이 정사각형 ABCD의 한 변 $\overline{BC}$
와 다른 한 변 CD의 길이를 한 변으로 하는 정삼
각형을 각각 그렸다. 이때, △ABE와 합동인 삼
각형을 모두 찾고, 합동조건을 써라.

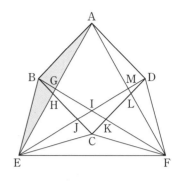

05 오른쪽 그림을 이용하여 다음을 만족하는 영역을 그
림으로 나타내어라.

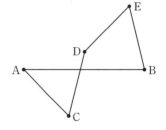

> ㈎ $\overline{AB}=4$, $\overline{AC}=2$, $\overline{CD}=2$, $\overline{DE}=2$, $\overline{EB}=2$
> ㈏ 점 A와 B는 고정인 점이다.
> ㈐ 세 점 C, D, E는 움직이는 점이다.
> ㈑ 점 D가 움직이는 부분에 연필을 고정하고, 세
>   점 C, D, E를 움직일 때 생기는 모양을 작도한다.

06 다음 내용을 평행선과 동위각, 엇각의 성질을 이용하여 설명하여라.

> 같은 평면에서 한 직선 l에 수직인 직선 m과 수직이 아닌 직선 n이 있을 때, 두 직선
> m과 n은 반드시 만난다.

07 오른쪽 그림과 같이 $\overline{AB}$의 수직이등분선과 $\overline{BC}$의 수직이등분선의 교점을 O라고 할 때, $\angle AOC$와 $\angle DOE$의 크기의 비를 구하여라.

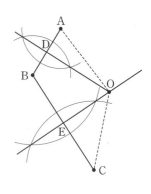

08 다음 그림과 같이 선분 AD 위에 A → B → C → D의 순서로 네 점이 있다. 이때, $\dfrac{1}{\overline{AB}} + \dfrac{1}{\overline{AD}} = \dfrac{2}{\overline{AC}}$ 를 만족할 때, $\dfrac{\overline{AB}}{\overline{BC}} = \dfrac{\overline{AD}}{\overline{CD}}$ 임을 설명하여라.

09 오른쪽 그림은 직사각형 모양의 종이를 점 D를 D′으로, 점 B를 B′으로 오도록 접은 것이다. 이때, $\triangle AEB'$과 $\triangle D'FC$가 합동임을 설명하여라.

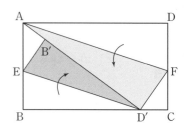

Super Math ✦

10 오른쪽 그림과 같이 점 D는 $\overline{AB}$의 중점이고, △ABC는
∠ACB가 직각인 직각삼각형이다. 점 D를 중심으로 하
고, $\overline{AD}$를 반지름으로 하는 원을 그릴 때, 세 점 A, B,
C는 작도한 원 위에 있음을 설명하여라.

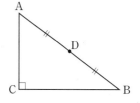

11 오른쪽 그림과 같이 정삼각형 ABC의 내부에
$\overline{AD}=\overline{BD}$인 점 D를 잡고, △ABC의 외부에
∠DBC=∠DBF, $\overline{AB}=\overline{FB}$인 점 F를 잡는다.
이때, ∠BFD의 크기를 구하여라.

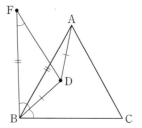

1 오른쪽 그림에서 □ABCD는 한 변의 길이가 a 인 정사각형이고 점 P는 □ABCD의 내부의 점이다. □PQRC는 $\overline{CP}$를 한 변으로 하는 정사각형이고, $\overline{BC}=\overline{CE}$이다. $\overline{AP}+\overline{PR}+\overline{RE}$의 최솟값을 x라 할 때, x^2의 값을 a를 사용하여 나타내어라.

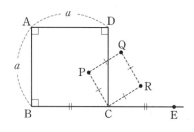

2 하나의 평면에 어떤 두 직선도 서로 평행하지 않고, 어떤 세 직선도 한 점에서 만나지 않도록 n개의 직선을 작도하여 평면을 최대한 많은 영역으로 나누려고 한다. 이때, 나누어진 영역들 중에서 넓이가 유한한 영역의 개수를 구하여라. (단, $n\geq3$)

$n=3$일 때,

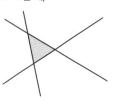

(유한한 영역 1개)

$n=4$일 때,

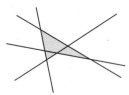

(유한한 영역 3개)

■**3** 오른쪽 그림에서 △ABC는 정삼각형이다. △ABO, △BCO, △CAO가 이등변삼각형이 되도록 점 O를 작도할 때, 점 O의 개수를 구하여라.

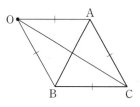

■**4** 다음을 이용하여 한 평면에서 한 직선이 평행한 두 직선 중에서 하나와 만나면 다른 한 직선과도 만남을 설명하여라.

> • 평행선의 정의 : 한 평면 위의 두 직선 l, m이 서로 만나지 않을 때, 이 두 직선은 평행하다.
> • 평행선의 공리 : 직선 밖의 한 점을 지나고, 이 직선에 평행한 직선은 유일하게 존재한다.

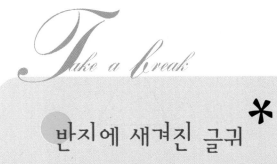

반지에 새겨진 글귀 *

어느 날 다윗 왕이 궁중의 한 보석 세공인을 불러 명령을 내렸습니다.

"나를 위하여 반지 하나를 만들되 거기에 내가 매우 큰 승리를 거둬 그 기쁨을 억제하지 못할 때 그것을 조절할 수 있는 글귀를 새겨 넣어라. 그리고 동시에 그 글귀가 내가 절망에 빠져 있을 때는 나를 이끌어 낼 수 있어야 하느니라."

보석 세공인은 명령대로 곧 매우 아름다운 반지 하나를 만들었습니다. 그러나 적당한 글귀가 생각나지 않아 걱정을 하고 있었습니다.

어느 날 그는 솔로몬 왕자를 찾아갔습니다. 그에게 도움을 구하기 위해서였습니다.

"왕의 황홀한 기쁨을 절제해 주고 동시에 그가 낙담했을 때 북돋워 드리기 위해서는 도대체 어떤 말을 써 넣어야 할까요?"

솔로몬이 대답했습니다. 이런 말을 써 넣으시오.

"이것 역시 곧 지나가리라!"

"왕이 승리의 순간에 이것을 보면 곧 자만심이 가라앉게 될 것이고, 그가 낙심 중에 그것을 보게 되면 이내 표정이 밝아질 것입니다."

Chapter VI

평면도형의 성질

VI 평면도형의 성질

① 다각형 ★★

(1) 다각형

① 다각형 : 한 평면 위에 세 개 이상의 선분으로 둘러싸인 도형
② 내각 : 다각형의 내부에 이웃하는 두 변으로 이루어진 각
③ 외각 : 다각형의 각 꼭짓점에서 한 변과 그 변에 이웃하는 변의 연장선이 이루는 각
④ 정다각형 : 모든 변의 길이가 같고, 모든 내각의 크기가 같은 다각형

(2) 다각형의 대각선

① 대각선 : 이웃하지 않는 두 꼭짓점을 이은 선분
② n각형의 한 꼭짓점에서 그을 수 있는 대각선의 수 : $(n-3)$개
③ n각형의 대각선 총수 : $\dfrac{n(n-3)}{2}$개

(3) 삼각형의 내각과 외각

① 삼각형의 내각의 크기의 합은 $180°$이다.
② 삼각형의 한 외각의 크기는 그와 이웃하지 않는 두 내각의 크기의 합과 같다.
즉, 오른쪽 $\triangle ABC$에서
$\angle x = \angle a + \angle b$
③ 삼각형의 세 외각의 크기의 합은 $360°$이다.

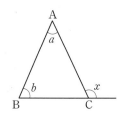

(4) 다각형의 내각과 외각의 크기의 합

n각형의 내각의 크기의 합	n각형의 외각의 크기의 합
$180° \times (n-2)$	$360°$

(5) 정다각형의 한 내각과 외각의 크기

정 n각형의 한 내각의 크기	정 n각형의 한 외각의 크기
$\dfrac{180° \times (n-2)}{n}$	$\dfrac{360°}{n}$

② 원과 부채꼴 ★★

(1) 원

① 원 : 평면 위의 한 점 O에서 일정한 거리에 있는 점들로 이루어진 도형
② 호 : 원 위에 두 점 A, B에 의하여 나누어지는 두 부분을 호 AB라 하고, 기호로 $\overarc{AB}$와 같이 나타낸다.
③ 부채꼴 : 호와 두 반지름으로 이루어진 도형

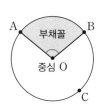

(2) 부채꼴의 중심각과 호, 현의 길이

한 원 또는 합동인 두 원에서

① 같은 크기의 중심각에 대한 호의 길이는 서로 같고, 현의 길이도 서로 같다.
② 부채꼴의 호의 길이와 부채꼴의 넓이는 중심각의 크기에 정비례한다.

(3) **원주율** : 원에서 지름의 길이에 대한 원의 둘레의 길이의 비를 원주율이라 하며, 기호 π로 나타낸다.

즉, $\pi = \dfrac{(\text{원의 둘레의 길이})}{(\text{지름의 길이})}$

point
두 원의 반지름의 길이의 비가 $a:b$이면 원의 둘레의 길이의 비는 $a:b$이고, 원의 넓이의 비는 $a^2:b^2$이다.

(4) **원의 둘레의 길이와 넓이**
반지름의 길이가 r인 원에서
① 원의 둘레의 길이를 l이라 하면
$$l = 2\pi r$$
② 원의 넓이를 S라 하면
$$S = \pi r^2$$

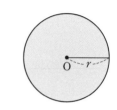

point
원의 둘레의 길이에 대한 호의 길이의 비는 중심각의 크기에 정비례한다. 즉,
$\dfrac{(\text{호의 길이})}{(\text{원의 둘레의 길이})}$
$= \dfrac{(\text{중심각의 크기})}{360°}$

(5) **부채꼴의 호의 길이와 넓이**
① 반지름의 길이가 r, 중심각의 크기가 x인 부채꼴의 호의 길이를 l이라 하면
$$l = 2\pi r \times \dfrac{x}{360°}$$
② 반지름의 길이가 r, 중심각의 크기가 x인 부채꼴의 넓이를 S라고 하면
$$S = \pi r^2 \times \dfrac{x}{360°} \quad \text{또는} \quad S = \dfrac{1}{2}rl$$

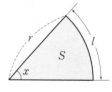

교과서 뛰어넘기

(1) **원과 직선**
① 접선 : 직선 l이 원 O와 한 점 T에서 만날 때, 직선 l은 원 O에 접한다고 한다. 이때, 직선 l을 원 O의 접선이라 하며, 점 T를 접점이라 한다.
② 할선 : 원 O와 두 점에서 만나는 직선 m을 원 O의 할선이라 한다.

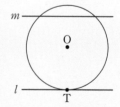

(2) **원과 직선의 위치 관계**
원 O의 반지름의 길이를 r, 원의 중심 O에서 직선 l까지의 거리를 d라 할 때,
① 두 점에서 만난다. (할선) $\Longleftrightarrow r > d$
② 접한다.   (접선) $\Longleftrightarrow r = d$
③ 만나지 않는다.   (접선) $\Longleftrightarrow r < d$

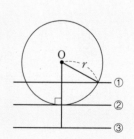

point
원 밖의 한 점에서 그을 수 있는 접선은 2개이다.

(3) **원의 접선과 반지름**
① 원의 접선은 그 접점을 지나는 반지름에 수직이다.
② 원 위의 한 점을 지나고, 그 점을 지나는 반지름에 수직인 직선은 그 원의 접선이다.

01 오른쪽 그림은 한 변의 길이가 $\overline{AB}$인 정사각형을 12개 붙여서 만든 모양이다. 이 20개의 점 중에서 4개를 선택하여 만들 수 있는 정사각형의 개수를 구하여라.

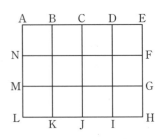

02 신유형 new

다음 (가), (나)에 알맞은 두 수을 각각 n, m이라 할 때, $m+n$의 값을 구하여라.

> 원에 내접하는 정 (가) 각형의 대각선의 총수는 54개이고, 이 정 (가) 각형의 모든 꼭짓점 중에서 3개의 꼭짓점을 선택하여 만들어지는 삼각형의 개수는 모두 220개이다. 이러한 삼각형 중에서 정 (가) 각형과 겹치는 변이 하나도 없는 삼각형의 개수는 (나) 개이다.

03 오른쪽 그림과 같은 정팔각형이 있다. 꼭짓점 3개를 선택하여 만든 삼각형이 이등변삼각형이 되는 개수를 구하여라.

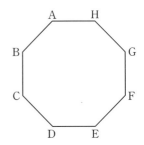

Super Math

04 아래 그림과 같이 정사각형 ABCD를 여러 개의 작은 정사각형으로 분할할 때, 다음 중 옳지 <u>않은</u> 것은? (단, n은 4 이상인 자연수이다.)

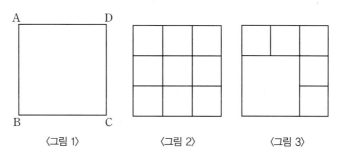

〈그림 1〉　　　〈그림 2〉　　　〈그림 3〉

① 3^2개의 정사각형으로 분할할 수 있다.

② n^2개의 정사각형으로 분할할 수 있다.

③ 4^3개의 정사각형으로 분할할 수 있다.

④ n개의 정사각형으로 분할할 수 있다면 $(n-3)$개의 정사각형으로 분할할 수 있다.

⑤ n개의 정사각형으로 분할할 수 있다면 $(n+3)$개의 정사각형으로 분할할 수 있다.

05 오른쪽 그림과 같은 도형을 모양과 크기가 같은 8개의 작은 도형으로 분할할 때, 자르는 선을 점선으로 나타내어라.

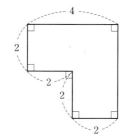

신유형

6 오른쪽 보기와 같은 모양의 철사선이 평행한 두 직선 AB와 CD 사이에 놓여 있다. 오른쪽 그림은 직선 AB에 평행인 직선(점선)으로 잘랐을 때 5개의 조각으로 나누어지는 것을 나타내고 있다. 이때, 두 직선 AB와 CD 사이의 서로 다른 15개의 평행선으로 자르면 이 철사는 몇 개의 조각으로 나누어지는지 구하여라.

보기

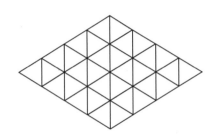

7 한 변의 길이가 일정한 마름모 모양을 오른쪽 그림과 같이 일정 간격으로 분할하여 정삼각형을 만들었다. 이때, 정삼각형의 총 개수를 구하여라.

8 오른쪽 그림과 같이 $l /\!/ m$이고, 직선 l 위에 5개의 점 A, B, C, D, E가 존재하며, 직선 m 위에 4개의 점 F, G, H, I가 존재한다. 이때, 만들 수 있는 사각형의 개수를 구하여라.

9 오른쪽 그림에서 점 P_1, P_2, P_3, $\cdots$, P_n은 원 O 위의 점이고, 원의 둘레 위의 점들 사이의 간격은 모두 다르다. 즉, $\overset{\frown}{P_1P_2}$, $\overset{\frown}{P_2P_3}$, $\cdots$, $\overset{\frown}{P_{n-1}P_n}$은 서로 같지 않을 때, 세 개의 점을 선택하여 만들 수 있는 삼각형 총수를 구하여라.

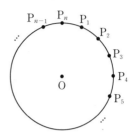

10 오른쪽 그림과 같이 정오각형과 내부에 대각선들이 존재하게 도형을 작도하였다. 이때, 정오각형과 별 모양의 그림에서 보이는 모든 삼각형의 개수를 a개, 모든 볼록사각형의 개수를 b개라고 할 때, $a+b$의 값을 구하여라.

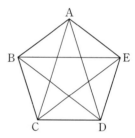

11 아래 그림의 〈그림 1〉과 같은 4×4 격자판에서 임의의 위치에 있는 하나의 정사각형을 뺏을 때, 나머지 부분을 〈그림 2〉의 모양과 같은 3개의 정사각형으로 이루어진 도형으로 중복없이 덮을 수 있는지 말하여라.

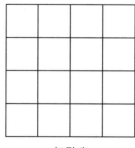

〈그림 1〉

〈그림 2〉

12

다음 그림에서 왼쪽 그림과 같은 도형을 오른쪽 그림과 같이 붙여 나갈 때, 몇 개까지
붙일 수 있는지 구하여라.

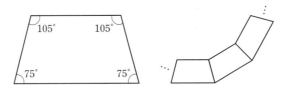

13

오른쪽 그림과 같이 한 변의 길이가 같은 정육각형과 정
오각형이 한 모서리에서 접할 때, $\angle x + \angle y + \angle z + \angle w$
의 크기를 구하여라.

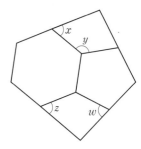

14

오른쪽 그림과 같이 정사각형 ABCD에서 각 변의 중점
을 잡고, 다시 그 중점을 연결하여 그림과 같이 그렸다.
$\triangle OEF + \triangle OGH + \triangle OIJ + \triangle OKL$의 값과 나머지
부분의 넓이의 합의 비를 구하여라.

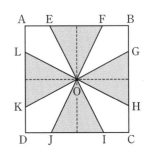

Super Math

15 오른쪽 그림과 같이 같은 간격으로 점 12개를 찍어 놓았다. 두 점을 이어서 선분을 만들 때, 만들 수 있는 길이는 몇 가지인지 구하여라.

16 오른쪽 그림과 같이 1cm 간격으로 점을 찍어 놓은 곳에 사각형을 만들었다. 사각형의 넓이를 구하여라.

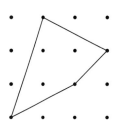

17 오른쪽 그림과 같이 넓이가 60cm²인 직사각형 ABCD를 모양과 크기가 같은 직사각형 4개로 나누었다. 대각선 BD를 그었을 때, 색칠한 부분의 넓이를 구하여라.

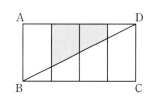

18 볼록 n각형의 내각의 크기의 합 중 $(n-1)$개의 내각의 크기의 합이 $2200°$이었다. 나머지 내각의 크기의 합을 구하여라.

19 정 n각형$(n \leq 20)$의 한 내각의 크기가 정수일 때, 가능한 n의 값의 개수를 구하여라.

신유형 new

20 오른쪽 그림은 정사각형을 대각선을 중심으로 접은 것이다. $\angle x$의 크기를 구하여라.

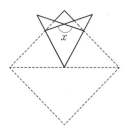

정답 및 해설 p. 48

21 오른쪽 그림과 같이 폭이 p로 같은 종이테이프를 선분 AC를 접는 선으로 하여 접었더니 선분 AB의 길이가 a가 되었다. 이때, △ABC의 넓이를 구하여라.

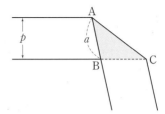

22 오른쪽 그림과 같이 평행사변형을 한 번 접어 정오각형 ABCDE를 만들었다. 평행사변형의 넓이와 정오각형의 넓이의 차를 구하여라.

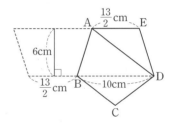

23 오른쪽 그림과 같이 직사각형 ABCD를 $\overline{BE}$를 접는 선으로 하여 점 C가 점 F에 오도록 접었을 때, ∠DFE + ∠BEC의 크기를 구하여라.

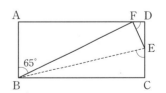

24

신유형

오른쪽 그림과 같이 삼각형 ABC를 넓이가 같은 4개의 삼각형으로 나누었다. ㉠ 부분의 두 변의 길이가 각각 3cm, 6cm일 때, $\overline{AB}$의 길이를 구하여라.

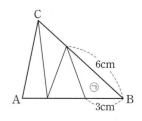

25

신유형

오른쪽 그림과 같은 정팔각형에서 $\overline{AE}=24$cm일 때, △ABD의 넓이를 구하여라.

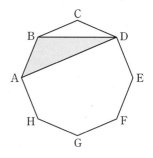

26

오른쪽 그림은 중심이 O인 원이다. 컴퍼스와 자를 이용하여 각 꼭짓점이 원주 위에 있는 정육각형을 작도하여라.

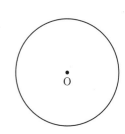

27 오른쪽 그림과 같이 원 위에 일정한 간격으로 8개의 점 O_1, O_2, $\cdots$, O_8이 있다. 이때, 두 점을 지나는 직선의 개수를 구하여라.

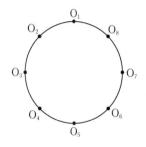

28 오른쪽 그림과 같은 원 O에서 $\overline{AD}/\!/\overline{OC}$일 때, $\overline{CD}=\overline{BC}$임을 설명하여라.

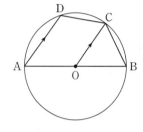

29 오른쪽 그림의 원 O에서 $\overset{\frown}{AB}=\overset{\frown}{AC}$, $\angle BOC=100°$일 때, $\angle OCA$의 크기를 구하여라.

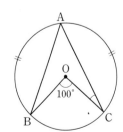

30 오른쪽 그림과 같이 원에 내접하는 삼각형 ABC가 있다. $\angle AOB = \angle x + 60°$, $\angle BOC = 2\angle x + 20°$, $\angle AOC = 3\angle x - 20°$일 때, $\angle BAC$, $\angle ABC$, $\angle ACB$의 크기를 각각 구하여라.

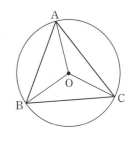

31 오른쪽 그림과 같이 중심이 O인 원에 외접하는 삼각형 ABC가 있다. $\overset{\frown}{DF} : \overset{\frown}{EF} : \overset{\frown}{DE} = 4 : 3 : 2$일 때, $\angle DAF$의 크기를 구하여라.

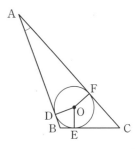

32 오른쪽 그림과 같이 중심이 O인 원이 있다. 여기에 원 밖의 한 점 A에서 접선 $\overrightarrow{AB}$, $\overrightarrow{AC}$를 그을 때, $\angle ABC$의 크기를 구하여라.

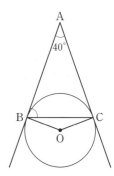

33 오른쪽 그림과 같이 중심이 O인 원이 있다. $\overline{OA} /\!/ \overline{CB}$이고, $\overset{\frown}{AB}=8\text{cm}$, $\angle AOB=40°$일 때, $\overset{\frown}{BC}$의 길이를 구하여라.

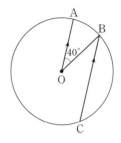

34 오른쪽 그림과 같이 중심이 O로 같은 두 원이 있다. 큰 원의 현은 $\overline{AD}$이고 작은 원의 현은 $\overline{BC}$이다. 네 점 A, B, C, D가 한 직선 위에 있을 때, $\overline{AB}=\overline{CD}$임을 설명하여라.

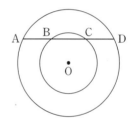

35 오른쪽 그림과 같은 원 O에서 $\overline{AO} /\!/ \overline{BC}$, $\overline{AB} /\!/ \overline{OC}$일 때, $\overset{\frown}{DE}=\overset{\frown}{EF}$임을 설명하여라.

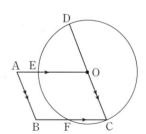

36 오른쪽 그림과 같은 원 O에서 $\angle BAC = \frac{1}{2}\angle BOC$임을 설명하여라.

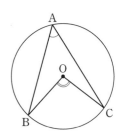

37 오른쪽 그림과 같은 원 O에서 $\overline{AM} = \overline{BM}$, $\angle OAM = 60°$일 때, $\overparen{AC} : \overparen{BD}$를 구하여라.

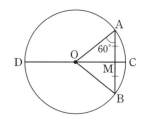

신유형 new

38 한 변의 길이가 2인 정사각형에 반지름의 길이가 $\frac{1}{2}$인 동전 2개가 놓여 있다. 오른쪽 그림과 같이 중심이 O_1인 동전은 정사각형의 두 변에 내접하게 고정하고 중심이 O_2인 동전은 정사각형의 내부에서만 자유로이 움직일 때, 동전의 중심인 O_2가 지나지 <u>않는</u> 영역 중에서 사각형 AO_2BO_1의 내부에 존재하는 모양은?

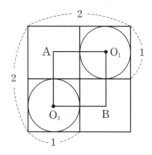

① 삼각형　　② 사각형　　③ 원
④ 부채꼴　　⑤ 마름모

39 오른쪽 그림과 같이 한 변의 길이가 10cm인 정사각형 안에 반원 또는 부채꼴이 있다. 색칠한 부분의 넓이를 구하여라.

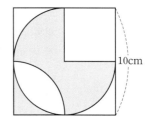

40 다음 그림과 같이 밑면인 원의 반지름의 길이가 같은 4개의 원기둥을 끈으로 묶었다. A, B와 같이 묶는 경우 중 끈이 더 적게 드는 경우를 구하여라. (단, 끈의 매듭의 길이는 무시한다.)

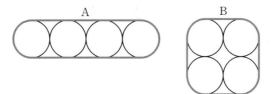

41 다음 그림과 같이 크기가 같은 빈 캔을 끈으로 묶을 때, 묶은 끈의 길이가 가장 많이 필요한 경우를 구하여라. (단, 끈의 매듭의 길이는 무시한다.)

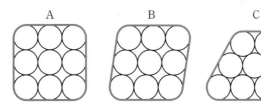

42 오른쪽 그림과 같이 반지름의 길이가 r인 음료수 캔 6개를 끈으로 한 바퀴 돌려서 묶을 때, 필요한 끈의 최소 길이를 구하여라.(단, 끈의 매듭의 길이는 무시한다.)

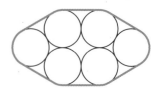

43 오른쪽 그림과 같이 반지름의 길이가 1cm인 원 O의 중심이 직사각형 ABCD의 변 위를 움직이고 있다. 이 원이 변 위를 한 바퀴 이동할 때, 원 O가 지나간 부분의 넓이를 구하여라.

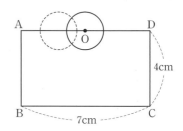

44 오른쪽 그림과 같이 직각삼각형 ABC의 변 위로 반지름의 길이가 1인 원판을 꼭짓점 A의 가운데에서 굴러 빗변을 따라 꼭짓점 B의 가운데까지 움직일 때, 중심 O가 움직인 길이를 구하여라.

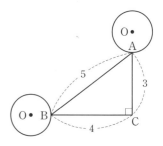

45 반지름의 길이가 r이고, 호의 길이가 l인 부채꼴의 넓이를 S라고 하면 $S=\dfrac{1}{2}rl$임을 보여라.

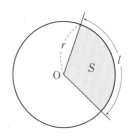

46 충분히 큰 직사각형 용지를 다음 그림과 같이 세로와 가로를 번갈아 가며 정확하게 반씩 접는다. n번 접어서 네 귀퉁이를 반지름의 길이가 2인 부채꼴로 잘라 버린 다음 그 종이를 펼치면 원과 부채꼴이 생긴다. 이때, 잘려 나간 원의 넓이의 합이 196π라면 접은 횟수 n의 값을 구하여라.

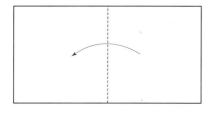 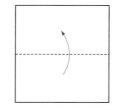 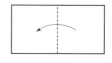

···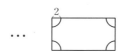

47
어느 교실의 바닥은 한 변의 길이가 60m인 정사각형의 모양으로 되어 있다. 그 내부에는 오른쪽 그림과 같이 서로 다른 크기의 정사각형 무늬 모양이 불규칙적으로 빈틈없이 가득 채워져 있다. 각각의 정사각형들 내부에는 원형의 문양이 내접하도록 그려져 있을 때, 내접하는 원형 문양의 넓이의 합을 구하여라.

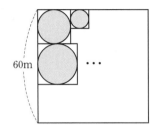

48
오른쪽 그림과 같이 한 변의 길이가 11인 정사각형 안에 한 개의 원이 움직이고 있다. 이 원이 움직인 영역의 최대 넓이가 $21+25\pi$일 때, 이 원의 반지름의 길이를 구하여라.

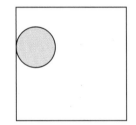

49
오른쪽 그림에서 정삼각형 ABC의 세 꼭짓점은 큰 원 위에 있고, 작은 원은 세 점 D, E, F에서 각각 정삼각형 ABC의 변과 접한다. 이때, 색칠된 활꼴 ㈎의 넓이는 색칠된 활꼴 ㈏의 넓이의 몇 배인지 구하여라.

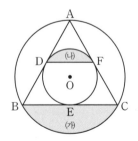

Super Math

50 오른쪽 그림과 같이 한 변의 길이가 12인 정사각형에 접하는 원이 있고, 정사각형의 중점을 이은 정사각형에 접하는 원이 있을 때, $T-S$의 값을 구하여라.

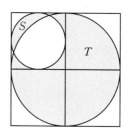

51 오른쪽 그림과 같은 직각삼각형 ABC의 빗변의 중점을 E라 하고, $\overline{AE}$의 중점을 D라고 하자. △BDE의 넓이가 $4\pi \text{cm}^2$일 때, △ABC와 넓이가 같은 원의 반지름의 길이를 구하여라.

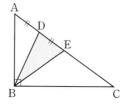

52 오른쪽 그림과 같이 한 변의 길이가 20cm인 정사각형에서 색칠한 부분의 넓이를 구하여라.

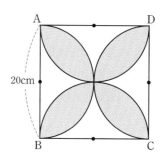

01 오른쪽 그림과 같이 정사각형 ABCD가 있다. 이 정사각형을 정사각형으로 구분하려고 한다. 〈그림 1〉과 같이 같은 크기로 구분하여도 되고, 〈그림 2〉와 같이 크기가 다른 정사각형으로 구분할 수도 있다. 이때, 8개의 정사각형으로 구분하여 〈그림 3〉에 나타내어라.

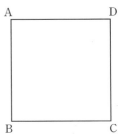

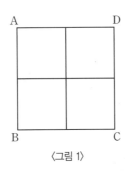
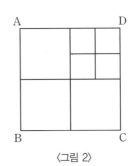
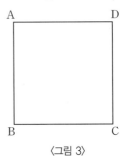

〈그림 1〉   〈그림 2〉   〈그림 3〉

02 오른쪽 그림과 같이 반지름의 길이가 r인 원기둥 n개를 서로 최대한 바깥으로 접하도록 하여 끈으로 팽팽하게 하여 한 바퀴 감았을 때, 필요한 끈의 길이를 r, n으로 나타내어라. (단, 끈의 매듭의 길이는 무시한다.)

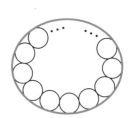

정답 및 해설 p. 52

03 500원짜리 동전을 많이 가지고 있는 성준이는 동전 놀이를 하고 있다. 다음 물음에 답하여라.

(1) 한 개의 500원짜리 동전을 같은 크기의 500원짜리 동전으로 둘러쌀 때, 필요한 최소한의 동전의 개수를 구하여라. (단, 동전의 크기는 같은 크기의 원으로 간주한다.)

(2) 오른쪽 그림과 같이 접하고 있는 두 개의 동전을 둘러쌀 때, 필요한 최소한의 동전의 개수를 구하여라.

(3) 아래 그림과 같이 접하는 n개의 동전을 둘러쌀 때, 필요한 동전의 개수를 구하여라.

04 오른쪽 그림과 같이 선분 AB 위에 $\overline{AC}$, $\overline{CD}$, $\overline{BD}$를 지름으로 하는 세 원 O', O, O''을 그렸다. 이 세 원의 둘레의 길이의 합과 $\overline{AB}$를 지름으로 하는 원의 둘레의 길이는 어떠한가? n개의 원을 접하면서 그려도 똑같은지 알아보아라.

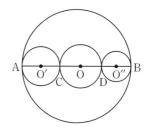

시·도 경시 대비 문제

01 한 변의 길이가 1cm인 정삼각형 3개와 정사각형 1개가 있다. 오른쪽 그림과 같이 이들을 변끼리 완전히 닿도록 붙여서 만들 수 있는 서로 다른 모양은 모두 몇 가지인지 구하여라. (단, 회전 또는 대칭이동으로 일치되는 것은 같은 것으로 본다.)

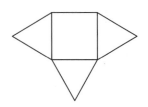

02 오른쪽 그림과 같이 16개의 방으로 이루어진 건물의 입구 A로 들어가서 모든 방을 빠짐없이 한 번씩만 거쳐서 출구 B로 나오려고 한다. 이렇게 할 수 있는 서로 다른 방법은 모두 몇 가지인지 구하여라.

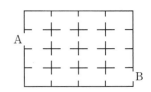

Super Math ⚏

03 $10 \times 10 = 100$(개)의 정사각형으로 이루어진 〈그림 1〉과 같은 도형을 〈그림 2〉와 같은 L자 조각 25개로 모두 덮을 수 없음을 보여라.

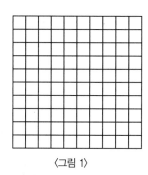

〈그림 1〉

〈그림 2〉

04 오른쪽 그림과 같은 정삼각형 ABC에서 세 직선 l, m, n은 각각 $\overline{BC}$, $\overline{AC}$, $\overline{AB}$에 평행하다. $\overline{DI} = 3$, $\overline{EF} = 2$, $\overline{FG} = 6$, $\overline{HG} = 1$일 때, $x + y$의 값을 구하여라.

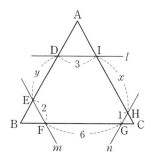

05 넓이가 S인 △ABC의 내부에 어느 세 점도 같은 직선 위에 있지 않은 임의의 9개의 점 중에서 임의의 세 점을 잡아서 만든 삼각형 중에는 그 넓이가 $\frac{S}{4}$ 이하인 것이 적어도 하나 존재함을 설명하여라.

06 오른쪽 그림에서 $\overline{AB}=\overline{AD}$이고, $\angle ABD=\angle ADC$, $\angle BAD=\angle CAD$일 때, $\overline{AD}\perp\overline{BC}$임을 설명하여라.

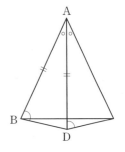

07 오른쪽 그림은 정사각형 모양을 바깥쪽에 24개, 안쪽에 16개, 총 40개를 사용하여 만든 모양이다. 이렇게 이중으로 늘어놓아 한가운데가 비어 있는 정사각형 모양을 만들려고 한다. 이와 같은 방법으로 700개의 정사각형을 모두 사용하여 5중으로 배열하여 가운데가 비어 있는 정사각형을 만들 때 가장 바깥쪽의 한 변의 정사각형의 개수와 가장 안쪽의 한 변의 정사각형의 개수를 각각 구하여라.

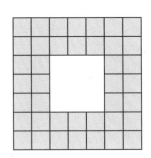

Super Math ▦

08 오른쪽 그림과 같이 두 개의 정육각형이 원의 안쪽과 바깥쪽에 접하고 있다. 작은 정육각형의 넓이가 30cm²일 때, 큰 정육각형의 넓이를 구하여라.

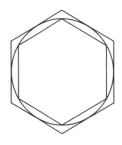

09 오른쪽 그림과 같이 n개의 꼭짓점을 가진 별 모양의 도형을 만들었다. n개의 꼭짓점에 있는 각의 크기의 합을 n을 이용하여 나타내어라. (단, $n \geq 5$)

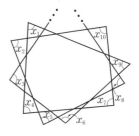

10 오른쪽 그림은 별꼴 정 n각형의 일부이다. 즉, $2n$개의 변의 길이가 같고, 각 A_1, A_2, $\cdots$, A_n의 크기와 각 B_1, B_2, $\cdots$, B_n의 크기가 각각 같은 단일폐곡선을 말한다. 예각 A_1의 크기가 각 B_1의 크기보다 $20°$만큼 작을 때, n의 값을 구하여라.

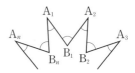

11 오른쪽 그림과 같이 시계 방향으로 1부터 $(n+n)$까지 같은 간격으로 원의 둘레를 나눈 뒤, 원의 중심 O와 연결하여 같은 넓이의 부채꼴 $2n$개를 만들었다. 원의 내부에 한 개의 현을 그어서 원을 최대한 몇 개의 부분으로 나눌 수 있는지 구하여라.

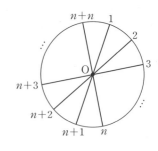

12 오른쪽 그림의 정사각형 ABCD에 내접하는 정팔각형을 작도하고, 그 순서를 써라.

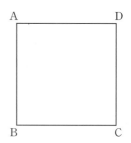

13 오른쪽 그림과 같은 원 O에 내접하는 정오각형을 작도하고, 그 순서를 써라.

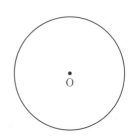

Super Math

14 오른쪽 그림과 같이 중심이 O이고 반지름의 길이가 15인 원 O가 있다. 원의 중심으로부터 9만큼 떨어진 $\overline{OA} = 9$인 점 A를 지나고 길이가 자연수인 현의 개수를 구하여라. (단, 직각삼각형의 세 변의 길이의 비는 3 : 4 : 5임을 이용한다.)

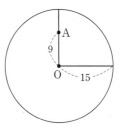

15 한 원이 자신과 합동인 4개의 원 위를 따라 다음 그림과 같이 A 위치에서 출발하여 B 위치까지 굴러갔다. 원은 몇 바퀴 굴렀는지 구하여라.

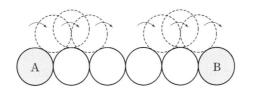

1   6 이상의 각 자연수 n에 대하여 정사각형은 n개의 작은 정사각형으로 분할할 수 있음을 보여라. (단, 분할된 정사각형들의 크기는 모두 같을 필요는 없다.)

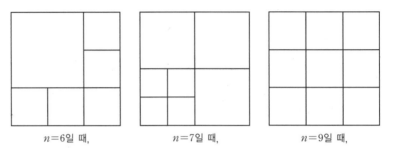

$n=6$일 때, $n=7$일 때, $n=9$일 때,

2   정 n각형$(n>2)$ S의 꼭짓점 n개와 S의 내부에 있는 점 m개를 잡되, $(n+m)$개의 점 중 어느 세 점도 동일 직선 위에 있지 않도록 잡았다. 이제 $(n+m)$개의 점들을 꼭짓점으로 하는 l개의 삼각형으로 S로 둘러싸인 영역을 나누어 분할하였다. $(n+m)$개의 점 모두가 하나 이상의 삼각형의 꼭짓점으로 사용되었다면, $n+l$은 항상 짝수임을 설명하여라.

Super Math

3 두 원 r_1과 r_2의 교점을 M, N이라 하자. N보다 M에 가까운 쪽에 r_1, r_2의 공통인 접선 l을 긋는다. l이 r_1과 r_2에 접하는 점을 각각 A, B라 하자. M을 지나고 l에 평행한 직선이 r_1과 만나는 점을 C, r_2와 만나는 점을 D라 하자. 두 직선 CA와 DB의 교점을 E, $\overline{AN}$과 $\overline{CD}$의 교점을 P, $\overline{BN}$과 $\overline{CD}$의 교점을 Q라 할 때, $\overline{EP} = \overline{EQ}$임을 보여라.

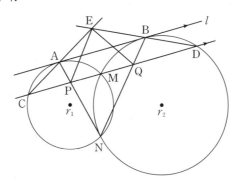

4 한 종이에 원 1개를 그리면 〈그림 1〉과 같이 이 원은 종이를 가장 많은 경우 5조각으로 나눈다. 원 2개를 그리면 〈그림 2〉와 같이 원은 종이를 가장 많은 경우 9조각으로 나눈다. 만약 6개의 원을 그린다면 최대 몇 조각으로 나누어지는가? 또한, n개의 원을 그린다면 최대 몇 조각으로 나누어지는지 구하여라.

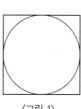

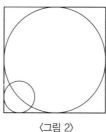

〈그림 1〉　　　　〈그림 2〉

내 탓입니다*

어떤 촌에 평화스럽고도 단란한 가정이 있었는데 가난하여 아들을 늦게 장가를 들이고 보니 신이 났다.

하루는 새 며느리가 선반에 얹어둔 기름병을 실수로 엎지르고 너무도 부끄러워 우는데

시어머니는 위로하여 "아가, 네 잘못이 아니라 내가 그 곳에 얹은 것이 잘못이다."라고 하였고

시아버지는 이 말을 듣고 "아니, 새 애기나 마누라의 잘못이 아니다. 내가 보고도 치워놓지를 않았으니 내 잘못이다."라고 하니

곁에 있는 아들이 이 말을 듣고 하는 말이 "내 아내 잘못도 아니요, 부모님의 잘못도 아니고, 내가 선반을 높이 매지 못하여서 엎지르게 되었으니 내 잘못입니다."라고 하였다.

이 가정은 늘 화락한 가운데 살았다고 한다.

Chapter **VII**

입체도형의 성질

① 다면체 ★★

(1) 다면체

① 다면체 : 다각형인 면으로만 둘러싸인 입체도형

② 각기둥 : 두 밑면이 평행하고 합동인 다각형이고, 옆면이 모두 직사각형인 다면체

③ 각뿔 : 밑면이 다각형이고, 옆면이 모두 삼각형인 다면체

④ 각뿔대 : 각뿔을 밑면에 평행한 평면으로 잘라서 생기는 두 입체도형 중에서 각뿔이
아닌 쪽의 다면체

(2) 정다면체

① 정다면체 : 각 면이 모두 합동인 정다각형이고, 각 꼭짓점에 모인 면의 개수가 모두
같은 다면체

② 정다면체의 종류 : 정다면체는 다음의 다섯 가지 뿐이다.

| 정사면체 | 정육면체 | 정팔면체 | 정십이면체 | 정이십면체 |

교과서 뛰어넘기

연결 상태가 같은 다면체

한 입체도형을 그 겉면이 겹쳐지거나 잘리지 않도록 잡아당기거나 줄여서 얻은 입체도
형을 처음 도형과 연결 상태가 같은 도형이라고 한다.

② 회전체 ★★

(1) 회전체

① 회전체 : 한 직선을 축으로 하여 평면도형을
1회전시킬 때 생기는 입체도형

② 모선 : 회전체인 원기둥과 원뿔을 만들 때,
각각의 옆면을 만드는 선분

(2) 회전체의 성질

① 회전축에 수직인 평면으로 자른 단면은 항상 원이다.

② 회전축을 포함하는 평면으로 자른 단면은 서로 합동
이며, 회전축에 대하여 선대칭도형이다.

(3) 회전체의 전개도

① 원기둥의 전개도 : 옆면의 직사각형의 가로의 길이는
원기둥의 밑면인 원의 둘레의 길이와 같다.

② 원뿔의 전개도 : 부채꼴의 반지름의 길이는 원뿔의모
선의 길이와 같고, 부채꼴의 호의 길이는 원뿔의 밑
면인 원의 둘레의 길이와 같다.

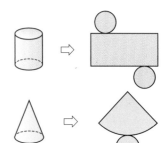

③ 입체도형의 겉넓이와 부피 ★★★

(1) 각기둥의 겉넓이와 부피

point
한 변의 길이가 a인 정육면체의 겉넓이는 $6a^2$이고, 부피는 a^3이다.

① 각기둥의 겉넓이 : (각기둥의 겉넓이)=(밑넓이)×2+(옆넓이)

② 각기둥의 부피 : (각기둥의 부피)=(밑넓이)×(높이)

　　즉, 각기둥의 밑넓이를 S, 높이를 h, 부피를 V라고 하면
　　$V=Sh$

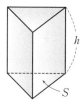

(2) 원기둥의 겉넓이와 부피

① 원기둥의 겉넓이 : (원기둥의 겉넓이)=(밑넓이)×2+(옆넓이)

　　즉, 원기둥의 밑면인 원의 반지름의 길이를 r, 높이를 h, 겉넓이를 S
　　라고 하면　$S=2\pi r^2+2\pi rh$

② 원기둥의 부피 : (원기둥의 부피)=(밑넓이)×(높이)

　　즉, 원기둥의 밑면의 원의 반지름의 길이를 r, 높이를 h, 부피를 V
　　라고 하면　$V=\pi r^2 h$

(3) 각뿔의 겉넓이와 부피

point
(정 n각뿔의 겉넓이)
=(밑넓이)+(삼각형의 넓이)×n

① 각뿔의 겉넓이 : (각뿔의 겉넓이)=(밑넓이)+(옆넓이)

② 각뿔의 부피 : (각뿔의 부피)=$\dfrac{1}{3}$×(밑넓이)×(높이)

　　즉, 각뿔의 밑넓이를 S, 높이를 h, 부피를 V라고 하면　$V=\dfrac{1}{3}Sh$

(4) 원뿔의 겉넓이와 부피

point
(원(각)뿔대의 부피)
=(큰 원(각)뿔의 부피)
　－(작은 원(각)뿔의 부피)

point
원뿔의 전개도에서 옆면인 부채꼴의 호의 길이와 밑면인 원의 둘레의 길이는 서로 같다.

① 원뿔의 겉넓이 : (원뿔의 겉넓이)=(밑넓이)+(옆넓이)

　　즉, 원뿔의 밑면인 원의 반지름의 길이를 r, 모선의 길이를 l, 겉넓
　　이를 S라고 하면　$S=\pi r^2+\pi rl$

② 원뿔의 부피 : (원뿔의 부피)=$\dfrac{1}{3}$×(밑넓이)×(높이)

　　즉, 원뿔의 밑면인 원의 반지름의 길이를 r, 높이를 h, 부피를 V
　　라고 하면　$V=\dfrac{1}{3}\pi r^2 h$

(5) 구의 겉넓이와 부피

point
(반구의 겉넓이)
=$\dfrac{1}{2}$×(구의 겉넓이)
　+(원의 넓이)

① 구의 겉넓이 : 구의 반지름의 길이가 r일 때, 구의 겉넓이를 S
　　라고 하면　$S=4\pi r^2$

② 구의 부피 : 구의 반지름의 길이가 r일 때, 구의 부피를 V라고
　　하면　$V=\dfrac{4}{3}\pi r^3$

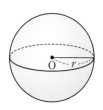

(6) 원기둥·구·원뿔의 겉넓이와 부피의 비

① 겉넓이의 비

　　(원기둥의 겉넓이) : (구의 겉넓이)=3 : 2

② 부피의 비

　　(원기둥의 부피) : (구의 부피) : (원뿔의 부피)=3 : 2 : 1

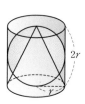

특목고 대비 문제

01 다음 정다면체에 대한 설명 중 옳지 <u>않은</u> 것을 모두 고르면? (정답 2개)

① 각 꼭짓점에 모이는 면의 개수가 같다.
② 각 면이 합동인 정다각형으로 이루어져 있다.
③ 정다면체의 한 면의 모양은 네 가지가 있다.
④ 정십이면체와 정이십면체의 모서리의 개수는 같다.
⑤ 정팔면체와 정십이면체의 면의 모양은 같다.

02 오른쪽 그림과 같이 정육면체의 꼭짓점 A로부터 이 입체도형의 겉면을 따라 $\overline{CD}$ 위의 한 점 I를 지나 점 G까지 실을 팽팽하게 잡아당겨서 $\overline{AI}+\overline{IG}$ 가 최소가 되도록 하였다. 이때, 이 정육면체의 전개도를 그린 후 $\overline{AI}$, $\overline{IG}$ 를 나타내어라.

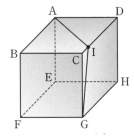

03 다음 중 용어의 정의가 옳지 <u>않은</u> 것은?

① 다면체 – 다각형인 면으로만 둘러싸인 입체도형
② 각기둥 – 두 밑면이 합동인 다각형이고 서로 평행하며, 옆면이 모두 직사각형인 다면체
③ 정다면체 – 각 면이 모두 합동인 정다각형이고, 각 꼭짓점에 모인 면의 개수가 모두 같은 다면체
④ 각뿔 – 밑면이 다각형이고, 옆면이 모두 삼각형인 다면체
⑤ 회전체 – 평면도형을 한 직선을 축으로 회전하여 얻어지는 다면체

Super Math

4 다음 중 n각기둥에 대한 설명으로 옳지 <u>않은</u> 것은?

① n각기둥은 $(n+2)$면체이다.

② 밑면은 서로 평행하다.

③ 꼭짓점은 $2n$개, 모서리는 $3n$개, 옆면은 n개이다.

④ 밑면과 옆면은 서로 수직이며, 옆면은 n각형으로 이루어져 있다.

⑤ 밑면의 모양에 따라 삼각기둥, 사각기둥, 오각기둥, …이라고 한다.

5 다음 중 각뿔대에 대한 설명으로 옳지 <u>않은</u> 것은?

① 밑면은 서로 평행하다.

② n각기둥과 n각뿔대의 면의 개수는 서로 같다.

③ 옆 모서리의 연장선을 그으면 항상 한 점에서 만난다.

④ 각뿔대란 각뿔을 밑면에 평행한 평면으로 자를 때 생기는 입체도형 중에서 각뿔
이 아닌 쪽의 입체도형을 의미한다.

⑤ 밑면은 서로 닮았지만 크기는 서로 다르며, 옆면의 모양은 두 각이 직각인 사다
리꼴이다.

6 다음 주어진 조건을 모두 만족하는 입체도형은?

> 조건
> ㈎ 다각형인 면으로만 둘러싸인 입체도형이다.
> ㈏ 사다리꼴의 면을 가지고 있다.
> ㈐ 한 쌍의 면만 평행하다.

① 정사면체　　　　② 직육면체　　　　③ 원뿔대

④ 원기둥　　　　　⑤ 삼각뿔대

07 오른쪽 그림과 같이 직사각형 ABCD를 두 점 A, C를 지나는 직선 *l*을 회전축으로 하여 1회전시킬 때 생기는 회전체의 겨냥도를 그려라.

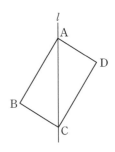

08 오른쪽 그림과 같은 정육면체에서 $\overline{AD}$, $\overline{CD}$, $\overline{EF}$, $\overline{FG}$의 중점을 모두 지나는 평면으로 자를 때, 그 단면의 모양을 그려라.

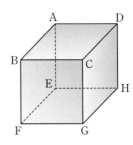

09 다음 중 원기둥을 여러 방향으로 잘랐을 때, 생기는 단면 중에서 나올 수 있는 모양을 모두 고르면? (정답 3개)

①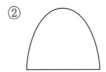

②

③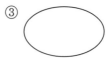

④

⑤

10 다음 중 원뿔대를 여러 방향으로 잘랐을 때, 생기는 단면 중에서 나올 수 있는 모양을 모두 고르면? (정답 3개)

①

②

③

④

⑤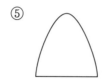

11 다음 중 한 꼭짓점에 모이는 면의 개수가 나머지 넷과 <u>다른</u> 하나는?

① 삼각뿔   ② 정사면체   ③ 정육면체
④ 정팔면체   ⑤ 정십이면체

12 회전체에 대한 다음 설명 중 옳지 <u>않은</u> 것은?

① 회전체란 평면도형을 한 직선을 축으로 회전하여 얻어지는 입체도형이다.

② 회전축에 수직인 평면으로 자르면 그 단면은 항상 원이다.

③ 회전축을 포함하는 평면으로 자르면 그 단면은 서로 합동이며, 회전축에 대하여 선대칭도형이다.

④ 직사각형을 회전시키면 원기둥이 되며, 원기둥의 전개도에서 옆면은 직사각형이고 두 밑면은 원이다.

⑤ 직각삼각형을 회전시키면 원뿔이 되며, 원뿔의 전개도에서 옆면은 삼각형이고 밑면은 원이다.

특목고 대비 문제

13 신유형 new

2002월드컵에 사용한 '피버노바' 라는 축구공은 12장의 정오각형과 20장의 정육각형 모양의 가죽을 이어붙이고 바람을 불어 넣어서 만든 공이다. 이때, 이 축구공의 모서리의 총 개수를 구하여라.

14 오른쪽 그림은 직육면체 모양의 그릇에 물을 기울인 것이다. 다음 그릇의 전개도에서 물이 닿지 <u>않는</u> 면은?

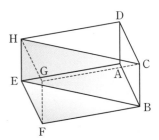

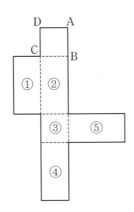

15 신유형 new

오른쪽 그림과 같이 정육면체의 대각선 BH에 철사를 이용하여 스크린에 수직으로 장치한 후, 점 P에 전등을 설치하여 빛을 수직으로 내렸다. 이때, 스크린에 나타나는 그림자의 모양을 그려라. (단, 빛은 스크린에 수직으로 비춘다.)

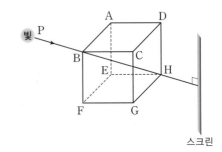

16 오른쪽 그림은 직육면체의 전개도이다. 두 개의 대각선은 입체도형에서 어떻게 나타나는지를 겨냥도에 나타내어라.

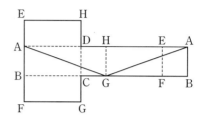

17 정이십면체에서 모서리의 총 개수를 a개, 한 꼭짓점에 모인 모서리의 개수를 b개, 한 면의 정다각형의 변의 개수를 c개라고 할 때, $\dfrac{1}{b}+\dfrac{1}{c}-\dfrac{1}{a}$의 값을 구하여라.

18 아래 그림은 직사각형 모양의 띠를 한 번 꼬아 붙인 것으로서 안쪽과 바깥쪽을 구별할 수 없게 만든 곡면으로 이것을 뫼비우스의 띠라 한다. 다음 설명 중 옳은 것을 모두 고르면? (정답 2개)

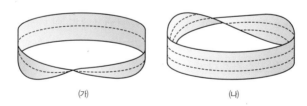

(가)   (나)

① (가)와 같이 중앙선을 따라 자르면 두 조각으로 나누어진다.
② (가)와 같이 중앙선을 따라 자르면 네 번 꼬인 하나의 띠가 된다.
③ (가)와 같이 중앙선을 따라 자르면 하나의 커다란 뫼비우스의 띠가 된다.
④ (나)와 같이 3등분한 선으로 자르면 서로 엉킨 고리 모양의 크기가 같은 3개의 띠가 생긴다.
⑤ (나)와 같이 3등분한 선으로 자르면 서로 엉킨 고리 모양의 크기가 다른 2개의 띠가 생긴다.

19
정다면체에서 꼭짓점의 개수를 x개, 면의 개수를 y개, 모서리의 개수를 z개라고 할 때, 다음 중 옳은 것은?

① $x+y=z+2$　　　　　　　② $x+y=z+1$
③ $x+z=y+2$　　　　　　　④ $x+z=y+1$
⑤ $x+y-z=0$

신유형 new

20
오른쪽 그림과 같이 높이가 6cm이고, 밑면의 둘레의 길이가 4cm인 원기둥이 있다. 두 점 A, B를 이 입체도형의 겉면을 따라 실로 1.5번 감았을 때, 실을 그대로 붙인 상태에서 옆면의 전개도를 그려라.

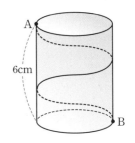

21
다음 그림과 같이 합동인 정육면체 4개를 면끼리 붙여서 만들 수 있는 입체도형은 몇 가지인지 구하여라. (단, 공간에서 돌리거나 뒤집어서 같아지는 것은 같은 입체도형으로 간주한다.)

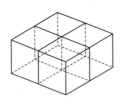 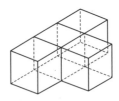

Super Math

22 오른쪽 그림과 같은 정육면체를 평면으로 자를 때, 그 단면이 되는 것을 보기에서 모두 골라라.

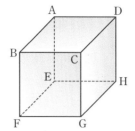

> 보기
>
> ㄱ. 삼각형   ㄴ. 직사각형
> ㄷ. 마름모   ㄹ. 오각형
> ㅁ. 육각형   ㅂ. 칠각형
> ㅅ. 팔각형   ㅇ. 십이각형

신유형   new

23 정육면체 모양의 치즈가 있다. 치즈를 가로로 4개, 세로로 3개 모아서 오른쪽 그림과 같은 직육면체 모양을 만들었다. 이때, 굵기가 무시될 정도의 가늘고 곧은 철사로 이 직육면체의 대각선을 관통시킬 때, 철사가 통과하는 치즈의 개수를 구하여라.

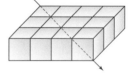

24 오른쪽 그림과 같이 한 모서리의 길이가 10cm인 정육면체에 꼭 맞는 구와 사각뿔이 있다. 이때, 정육면체, 구, 사각뿔의 부피의 비를 구하여라.

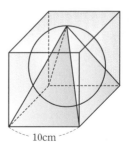

10cm

25 반지름의 길이가 3cm, 높이가 6cm인 원뿔의 $\dfrac{1}{4}$만큼을 잘라내고, 다시 꼭짓점 C에서 C를 지나는 평면으로 잘라서 밑면인 삼각형의 넓이가 최대가 되도록 만든 도형 C−OAB가 오른쪽 그림과 같다. 이 도형의 부피를 구하여라. (단, 점 O는 원뿔의 밑면인 원의 중심이다.)

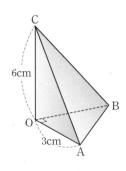

26 오른쪽 그림은 어떤 원뿔대의 전개도를 나타낸 것이다. $R-r=3$일 때, a의 값을 구하여라.

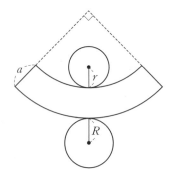

27 오른쪽 그림과 같이 반지름의 길이가 8cm, 높이가 20cm인 원기둥 모양의 그릇에 높이가 18cm만큼 물이 차 있었다. 이 그릇에 쇠공을 넣었다 빼었더니 물이 $160\pi\,\text{cm}^3$만큼 넘쳐 흘렀다. 쇠공의 반지름의 길이를 구하여라. (단, 그릇의 두께는 무시한다.)

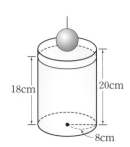

28

다음 그림과 같이 높이가 같은 두 개의 직사각형을 원통 모양인 그릇의 옆면의 안쪽과 바깥에 꼭맞게 붙였다. 이 그릇의 부피를 구하여라. (단, 그릇의 두께는 무시한다.)

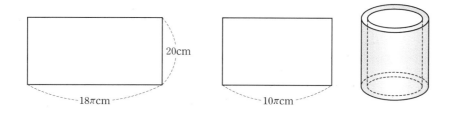

29

다음의 왼쪽 그림과 같이 밑면의 반지름의 길이가 5cm이고, 높이가 30cm인 원기둥 모양의 그릇에 물이 가득차지 않은 채로 있었다. 이것을 기울였더니 오른쪽 그림과 같이 되었다. 높이 몇 cm만큼의 물을 더 부어야 그릇에 물이 가득차겠는지 구하여라. (단, 그릇의 두께는 무시한다.)

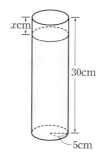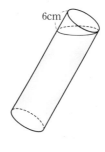

30 오른쪽 그림과 같은 정육면체는 평면 ACH에 의하여 작은 입체도형과 큰 입체도형 두 개로 나누어진다. 이때, 생기는 작은 입체도형과 큰 입체도형의 부피의 비를 구하여라.

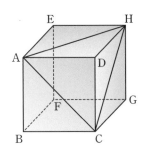

31 오른쪽 그림과 같이 한 변의 길이가 6cm인 정사각형 ABCD가 있다. 점 E와 점 F는 각각 $\overline{AB}$와 $\overline{BC}$의 중점이다. 점선을 따라 접어서 입체도형을 만들 때, 이 도형의 부피를 구하여라.

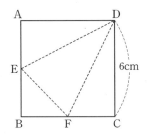

32 오른쪽 그림과 같이 한 변의 길이가 12cm인 정사각형 모양의 종이에서 $\overline{AB}$, $\overline{BC}$의 중점을 각각 E, F라 하고, $\overline{ED}$와 $\overline{EF}$와 $\overline{FD}$를 접어서 사면체를 만들 때 세 끝점이 만나는 꼭짓점을 G라 한다. 사면체 G−DEF의 꼭짓점 G에서 밑면 DEF에 내린 수선의 길이를 구하여라.

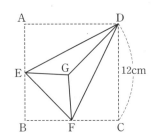

33 다음 그림과 같은 직각삼각형을 밑면으로 가지는 삼각기둥 모양의 그릇에 4cm 높이만큼 물이 차 있다. 이 물을 오른쪽 원기둥 모양의 그릇에 부었을 때, 물의 높이를 구하여라. (단, 그릇의 두께는 무시한다.)

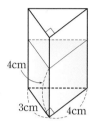 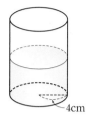

34 다음 그림은 밑면과 높이가 똑같은 기둥과 뿔 모양의 그릇을 나타낸 것이다. 뿔 모양의 그릇에 물을 가득 넣어 오른쪽 그릇에 부어 그림과 같이 기울였을 때, x의 값을 구하여라. (단, 그릇의 두께는 무시한다.)

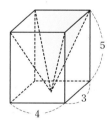 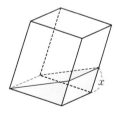

Super Math

35 정육면체를 오른쪽 그림과 같은 종이로 여분이 남지 않도록 감쌀 때, 종이는 최소한 몇 장이 필요한지 전개도와 겨 냥도를 이용하여 설명하여라. (단, 종이를 자를 수는 없고, 정육면체에 붙일 때, 겹치거나 빈틈이 있으면 안 된다.)

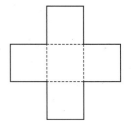

36 겉넓이와 부피가 같은 구의 반지름의 길이를 구하여라.

37 오른쪽 그림과 같은 입체도형은 밑면의 가로의 길이가 8, 세로의 길이가 6인 직육면체에서 부피가 32인 작은 직육면 체를 잘라 내어 만든 것이다. 이 입체도형의 겉넓이가 292 일 때, 입체도형의 부피를 구하여라.

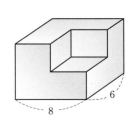

❖ 특목고 구술 · 면접 대비 문제

정답 및 해설 p. 60

01 아래 그림과 같은 5가지의 정다면체가 있다. 다음 물음에 답하여라.

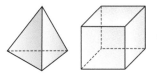

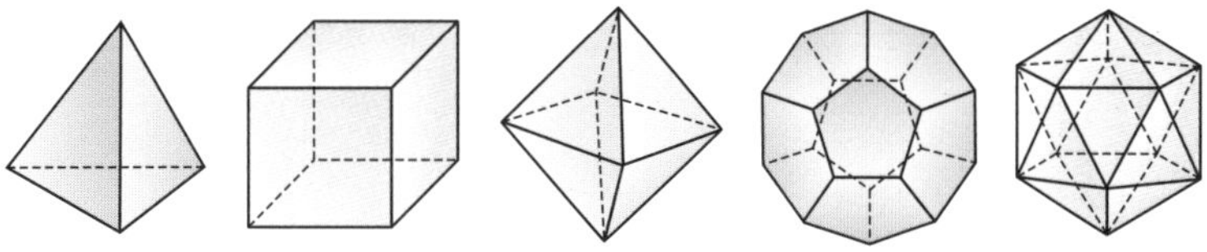

(1) 한 꼭짓점에 모이는 면의 개수는 2 이하가 될 수 있는가? 그 이유를 써라.

(2) 정다면체에서 면의 모양을 정 n각형이라고 할 때, $3 \leq n \leq 5$인 이유를 써라.

(3) 정다면체에서 면의 모양을 정 n각형이라 하고, 한 꼭짓점에 모이는 면의 개수를 k, 꼭짓점의 개수를 v, 모서리의 개수를 e, 면의 개수를 f라고 할 때, $fn=2e$, $kv=2e$, $v-e+f=2$임을 보이고, 정다면체는 위의 다섯 가지 뿐임을 설명하여라.

02 하나의 공간이 있다. 이때, 이 공간을 평면으로 분할하여 최대한의 영역의 개수가 되게 하려고 한다. 즉, 어떤 평면도 평행하지 않고, 어떤 세 평면도 한 직선을 지나지 않게 하려고 한다.
〈그림 1〉과 같이 한 개의 평면은 공간을 최대 2개까지 분할하고, 〈그림 2〉와 같이 두 개의 평면은 공간을 최대 4개까지 분할한다.
네 개의 평면으로 나눌 수 있는 최대 영역의 개수를 구하여라.

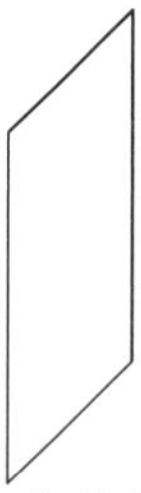

〈그림 1〉

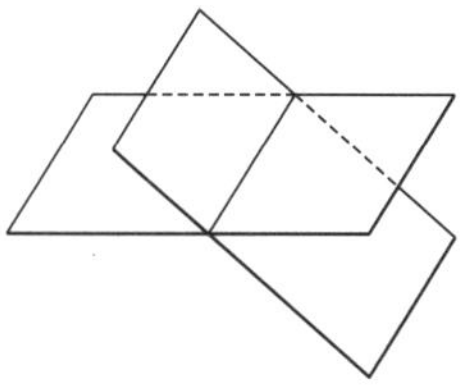

〈그림 2〉

03   한 변의 길이가 각각 2cm, 3cm, 5cm인 정육면체 3개를 서로 붙여서 만든 입체도 형의 겉넓이의 최솟값을 구하여라.

04   다음 그림과 같이 정사면체 4개를 합하여 가운데가 빈 하나의 삼각뿔을 만들었다. 이런 삼각뿔 4개를 위와 같은 방법으로 가운데가 빈 하나의 삼각뿔을 만들어 나간 다. 이런 과정을 4번 거치면 처음의 정사면체 부피의 몇 배가 되겠는지 구하여라.

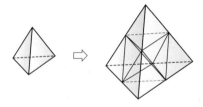

01 오른쪽 그림과 같은 정육면체에서 대각선 AG와 삼각형 BDE를 포함하는 평면은 수직임을 설명하여라.

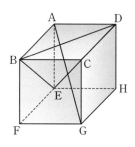

02 오른쪽 그림과 같은 정십이면체의 전개도에서 평행한 면끼리 짝지어서 나열하여라.

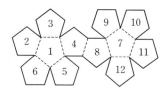

03 오른쪽 그림은 정육면체의 일부를 잘라서 만든 입체도형이다. 전개도를 그리고 색칠한 부분을 나타내어라.

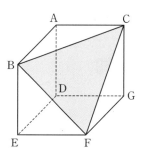

04 다음은 길이가 같은 성냥개비를 이어서 정육면체 모양을 만든 것이다. 네 번째에서 사용한 성냥개비의 개수를 구하여라.

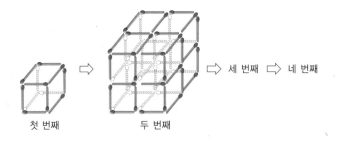

첫 번째   두 번째   ⇨ 세 번째 ⇨ 네 번째

05 오른쪽 그림과 같이 큰 정육면체를 크기가 같은 8개의 작은 정육면체로 분할하였다. 모든 꼭짓점 27개 중에서 임의로 세 꼭짓점을 선택하여 선분으로 연결할 때, 삼각형이 만들어지는 총수를 구하여라. $\left(\text{단, } n\text{개에서 서로 다른 }3\text{개를 선택하는 방법의 수는 } \frac{1}{6}n(n-1)(n-2)\text{가지이다.}\right)$

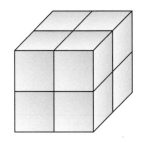

06 반지름의 길이가 1인 구의 중심이 한 변의 길이가 2인 정사각형의 변과 내부를 움직일 때 생기는 입체도형의 부피를 $a+b\pi$로 나타낼 때, $a+6b$의 값을 구하여라.
(단, a, b는 유리수이다.)

07 오른쪽 그림은 한 모서리의 길이가 10인 정팔면체를 나타낸 것이다. 면 CDEF를 지나도록 자르면 밑면이 합동인 정사각뿔 2개가 만들어진다. 이 사실을 이용하여 정팔면체의 부피를 x를 사용하여 나타내어라. (단, $\overline{AB}=x$)

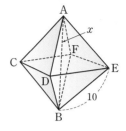

08 한 모서리의 길이가 a인 정육면체의 각 면의 중점을 이어서 정팔면체를 만들었을 때, 정육면체의 부피는 정팔면체의 부피의 몇 배가 되는지 구하여라.

09 다음 그림과 같은 삼각기둥 모양의 통에 물 200cm³를 넣었다. 이 삼각기둥을 밑면의 변 EF를 축으로 기울였더니, 들어 있던 물이 기울어 삼각기둥의 밑면으로부터의 높이가 각각 4cm와 10cm가 되었다. 이 삼각기둥의 밑면은 직각을 낀 두 변의 길이의 차가 5cm인 직각삼각형이라 할 때, 이 직각삼각형의 가장 짧은 변 EF의 길이를 구하여라.

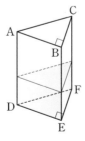
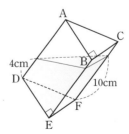

1 어떤 볼록다면체의 각 면이 삼각형, 사각형, 오각형 또는 육각형이라 하자. 이 다면체에 삼각형인 면은 두 개, 사각형인 면은 한 개 있을 때, 다음 중 옳은 것은?

① 오각형인 면은 세 개, 육각형인 면은 두 개 있을 수도 있다.
② 오각형인 면은 두 개, 육각형인 면은 세 개 있을 수도 있다.
③ 오각형인 면은 네 개, 육각형인 면은 한 개 있을 수도 있다.
④ 오각형인 면은 두 개, 육각형인 면은 두 개 있을 수도 있다.
⑤ 오각형인 면은 한 개, 육각형인 면은 네 개 있을 수도 있다.

2 같은 평면 위에 $\triangle ABC$, $\triangle BCD$, $\triangle CDA$, $\triangle DAB$가 모두 예각삼각형이 되도록 하는 네 점 A, B, C, D는 존재하지 않음을 설명하여라.

3 평면 위에 n개의 점 P_1, P_2, $\cdots$, P_n이 있다. 다음 물음에 답하여라.

(1) n개의 점이 볼록다각형의 꼭짓점일 때, 「이 중 세 점으로 이루어진 삼각형 중에는 한 각의 크기가 $\dfrac{180^\circ}{n}$ 보다 크지 않은 것이 반드시 있다.」를 보여라.

(2) 어느 세 점도 동일 직선 상에 있지 않고, n개의 점이 임의로 주어졌을 때는 (1)의 「$\cdots$」 부분은 어떻게 되는가를 따져 보아라.

4 오른쪽 그림과 같이 정사면체의 각 모서리의 $\dfrac{1}{3}$씩을 잘라 내고 남는 입체도형의 부피와 겉넓이는 잘려진 4개의 정사면체의 겉넓이의 합과 부피의 합의 몇 배가 되는지 각각 구하여라.

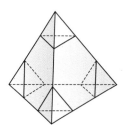

아버지의 사랑 *

그날따라 눈도 밤새 많이 내렸고 갑작스런 한파에 길이 온통 꽁꽁 얼었습니다.

저와 제 직장 동료는 무려 30분이나 통근 버스를 기다렸습니다.

너무 추운 상태에서 30분이 지나고 드디어 우리 앞으로 온 통근 버스, 그런데 우리를 못 본 채 그냥 지나칩니다.

너무나 화가 나서 말도 못하고 발만 동동 구르고 서있는데 갑자기 승용차 한대가 서더니 저희 회사까지 태워준다고 합니다.

조금 연세가 드신 분이라 안심하고 탔는데 그분이 저희를 보고 말합니다.

"미안하오, 오늘 내 아들이 저 통근 버스를 처음 운전하는 날이라 염려했는데 역시나 두 분을 못 본 모양이네요, 미안하오, 아들의 잘못을 용서해 주시죠."

Chapter VIII

교과서 외의 경시

① 정수의 분류 ★

(1) 정수 $\begin{cases} \text{양의 정수}: 1, 2, 3, \cdots \\ 0 \\ \text{음의 정수}: -1, -2, -3, \cdots \end{cases}$

(2) **짝수** : 정수 중에서 2로 나누어 떨어지는 수
　　　즉, $0, \pm 2, \pm 4, \pm 6, \cdots \Rightarrow 2k(k$는 정수)

(3) **홀수** : 정수 중에서 2로 나누어 떨어지지 않는 수
　　　즉, $\pm 1, \pm 3, \pm 5, \cdots \Rightarrow 2k \pm 1(k$는 정수)

② 홀수, 짝수의 계산 ★★★

point
자연수와 정수는 모두 홀수와 짝수의 합으로 나타낼 수 있다.

(1) (홀수)$\pm$(홀수)$=$(짝수)
　　(짝수)$\pm$(짝수)$=$(짝수)
　　(홀수)$\pm$(짝수)$=$(홀수)

(2) (홀수)$\times$(홀수)$=$(홀수)
　　(짝수)$\times$(짝수)$=$(짝수)
　　(홀수)$\times$(짝수)$=$(짝수)

point
기우성을 홀짝성이라고도 한다.

(3) 임의의 정수 m과 홀수 a의 대수적 합 $m \pm a$의 기우성은 m과 반대이고, 임의의 정수 m과 짝수 b의 대수적 합 $m \pm b$의 기우성은 m과 같다. (단, $m \neq 0$)
　　예 1(홀수)$+$3(홀수)$=$4(짝수)
　　　　2(짝수)$+$3(홀수)$=$5(홀수)
　　　　1(홀수)$+$4(짝수)$=$5(홀수)
　　　　2(짝수)$+$4(짝수)$=$6(짝수)

(4) 임의의 정수 m과 홀수 a의 곱 ma의 기우성은 m과 같고, 임의의 정수 m과 짝수 b의 곱 mb는 항상 짝수이다. (단, $m \neq 0$)
　　예 3(홀수)$\times$5(홀수)$=$15(홀수)
　　　　2(짝수)$\times$5(홀수)$=$10(짝수)
　　　　3(홀수)$\times$4(짝수)$=$12(짝수)
　　　　2(짝수)$\times$4(짝수)$=$8(짝수)

③ 소수와 합성수 ★

point
1은 소수도 아니고, 합성수도 아니다.

(1) **소수** : 1보다 큰 정수 p의 양의 약수가 1과 p뿐일 때, p를 소수(prime number)라 한다.

(2) **합성수** : 1보다 큰 정수 n이 소수가 아닐 때, n을 합성수(composite number)라 한다.
　　즉, 정수 $1 < a < n$, $1 < b < n$에 대하여 $n = ab$로 나타낼 수 있다.

4 소수의 성질 ★★★

(1) 모든 정수는 모든 소수와 서로소이거나 소수의 배수이다.

(2) 두 수의 곱 $n=ab$가 소수 p로 나누어 떨어지면, a, b 중 하나는 소수 p의 배수이다.

(3) 2를 제외한 모든 소수는 홀수이다.

(4) 소수 p보다 작거나 같은 자연수 중에서 p와 서로소인 수의 개수는 $(p-1)$개이다.

(5) 1보다 큰 정수 n의 서로 다른 소인수 전체가 p_1, p_2, p_3, $\cdots$, p_k일 때, n은 단 한 가지의 방법 $n=p_1^{e_1}p_2^{e_2}p_3^{e_3}\cdots p_k^{e_k}$(단, e_1, e_2, e_3, $\cdots$, e_k는 자연수)로 소인수분해된다.

(6) 3보다 큰 모든 소수는 $3k+1$ 또는 $3k+2$의 형태로 나타낼 수 있다.

명제: 그 내용이 참인지, 거짓인지를 명확하게 판별할 수 있는 문장이나 식
증명: 어떤 명제가 참임을 보이는 과정

(7) 소수의 개수는 무한히 많다.

> **증명** 소수의 개수가 유한하다고 가정하자.
> 유한 개의 소수를 p_1, p_2, $\cdots$, p_k라고 가정하고, $N=p_1p_2\cdots p_k+1$이라면 N은 1보다 큰 정수이므로 어떤 소수로 나누어 떨어져야 한다.
> 그러나, p_1, p_2, $\cdots$, p_k로 나누어도 나머지가 1이므로 N은 새로운 소수가 되어야 하는데, 소수는 p_1, p_2, $\cdots$, p_k만 존재한다고 하였으므로 모순이다.
> 따라서, 소수의 개수는 무한히 많다.

5 십진법과 이진법 ★★★

이진법으로 나타낸 수의 덧셈, 뺄셈은 십진법의 계산 원리와 같다.

(1) 십진법 : 수의 자리가 왼쪽으로 하나씩 올라감에 따라 자리의 값이 10배씩 커지도록 수를 나타내는 방법

(2) 십진법의 전개식 : 십진법으로 나타낸 수를 10의 거듭제곱을 사용하여 나타낸 식

(3) 이진법 : 수의 자리가 왼쪽으로 하나씩 올라감에 따라 자리의 값이 2배씩 커지도록 수를 나타내는 방법

(4) 이진법의 전개식 : 이진법으로 나타낸 수를 2의 거듭제곱을 사용하여 나타낸 식

(5) 이진법과 십진법의 관계
　　① 이진법으로 나타낸 수 ⇨ 십진법으로 나타낸 수 :
　　　 이진법으로 나타낸 수를 이진법의 전개식으로 나타내어 계산한다.
　　② 십진법으로 나타낸 수 ⇨ 이진법으로 나타낸 수 :
　　　 십진법으로 나타낸 수를 몫이 0이 될 때까지 2로 계속 나누어 나머지를 역순으로 쓴다.

VIII. 정수의 성질

193

특목고 대비 문제

신유형 new

1 오른쪽 그림과 같이 2칸이 빠진 8×8의 체스판이 있다. 2개의 칸을 덮을 수 있는 2×1의 체스판, 즉, 도미노 [ ][ ] 31개를 사용하여 체스판을 완전히 덮을 수 있는지 알아보아라.

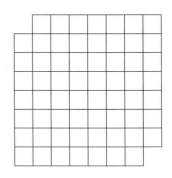

2 어느 수학 경시대회에서 출제된 문제는 20문항이고, 채점 기준은 다음과 같다.

> 채점 기준
> (Ⅰ) 기본 점수는 20점이다.
> (Ⅱ) 1문제 맞으면 5점을 추가한다.
> (Ⅲ) 1문제 답하지 않으면 1점을 추가한다.
> (Ⅳ) 1문제 틀리면 1점을 감점한다.

만일 121명이 수학 경시대회에 참가하였다면 득점 총합은 홀수인지, 짝수인지 알아보아라.

Super Math

3 홀짝이 서로 다른 두 자연수 p, q에 대하여 $(p-1)(q-1)$은 짝수임을 증명하여라.

신유형

4 1부터 1990까지 숫자를 적어 놓았다. 이 숫자 중에서 임의의 두 수를 지우고 그 두 수의 합 또는 차를 써놓는다. 이와 같이 수가 하나만 남을 때까지 계속했을 때, 결과는 0이 나올 수 있는지 알아보아라.

5 1부터 2005까지의 수를 칠판에 써놓았다. 각 수들 사이에 + 또는 −를 하나씩 써서 모두 2004개를 써넣으면 계산한 값이 홀수인지, 짝수인지 알아보아라.

6 $q-p=3$이 성립하는 소수 p, q를 모두 구하여라.

7 5 이상의 소수는 $6n\pm1$(단, n은 자연수)꼴임을 증명하여라.

8 $4n+3$(단, n은 자연수)꼴인 소수는 무한히 많음을 증명하여라.

Super Math ▶

9 p_n이 n번째 소수라고 하면 정수 $P_n = p_1 p_2 \cdots p_n + 1$은 제곱수가 아님을 증명하여라.

10 어떤 소수 p에 대하여 $p^2 + 2$가 소수일 때, p를 모두 구하여라.

11 $n > 3$일 때, 세 정수 n, $n+2$, $n+4$는 모두 소수가 아님을 증명하여라.

12 5 이상의 정수 N에 대하여 다음을 증명하여라.

> $A : N$이 소수이다.
> $B : N = a+b+c+d$를 만족하는 모든 자연수 a, b, c, d에 대하여 $ab \neq cd$를 만족한다.

(1) A이면 B임을 증명하여라.
(2) B이면 A가 아님을 증명하여라.

13 다음 물음에 답하여라.
(1) 임의의 6 이상인 정수를 세 개의 소수의 합으로 쓸 수 있다고 가정하면 임의의 4 이상인 짝수는 두 개의 소수의 합으로 쓸 수 있음을 증명하여라.
(2) 임의의 4 이상인 짝수를 두 개의 소수의 합으로 쓸 수 있다고 가정하면 임의의 6 이상인 정수는 세 개의 소수의 합으로 쓸 수 있음을 증명하여라.

14

수 1, 1, 2, 2, 3, 3, $\cdots$, 2006, 2006을 한 줄로 배열하되 두 개의 1 사이에는 1개의 수가 있고, 두 개의 2 사이에는 두 개의 수가 있고, 두 개의 3 사이에는 세 개의 수가 있고, $\cdots$, 두 개의 2006 사이에는 2006개의 수가 있게 할 수 있는지 알아보아라.

15

서로 다른 두 소수 a, b에 대하여 구진법의 여섯 자리의 수 $ababab_{(9)}$에 대한 십진법에서의 양의 약수의 개수가 2^6개일 때, 자연수 $ab_{(9)}$를 모두 구하여라.

16

어떤 제곱수를 팔진법의 수로 나타내었더니 $ab1c_{(8)}\,(a \neq 0)$가 되었다.
이때, c의 값을 구하여라.

17 이진법으로 나타낼 때, 100자리인 수를 십육진법으로 나타내면 몇 자리 수인지 구하여라.

18 k진법을 사용하는 나라에서 530원 하는 물건을 사고 1000원을 내면 250원을 거슬러 준다고 할 때, k의 값을 구하여라.

신유형 new

19 연속된 세 정수가 다음과 같이 암호화되어 있다.

$$\text{ADE, ADC, AAB}$$

이 수가 모두 오진법의 수일 때, 오진법의 수 CDA를 십진법의 수로 나타내어라.
(단, A, B, C, D, E는 서로 다른 숫자이고 ADE < ADC < AAB이다.)

20 흰 바둑알을 0, 검은 바둑알을 1로 하여 이진법의 수를 나타낼 때, 십진법의 수 55 를 바둑알로 나타내려고 한다. 필요한 흰 바둑알의 개수를 구하여라.

21 이진법의 수로 나타낼 때, 다섯 자리의 수가 되는 십진법의 수는 모두 몇 개인지 구하여라.

신유형 new

22 이진법으로 나타낸 수 $x_{(2)}$와 $11111_{(2)}$ 사이에는 십진법으로 나타낸 수가 6개 있다. 이때, 이진법으로 나타낸 수 $x_{(2)}$를 구하여라.

01

소수를 찾아내는 방법에는 여러 가지가 있다. 다음과 같이 소수를 찾아내는 방법이 있는데, 소수를 찾아낼 수 있는 이유에 대해 증명하여라.

> 어떤 수가 소수인지를 알고자 하면 그 수보다 작은 소수로 차례로 나누어 보면 알 수 있는데, 소수의 제곱이 그 수를 넘지 않을 경우까지만 확인해 보면 된다.

02

좌표평면에서 그 좌표가 모두 정수인 점을 격자점이라 한다. 좌표평면 위에 5개의 격자점이 있을 때, 그 중 두 점의 중점이 격자점인 것이 적어도 한 쌍 존재함을 증명하여라.

03

두 수의 차가 2이면서 둘 다 소수인 경우를 쌍둥이 소수라고 한다. 예를 들면, 3과 5, 5와 7, 11과 13, 17과 19, … 등이 있는데, 아직까지 쌍둥이 소수가 무한히 많은지에 대해 밝혀지지 않았다.

만일, $p > 3$인 소수 p와 $p+2$가 모두 소수이면 $p+1$은 6의 배수가 됨을 증명하여라.

04

다음 물음에 답하여라.

(1) m, n이 정수일 때, m^2+n^2을 4로 나눈 나머지를 모두 구하여라.

(2) 이진법으로 나타낸 수 n은 낮은 자리부터 숫자 0이 연속적으로 짝수 번 나오고 나서 1이 두 번 이상 나와서 $n=\cdots1100\cdots00_{(2)}$이다. 이를 십진법으로 나타낼 때, $n=4^k(4s+3)$임을 증명하여라. (단, k, s는 음이 아닌 정수)

(3) 철수와 영희가 게임을 한다. 철수부터 서로 번갈아 가며 0 또는 1을 2004번씩 적는다고 한다. 이렇게 만들어진 4008자리의 이진법으로 나타낸 수를 십진법으로 나타낸 수로 나타낼 때, 제곱수의 합으로 표현되면 철수가 이기고, 제곱수의 합으로 표현되지 않으면 영희가 이긴다고 한다. 철수가 먼저 적을 때, 영희가 반드시 이길 수 있는 방법을 구하고 그 이유를 서술하여라.

소인수분해표

1	1	51	$3 \cdot 17$	101	101	151	151
2	2	52	$2^2 \cdot 13$	102	$2 \cdot 3 \cdot 17$	152	$2^3 \cdot 19$
3	3	53	53	103	103	153	$3^2 \cdot 17$
4	2^2	54	$2 \cdot 3^3$	104	$2^3 \cdot 13$	154	$2 \cdot 7 \cdot 11$
5	5	55	$5 \cdot 11$	105	$3 \cdot 5 \cdot 7$	155	$5 \cdot 31$
6	$2 \cdot 3$	56	$2^3 \cdot 7$	106	$2 \cdot 53$	156	$2^2 \cdot 3 \cdot 13$
7	7	57	$3 \cdot 19$	107	107	157	157
8	2^3	58	$2 \cdot 29$	108	$2^2 \cdot 3^3$	158	$2 \cdot 79$
9	3^2	59	59	109	109	159	$3 \cdot 53$
10	$2 \cdot 5$	60	$2^2 \cdot 3 \cdot 5$	110	$2 \cdot 5 \cdot 11$	160	$2^5 \cdot 5$
11	11	61	61	111	$3 \cdot 37$	161	$7 \cdot 23$
12	$2^2 \cdot 3$	62	$2 \cdot 31$	112	$2^4 \cdot 7$	162	$2 \cdot 3^4$
13	13	63	$3^2 \cdot 7$	113	113	163	163
14	$2 \cdot 7$	64	2^6	114	$2 \cdot 3 \cdot 19$	164	$2^2 \cdot 41$
15	$3 \cdot 5$	65	$5 \cdot 13$	115	$5 \cdot 23$	165	$3 \cdot 5 \cdot 11$
16	2^4	66	$2 \cdot 3 \cdot 11$	116	$2^2 \cdot 29$	166	$2 \cdot 83$
17	17	67	67	117	$3^2 \cdot 13$	167	167
18	$2 \cdot 3^2$	68	$2^2 \cdot 17$	118	$2 \cdot 59$	168	$2^3 \cdot 3 \cdot 7$
19	19	69	$3 \cdot 23$	119	$7 \cdot 17$	169	13^2
20	$2^2 \cdot 5$	70	$2 \cdot 5 \cdot 7$	120	$2^3 \cdot 3 \cdot 5$	170	$2 \cdot 5 \cdot 17$
21	$3 \cdot 7$	71	71	121	11^2	171	$3^2 \cdot 19$
22	$2 \cdot 11$	72	$2^3 \cdot 3^2$	122	$2 \cdot 61$	172	$2^2 \cdot 43$
23	23	73	73	123	$3 \cdot 41$	173	173
24	$2^3 \cdot 3$	74	$2 \cdot 37$	124	$2^2 \cdot 31$	174	$2 \cdot 3 \cdot 29$
25	5^2	75	$3 \cdot 5^2$	125	5^3	175	$5^2 \cdot 7$
26	$2 \cdot 13$	76	$2^2 \cdot 19$	126	$2 \cdot 3^2 \cdot 7$	176	$2^4 \cdot 11$
27	3^3	77	$7 \cdot 11$	127	127	177	$3 \cdot 59$
28	$2^2 \cdot 7$	78	$2 \cdot 3 \cdot 13$	128	2^7	178	$2 \cdot 89$
29	29	79	79	129	$3 \cdot 43$	179	179
30	$2 \cdot 3 \cdot 5$	80	$2^4 \cdot 5$	130	$2 \cdot 5 \cdot 13$	180	$2^2 \cdot 3^2 \cdot 5$
31	31	81	3^4	131	131	181	181
32	2^5	82	$2 \cdot 41$	132	$2^2 \cdot 3 \cdot 11$	182	$2 \cdot 7 \cdot 13$
33	$3 \cdot 11$	83	83	133	$7 \cdot 19$	183	$3 \cdot 61$
34	$2 \cdot 17$	84	$2^2 \cdot 3 \cdot 7$	134	$2 \cdot 67$	184	$2^3 \cdot 23$
35	$5 \cdot 7$	85	$5 \cdot 17$	135	$3^3 \cdot 5$	185	$5 \cdot 37$
36	$2^2 \cdot 3^2$	86	$2 \cdot 43$	136	$2^3 \cdot 17$	186	$2 \cdot 3 \cdot 31$
37	37	87	$3 \cdot 29$	137	137	187	$11 \cdot 17$
38	$2 \cdot 19$	88	$2^3 \cdot 11$	138	$2 \cdot 3 \cdot 23$	188	$2^2 \cdot 47$
39	$3 \cdot 13$	89	89	139	139	189	$3^3 \cdot 7$
40	$2^3 \cdot 5$	90	$2 \cdot 3^2 \cdot 5$	140	$2^2 \cdot 5 \cdot 7$	190	$2 \cdot 5 \cdot 19$
41	41	91	$7 \cdot 13$	141	$3 \cdot 47$	191	191
42	$2 \cdot 3 \cdot 7$	92	$2^2 \cdot 23$	142	$2 \cdot 71$	192	$2^6 \cdot 3$
43	43	93	$3 \cdot 31$	143	$11 \cdot 13$	193	193
44	$2^2 \cdot 11$	94	$2 \cdot 47$	144	$2^4 \cdot 3^2$	194	$2 \cdot 97$
45	$3^2 \cdot 5$	95	$5 \cdot 19$	145	$5 \cdot 29$	195	$3 \cdot 5 \cdot 13$
46	$2 \cdot 23$	96	$2^5 \cdot 3$	146	$2 \cdot 73$	196	$2^2 \cdot 7^2$
47	47	97	97	147	$3 \cdot 7^2$	197	197
48	$2^4 \cdot 3$	98	$2 \cdot 7^2$	148	$2^2 \cdot 37$	198	$2 \cdot 3^2 \cdot 11$
49	7^2	99	$3^2 \cdot 11$	149	149	199	199
50	$2 \cdot 5^2$	100	$2^2 \cdot 5^2$	150	$2 \cdot 3 \cdot 5^2$	200	$2^3 \cdot 5^2$

Super Math

정답 및 해설

I 수와 연산

P. 9~23

특목고 대비 문제

1 49	**2** 24도막	**3** 36개	**4** 345960	**5** 8

6 (8, 9, 12, 5, 100), (4, 18, 6, 10, 50), (2, 36, 3, 20, 25)

7 풀이 참조		**8** 177	**9** 22개	**10** 4개
11 32400	**12** (1) 18 (2) 10개	**13** 30개	**14** 16
15 164	**16** 5	**17** 6	**18** 60	**19** 2 또는 14

20 최댓값 : 19, 최솟값 : -5　**21** $\dfrac{1}{5}=\dfrac{1}{6}+\dfrac{1}{30}$

22 $-\dfrac{5}{2}$　**23** 210걸음　**24** $\dfrac{5}{4}$　**25** 19번째 수

26 6　**27** 592　**28** 2　**29** 1, 2　**30** $\dfrac{255}{128}$

31 $\dfrac{7}{2}$　**32** 성립하지 않는다.　**33** 8　**34** $-\dfrac{20}{3}$

35 $-\dfrac{50}{11}$　**36** 0　**37** $-\dfrac{91}{6}$　**38** $n(11-n)$

39 -2　**40** 6단계　**41** -5　**42** 2899년

43 2, 14　**44** 풀이 참조　**45** 7　**46** 12, 9

1 $A=aG$, $B=bG$(단, a, b는 서로소)라 하면

$\dfrac{G}{A}+\dfrac{G}{B}=\dfrac{7}{10}$에서 $\dfrac{G}{aG}+\dfrac{G}{bG}=\dfrac{7}{10}$

$\dfrac{aG+bG}{abG}=\dfrac{7}{10}$, $\dfrac{A+B}{L}=\dfrac{7}{10}$, $\dfrac{A+B}{70}=\dfrac{7}{10}$

따라서, $A+B=$**49**이다.

2 긴 나무 막대기 전체를 1이라 하고 12등분, 15등분 하는

눈금을 각각 $\dfrac{\square}{12}$, $\dfrac{\square}{15}$라 하면 그 눈금을 차례로 나타내면

다음과 같다.

$\dfrac{1}{15}$, $\dfrac{1}{12}$, $\dfrac{2}{15}$, $\dfrac{2}{12}$, $\dfrac{3}{15}$, $\dfrac{3}{12}$, $\cdots$, 1

이때, 12, 15의 최대공약수는 3이므로 눈금이 겹치는 경우

는 $\dfrac{5}{15}=\dfrac{4}{12}$, $\dfrac{10}{15}=\dfrac{8}{12}$, $\dfrac{15}{15}=\dfrac{12}{12}$의 3가지이다.

따라서, $12+15-3=24$이므로 즉, **24도막**이 생긴다.

3 $100=2^2 \times 5^2$이므로 100과 서로소인 자연수는 2의 배수도

아니고, 5의 배수도 아닌 자연수이다.

그런데, 두 자리의 자연수 중 2의 배수의 개수는 45개, 5

의 배수의 개수는 18개이고, 2와 5의 최소공배수인 10의

배수의 개수는 9개이다.

따라서, 100과 서로소인 수, 즉 2의 배수도 아니고, 5의 배

수도 아닌 두 자리의 자연수의 개수는

$90-(45+18-9)=90-54=$**36(개)**

4 4, 5의 배수이므로 구하는 수는 $345xy0$의 형태이다.

이 수가 3의 배수가 되기 위해서는

$3+4+5+x+y+0=12+x+y$가 3의 배수이어야 한

다. y는 0, 2, 4, 6, 8 중 하나가 되어야 4의 배수가 되므로

이것을 만족하는 최댓값은 $x=9$, $y=6$일 때, **345960**이다.

5 $170-2$, $140-4$는 x로 나누어떨어진다.

따라서, x는 168, 136의 공약수이므로

구하는 수는 168, 136의 최대공약수인 8

이다.

$$
\begin{array}{r|rr}
2 & 168 & 136 \\
\hline
2 & 84 & 68 \\
\hline
2 & 42 & 34 \\
\hline
 & 21 & 17 \\
\end{array}
$$

6 주어진 조건을 다음과 같이 정리하자.

$a \times b = 72 = 2^3 \times 3^2$ ……㉠

$b \times c = 108 = 2^2 \times 3^3$ ……㉡

$c \times d = 60 = 2^2 \times 3 \times 5$ ……㉢

$d \times e = 500 = 2^2 \times 5^3$ ……㉣

㉡으로부터 5는 c의 약수가 아니므로, ㉢에서 5는 d의

약수이어야 한다. 또, d는 60과 500의 공약수이므로

$d=5$, 10, 20인 경우를 각각 생각하자.

(ⅰ) $d=5$이면 $(a, b, c, d, e)=(8, 9, 12, 5, 100)$

(ⅱ) $d=10$이면 $(a, b, c, d, e)=(4, 18, 6, 10, 50)$

(ⅲ) $d=20$이면 $(a, b, c, d, e)=(2, 36, 3, 20, 25)$

(ⅰ), (ⅱ), (ⅲ)에 의하여 구하는 순서쌍은

(8, 9, 12, 5, 100), (4, 18, 6, 10, 50),

(2, 36, 3, 20, 25)

7 임의의 n자리의 수를 전개식으로 나타내면

$a_n \times 10^n + a_{n-1} \times 10^{n-1} + \cdots + a_1 \times 10 + a_0$ ……㉠

㉠의 숫자의 배열을 바꾼 수와의 차를 구하면 모든 항이

$a_i \times (999 \cdots 9)$의 형태이다.

따라서, 모든 항이 9의 배수이므로 두 수의 차는 항상 9의

배수이다.

8 나머지가 나누는 수보다 1이 작기 때문에 $N+1$은 2, 3, 5

로 나누어 떨어진다.

즉, $N+1$은 30의 배수이고, N은 두 자리의 자연수이므로

$N+1=30$, 60, 90　즉, $N=29$, 59, 89

따라서, 구하는 합은 $29+59+89=$**177**

9 자연수 N을 소인수분해하면 $N=p_1^{a_1} \cdot p_2^{a_2} \cdot \cdots \cdot p_n^{a_n}$(단, p_1,

p_2, $\cdots$, p_n은 서로 다른 소수)라 하자.

N은 $(a_1+1)(a_2+1) \cdot \cdots \cdot (a_n+1)$개의 약수를 갖게

되는데, 이것이 홀수가 되려면 a_1+1, a_2+1, $\cdots$, a_n+1이 모두 홀수가 되어야 한다.

따라서, a_1, a_2, $\cdots$, a_n은 모두 짝수가 되어야 하므로 $a_1=2a_1{}'$, $a_2=2a_2{}'$, $\cdots$, $a_n=2a_n{}'$이라 놓으면

$N=p_1^{2a_1'} \cdot p_2^{2a_2'} \cdot \cdots \cdot p_n^{2a_n'}=(p_1^{a_1'} \cdot p_2^{a_2'} \cdot \cdots \cdot p_n^{a_n'})^2$

즉, N은 제곱수이어야 한다.

500 이하의 자연수 중 제곱수는 1^2, 2^2, $\cdots$, 22^2이므로 약수를 홀수 개 갖는 것의 개수는 **22개**이다.

10 조건에 의해 a, b, $10a+b$는 모두 소수이어야 한다.

$b=2$이면 $10a+b$는 2의 배수이므로 소수가 아니다. 즉, $a\neq2$, $b\neq2$이다.

$b=5$이면 $10a+b$는 5의 배수이므로 소수가 아니다. 즉, $b\neq5$이다.

따라서, 주어진 조건을 만족하는 자연수는

$2\times3\times23$, $3\times7\times37$, $5\times3\times53$, $7\times3\times73$의 **4개**이다.

11 $75=3\times5^2$이므로 최소의 n을 구하기 위하여 $n=2^p3^q5^r$이라고 하면 $q\geq1$, $r\geq2$이고, 약수의 개수는

$(p+1)(q+1)(r+1)=75$

따라서, $(p, q, r)=(0, 2, 24)$, $(0, 24, 2)$, $(0, 4, 14)$,
$\quad(0, 14, 4)$, $(2, 4, 4)$, $(4, 2, 4)$,
$\quad(4, 4, 2)$

이들 중에서 $n=2^p3^q5^r$이 최소인 것은
$2^43^45^2=$**32400**

12 오각형이므로 꼭짓점에 오는 수는 5씩 커진다.

(1) 꼭짓점 C에는 3, 다음에는 5가 더해지는 8, 13, 18, 23, $\cdots$이 된다. 따라서, 4번째로 오는 숫자는 **18**이다.

(2) 꼭짓점 D에는 5로 나누었을 때 나머지가 4인 숫자가 온다.

그러므로 50과 100 사이의 수 중에서 5로 나누었을 때 나머지가 4인 점의 개수를 구하는 것과 같다.

따라서, $5\times10+4$에서 $5\times19+4$까지의 수이므로 구하는 개수는

$19-10+1=$**10(개)**

13 60, 90, 150의 최대공약수는 30이다. 그러므로 가로의 길이는 2등분, 세로의 길이는 3등분, 높이는 5등분 하여 자르면 한 변의 길이가 30cm인 정육면체가 $2\times3\times5=$**30(개)** 생긴다.

14 $30\times31\times32\times\cdots\times98\times99$에서 5는 몇 번 곱해지는지 확인해 보자. 우선 끝자리의 수가 0이나 5이면 5의 배수이다.

(i) 끝자리의 수가 0이나 5가 되는 것은 $7+7=14$(개)

(ii) 5^2의 곱으로 되어 있는 수, 즉 50, 75는 5가 하나 더 곱해졌다.

(i), (ii)에 의하여 가장 큰 n의 값은
$14+2=$**16**

15 $c^2=ab$인 경우를 살펴보면 다음과 같다.

$4^2=16$, $5^2=25$, $6^2=36$, $7^2=49$, $8^2=64$, $9^2=81$

이 중에서 a, b, c가 서로 다른 경우인 다섯 자리의 수 $ababc$는 다음 4가지이다.

16164, 49497, 64648, 81819

이 중에서 12의 배수는 16164이므로 구하는 자연수 abc는 **164**이다.

16 $n=ab$이면 $100<nab<200$이므로 $100<(ab)^2<200$이 성립한다.

따라서, ab가 제곱수가 되어야 하므로 $(ab)^2$은
$121(=11\times11)$, $144(=12\times12)$,
$169(=13\times13)$, $196(=14\times14)$밖에 없다.

따라서, $ab=11$, 12, 13, 14 중의 하나이다.

그러나 서로소인 두 소인수의 곱으로 이루어진 것은 14이므로 $a=2$, $b=7$ 또는 $a=7$, $b=2$

따라서, $a+b=9$이므로
$n-a-b=n-(a+b)$
$\qquad\qquad=14-9=$**5**

17 a와 b의 공약수는 1, 2, 3, 6, 9, 18

b와 c의 공약수는 1, 2, 3, 4, 6, 8, 12, 24

a와 b, b와 c의 공약수, 즉 a, b, c의 공약수는 1, 2, 3, 6이므로 구하는 최대공약수는 **6**이다.

18 (가) $63\circledcirc99$에서 $63=3^2\times7$, $99=3^2\times11$이므로
$\quad63\circledcirc99=9$
$\quad$따라서, $9x=540$이므로 $x=60$

(나) $18\bigcirc45$에서 $18=2\times3^2$, $45=3^2\times5$이므로
$\quad18\bigcirc45=2\times3^2\times5=90$
$\quad$따라서, $3y-90=0$이므로 $y=30$

(가), (나)에 의하여
$x\circledcirc y=60\circledcirc30=30$, $x\bigcirc y=60\bigcirc30=60$이므로
$(x\circledcirc y)\bigcirc(x\bigcirc y)=30\bigcirc60=$**60**

19 x의 절댓값이 6이므로 $x=6$ 또는 $x=-6$이다.

따라서, $x=6$이면 $y=2$, $x=-6$이면 $y=14$이다.

그러므로 y의 값이 될 수 있는 수는 **2 또는 14**이다.

20 $|x-2|=4$에서 $x-2=-4$ 또는 $x-2=4$

즉, $x=-2$ 또는 $x=6$

$|x-y+3|=4$에서

$x-y+3=-4$ 또는 $x-y+3=4$

즉, $x-y=-7$ 또는 $x-y=1$
따라서, (x, y)의 값은 $(-2, 5)$ 또는 $(-2, -3)$ 또는 $(6, 13)$ 또는 $(6, 5)$이다.
그러므로 $x+y$의 값의 **최댓값**은 $x=6, y=13$일 때 $6+13=19$이고, **최솟값**은 $x=-2, y=-3$일 때 $-2-3=-5$이다.

21 $\dfrac{1}{5}=\dfrac{1}{a}+\dfrac{1}{b}$ (단, a는 한 자리의 수)라 하면
$$\dfrac{1}{5}-\dfrac{1}{a}=\dfrac{1}{b} \quad 즉, \dfrac{a-5}{5a}=\dfrac{1}{b}$$
a는 한 자리의 수이므로
$a-5=1 \quad 즉, a=6$
$5a=b$에 $a=6$을 대입하면 $b=30$
따라서, $\dfrac{1}{5}=\dfrac{1}{6}+\dfrac{1}{30}$

22 $|3x-2y+4|\geq 0, |-x+2y-2|\geq 0$이므로
$|3x-2y+4|+|-x+2y-2|=0$에서
$|3x-2y+4|=0, |-x+2y-2|=0$
따라서, $3x-2y+4=0, -x+2y-2=0$
$-x+2y-2=0$에서 $x=2y-2$이므로 이것을
$3x-2y+4=0$에 대입하여 풀면 $x=-1, y=\dfrac{1}{2}$이므로
$2x-y=2\times(-1)-\dfrac{1}{2}=-\dfrac{5}{2}$

23 단위 시간당 갑은 4걸음 가고, 을은 3걸음 간다고 하자. 또, 을의 한 걸음당 길이를 1이라 하면 갑의 한 걸음당 길이는 $\dfrac{5}{7}$가 된다.
x단위 시간 움직여서 두 사람이 만난다고 하면
$4x\times\dfrac{5}{7}+10=3x, 20x+70=21x$에서 $x=70$
따라서, 을은 70단위 시간에 $3\times 70=210$(걸음) 가서 갑과 만난다.

24 $f(1)=\dfrac{1}{4}$이므로 $f(f(1))=f\left(\dfrac{1}{4}\right)=\dfrac{1}{2}$이고,
$f(2)=\dfrac{1}{4}, f\left(\dfrac{2}{3}\right)=\dfrac{1}{2}$
따라서, $|-f(2)|+f(f(1))+f\left(\dfrac{2}{3}\right)=\dfrac{1}{4}+\dfrac{1}{2}+\dfrac{1}{2}=\dfrac{5}{4}$

25 7로 나눈 나머지를 생각해보면 1은 1, 10은 3, 100은 2, 1000은 6, 10000은 4, 100000은 5, 1000000은 1, …과 같이 반복된다. 즉, 나머지가 1이 되는 것은 처음부터 1번째, 7번째, 13번째, 19번째, …이므로 나머지가 4번째로 1이 되는 것은 처음부터 **19번째 수**가 된다.

26 각 자리의 수를 모두 더하면

(i) $1\sim 9 : 1+2+\cdots+9=45$
(ii) $10\sim 19 : (1\times 10)+(1+2+\cdots+9)=55$
(iii) $20\sim 29 : (2\times 10)+(1+2+\cdots+9)=65$
(iv) $30 : 3+0=3$
(i)~(iv)에서 각 자리의 숫자의 합은
$45+55+65+3=168$
또, 168의 각 자리의 숫자의 합은 $1+6+8=15$이므로 9로 나누면 나머지가 **6**이 된다.

27 N이 15의 배수이므로 N은 5의 배수이면서 동시에 3의 배수이어야 한다.
N이 5의 배수이려면 끝자리가 0이다. ……㉠
또한, N이 3의 배수이려면 각 자리 숫자의 합이 3의 배수이어야 하므로 0 또는 8로만 이루어진 최소의 3의 배수의 합은 $3\times 8=24$ ……㉡
㉠, ㉡을 동시에 만족하는 최소의 자연수 N은 8880이므로
$$\dfrac{N}{15}=\dfrac{8880}{15}=592$$

28 분모가 6인 분수를 $\dfrac{x}{6}$라 하면 $\dfrac{1}{3}<\dfrac{x}{6}<\dfrac{6}{7}$에서
$$\dfrac{14}{42}<\dfrac{7x}{42}<\dfrac{36}{42}$$
$14<7x<36$에서 $x=3, 4, 5$
따라서, $\dfrac{3}{6}, \dfrac{4}{6}, \dfrac{5}{6}$이므로 구하는 합은
$$\dfrac{3}{6}+\dfrac{4}{6}+\dfrac{5}{6}=\dfrac{12}{6}=2$$

29 $\left[\dfrac{4x-3}{6}\right]=0$이므로 $0\leq\dfrac{4x-3}{6}<1$
$0\leq 4x-3<6$에서 $\dfrac{3}{4}\leq x<\dfrac{9}{4}$
그런데 x는 정수이므로 $x=1, x=2$

30 $A=\left(1+\dfrac{1}{2}\right)\left(1+\dfrac{1}{4}\right)\left(1+\dfrac{1}{16}\right)$이라 하고, 양변에 $1-\dfrac{1}{2}$을 곱하면
$$\left(1-\dfrac{1}{2}\right)A=\left(1-\dfrac{1}{2}\right)\left(1+\dfrac{1}{2}\right)\left(1+\dfrac{1}{4}\right)\left(1+\dfrac{1}{16}\right)$$
$$\left(1-\dfrac{1}{2}\right)A=\left(1-\dfrac{1}{4}\right)\left(1+\dfrac{1}{4}\right)\left(1+\dfrac{1}{16}\right)$$
$$\left(1-\dfrac{1}{2}\right)A=\left(1-\dfrac{1}{16}\right)\left(1+\dfrac{1}{16}\right)$$
$$\left(1-\dfrac{1}{2}\right)A=1-\dfrac{1}{256}$$
따라서, $\dfrac{1}{2}A=\dfrac{255}{256}$이므로 $A=\dfrac{255}{128}$

31 $\left\langle \dfrac{1}{2}, \dfrac{2}{3} \right\rangle = \dfrac{2 \times \dfrac{1}{2} + \dfrac{2}{3}}{\dfrac{1}{2} - 2 \times \dfrac{2}{3}} = \dfrac{1 + \dfrac{2}{3}}{\dfrac{1}{2} - \dfrac{4}{3}} = -2$

$\left\langle \dfrac{1}{3}, \dfrac{1}{4} \right\rangle = \dfrac{2 \times \dfrac{1}{3} + \dfrac{1}{4}}{\dfrac{1}{3} - 2 \times \dfrac{1}{4}} = \dfrac{\dfrac{2}{3} + \dfrac{1}{4}}{\dfrac{1}{3} - \dfrac{1}{2}} = -\dfrac{11}{2}$

따라서, $\left\langle \dfrac{1}{2}, \dfrac{2}{3} \right\rangle - \left\langle \dfrac{1}{3}, \dfrac{1}{4} \right\rangle = -2 - \left(-\dfrac{11}{2} \right)$

$\qquad\qquad = -2 + \dfrac{11}{2} = \dfrac{7}{2}$

32 (가위) * (바위) = (바위)이므로

{(가위) * (바위)} * (보) = (바위) * (보) = (보)

또, (바위) * (보) = (보)이므로

(가위) * {(바위) * (보)} = (가위) * (보) = (가위)

따라서, (좌변) ≠ (우변)이므로 주어진 식은 성립하지 않는다.

33 $\dfrac{11}{52} = \dfrac{1}{\dfrac{52}{11}} = \dfrac{1}{4 + \dfrac{8}{11}} = \dfrac{1}{4 + \dfrac{1}{\dfrac{11}{8}}}$

$= \dfrac{1}{4 + \dfrac{1}{1 + \dfrac{3}{8}}} = \dfrac{1}{4 + \dfrac{1}{1 + \dfrac{1}{\dfrac{8}{3}}}}$

$= \dfrac{1}{4 + \dfrac{1}{1 + \dfrac{1}{2 + \dfrac{2}{3}}}} = \dfrac{1}{4 + \dfrac{1}{1 + \dfrac{1}{2 + \dfrac{1}{\dfrac{3}{2}}}}}$

$= \dfrac{1}{4 + \dfrac{1}{1 + \dfrac{1}{2 + \dfrac{1}{1 + \dfrac{1}{2}}}}}$

따라서, $a = 4$, $b = 1$, $c = 2$, $d = 1$이므로

$a + b + c + d = 8$

34 $[3, 5] = \dfrac{\dfrac{5}{3-5}}{\dfrac{3}{3+5}} = \dfrac{\dfrac{5}{-2}}{\dfrac{3}{8}} = -\dfrac{40}{6} = -\dfrac{20}{3}$

35 $5 \diamondsuit x = 2$에서 $\dfrac{1}{5+x} - \dfrac{1}{5} = 2$

$\dfrac{1}{5+x} = 2 + \dfrac{1}{5}$, $\dfrac{1}{5+x} = \dfrac{11}{5}$

따라서, $5 = 55 + 11x$이므로 $x = -\dfrac{50}{11}$

36 (i) n이 짝수이면 $n+2$는 짝수, $n-1$은 홀수, $n+1$은 홀수이므로

(주어진 식) = $1 - (-1) + (-1) - 1 = 0$

(ii) n이 홀수이면 $n+2$는 홀수, $n-1$은 짝수, $n+1$은 짝수이므로

(주어진 식) = $(-1) - 1 + 1 - (-1) = 0$

(i), (ii)에서 (주어진 식) = **0**

37 (주어진 식)

$= -9 - \left[\dfrac{5}{2} \div \{5 \times 4 - 5\} + 6 \right]$

$= -9 - \left[\dfrac{5}{2} \div 15 + 6 \right]$

$= -9 - \left[\dfrac{5}{2} \times \dfrac{1}{15} + 6 \right]$

$= -9 - \left[\dfrac{1}{6} + 6 \right]$

$= -9 - \dfrac{37}{6} = -\dfrac{91}{6}$

38 n번째 수의 규칙성을 찾는다. (앞의 숫자)·(뒤의 숫자)의 꼴로 생각해보면 앞의 숫자는 n이고, 뒤의 숫자는 $10 - (n-1)$이다.

따라서, 구하는 n번째 수는

$n\{10 - (n-1)\} = \boldsymbol{n(11-n)}$

39 $\langle 2x, 2y \rangle + 1 = \left(2x + \dfrac{2y}{2} \right) + 1 = 2x + y + 1$,

$\langle y, x \rangle - 2 = y + \dfrac{x}{2} - 2$이므로

$\langle 2x, 2y \rangle + 1 = \langle y, x \rangle - 2$에서

$2x + y + 1 = y + \dfrac{x}{2} - 2$, $\dfrac{3x}{2} = -3$

따라서, $x = \boldsymbol{-2}$이다.

40 거꾸로 생각해 보면 34는 3으로 나누어 떨어지지 않으므로

$34 \to 33 \to 11 \to 10 \to 9 \to 3 \to 1$

따라서, 최소한 **6단계**가 있어야 한다.

41 12의 약수는 1, 2, 3, 4, 6, 12이고 조건 (가), (나)에 의하여 서로 다른 세 수의 곱으로 12가 만들어지는 경우는 $(1, 2, 6)$, $(1, 3, 4)$의 두 가지 경우뿐이다. 이때, 조건 (다)에서 부호를 붙여 더했을 때, -7이 나오는 경우는 $(1, -2, -6)$일 때이다.

따라서, 조건 (가)로부터 $a = -6$, $b = -2$, $c = 1$이므로

$a - b - c = -6 - (-2) - 1 = \boldsymbol{-5}$

42 $2xyz$년라고 하자. $x+y+z=26$이고, x, y, z는 0에서 9까지의 자연수이므로 $8+9+9=26$에서 구하는 가장 빠른 년도는 **2899년**이다.

43 수의 배열에 따른 특징을 생각한다.

(i) $\dfrac{7\times4\times9}{9}=28$, $\dfrac{12\times15\times3}{9}=60$

따라서, $\square=\dfrac{2\times3\times3}{9}=\mathbf{2}$

(ii) $7+4\times3+9=28$

$12+15\times3+3=60$

따라서 $\square=2+3\times3+3=\mathbf{14}$이다.

44 오른쪽 그림과 같이 빈 칸을 채우면 가로, 세로 어느 방향으로 읽어도 네 자리의 숫자는 9의 배수가 된다.

2	7	3	6
5	9	6	7
4	1	8	5
7	1	1	9

참고

답은 여러 개가 가능하다.

45 규칙성을 찾자. 오른쪽 그림과 같이 A, B, C라 하면 $A+B$는 4의 배수이고, $A+B$를 4로 나누었을 때의 몫이 C의 값이 된다.

따라서, 구하는 빈칸에 알맞은 수는

$$\dfrac{15+13}{4}=\mathbf{7}$$

46 오른쪽 그림과 같이 삼각형의 꼭짓점에 해당하는 수를 각각 x, y, z라고 하자. 꼭짓점은 두 번씩 더해지므로 합이 가장 크게 되기 위해서는 $x+y+z$의 값이 최대가 되어야 한다.

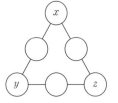

따라서, 가장 클 때의 합은

$$\dfrac{1+2+3+4+5+6+(4+5+6)}{3}=\dfrac{36}{3}=\mathbf{12}$$

이고, 가장 작을 때의 합은

$$\dfrac{1+2+3+4+5+6+(1+2+3)}{3}=\dfrac{27}{3}=\mathbf{9}$$

P. 24~25

특목고 구술·면접 대비 문제

1 (1) 풀이 참조 (2) 풀이 참조
2 (1) 91개 (2) $1+2^2+3^2+\cdots+n^2$
3 풀이 참조   4 풀이 참조

1 (1) 회사별로 번호를 붙여 1번 회사 1개, 2번 회사 2개, 3번 회사 3개, 4번 회사 4개, 5번 회사 5개를 저울에 올려놓는다. 5개의 회사가 모두 정상 제품을 납품했다면 $(1+2+3+4+5)\times10=150(g)$이 되어야 한다. 만일 1번 회사에서 불량제품을 납품했다면 1g이, 2번 회사에서 불량제품을 납품했다면 2g이, $\cdots$, 5번 회사에서 불량제품을 납품했다면 5g이 부족하게 된다. 따라서, 부족한 양을 보면 불량제품을 만든 회사를 알 수 있다.

(2) 회사별로 번호를 붙여 1번 회사 $1(=2^0)$개, 2번 회사 $2(=2^1)$개, 3번 회사 $4(=2^2)$개, 4번 회사 $8(=2^3)$개, 5번 회사 $16(=2^4)$개를 저울에 올려놓는다. 5개 회사 모두 정상 제품을 납품했다면 $(1+2+4+8+16)\times10=310(g)$이 되어야 한다. 만일 10g이 부족하다면 $10=2+8=2^1+2^3$이므로 2번과 4번 회사에서 불량제품을 납품한 것이 된다. 이와 같이 부족한 양을 식으로 나타냄으로써 불량제품을 만든 회사를 알 수 있다.

2 (1) 한 변의 길이가 1, 2, 3, $\cdots$일 때, 정사각형의 개수는 1, $1+4$, $1+4+9$, $1+4+9+16$, $\cdots$이므로 한 변의 길이가 6인 정사각형에 포함된 정사각형의 개수는 $1+4+9+16+25+36=\mathbf{91(개)}$

(2) 한 변의 길이가 n인 정사각형에 포함된 정사각형의 개수는 $\mathbf{1+2^2+3^2+\cdots+n^2}$이 된다.

3 $(-3)\times3=-9$, $(-3)\times2=-6$, $(-3)\times1=-3$, $(-3)\times0=0$에서 -3에 곱하는 수가 1씩 감소할 때, 그 결과는 3씩 증가하고 있다. 따라서, $(-3)\times(-1)$은 0에서 3이 더 증가한 3이 된다. 즉, (음수)×(음수)=(양수)가 된다.

다른풀이

시간 후를 +, 시간 전을 −, 동쪽 방향을 +, 서쪽 방향을 −라고 하자.
서쪽 방향으로 시속 3km로 달리는 자동차가 2시간 전에는 어디에 있었겠는가?
(거리)=(시간)×(속력)을 이용하면
(거리)$=(-2)\times(-3)=6(km)$이다.
즉, 동쪽 방향으로 6km인 지점에 있었다.
따라서, (음수)×(음수)=(양수)가 된다.

4 ◐/◑ = ● + ◔◕

$1+3+1=1^2+2^2$

$$1+3+5+3+1=2^2+3^2$$

$$1+3+5+7+5+3+1=3^2+4^2$$

따라서, 위의 그림에서 다음이 성립함을 알 수 있다.

$$1+3+5+\cdots+(2n-1)+(2n+1)+(2n-1)$$
$$+\cdots+5+3+1=n^2+(n+1)^2$$

시·도 경시 대비 문제

P. 26~32

1 432   **2** 77   **3** 98325   **4** 풀이 참조
5 8, 9, 10 **6** 풀이 참조   **7** $A=65$, $B=91$
8 58   **9** 1089   **10** 3   **11** $x(y-1)-1$
12 풀이 참조, 3   **13** ↓   **14** 190개
15 (1) 풀이 참조 (2) 142857   **16** 672개
17 (1) n^2+4n (2) 605개   **18** 41325
19 24개   **20** 풀이 참조   **21** (1) 81개 (2) 27개

1 조건을 만족하는 자연수를 $n=2^a3^b$이라고 놓을 수 있다.

이때, $\dfrac{n}{2}=2^{a-1}3^b$, $\dfrac{n}{3}=2^a3^{b-1}$이고,

$a-1$과 b는 3의 배수,

a와 $b-1$은 2의 배수가 되어야 한다.

이런 a, b 중 가장 작은 것은 $a=4$, $b=3$일 때이므로
구하는 수는

$$n=2^43^3=\textbf{432}$$

2 8로 끝나는 경우를 반대 방향으로 생각하면 아래와 같다.

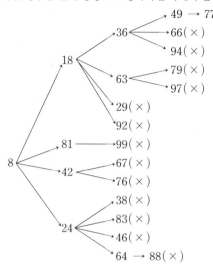

따라서, 두 자리 정수 중 연결의 길이가 5가 되고 8로 끝나
는 수는 **77**뿐이다.

3 $ab3cd$가 225의 배수이기 위해서는 $ab3cd$는 25의 배수
이고, $ab3cd$는 9의 배수이어야 한다.

$ab3cd$가 25의 배수이려면 cd가 25의 배수이어야 하므로
$(c, d)=(0, 0)$, $(2, 5)$, $(5, 0)$, $(7, 5)$ 중의 하나이다.

또, $ab3cd$가 9의 배수이기 위해서는 $a+b+3+c+d$가
9의 배수이어야 한다.

그런데 $1 \le a+b \le 18$이므로
$(c, d)=(0, 0)$, $(2, 5)$, $(5, 0)$, $(7, 5)$이면서 $a+b$가
최대인 것을 생각해 보자.

(i) $(c, d)=(0, 0)$일 때, $a+b=15$

(ii) $(c, d)=(2, 5)$일 때, $a+b=17$

(iii) $(c, d)=(5, 0)$일 때, $a+b=10$

(iv) $(c, d)=(7, 5)$일 때, $a+b=12$

따라서, 최대의 값은 (ii)에서 $a=9$, $b=8$일 때이므로 구하
는 자연수는 **98325**이다.

4 $abcdef$를 전개식으로 나타내면

$$a\times 10^5+b\times 10^4+c\times 10^3+d\times 10^2+e\times 10+f$$

10의 거듭제곱을 13으로 나누었을 때 나머지가 어떻게 되
는지에 대하여 생각해 보자.

(i) 1은 13으로 나누면 나머지가 1

(ii) 10은 13으로 나누면 나머지가 -3

(iii) 10^2은 13으로 나누면 나머지가 -4

(iv) 10^3은 13으로 나누면 나머지가 -1

(v) 10^4은 13으로 나누면 나머지가 3

(vi) 10^5은 13으로 나누면 나머지가 4

따라서, (i)~(vi)에 의하여

$$a\times 4+b\times 3+c\times(-1)+d\times(-4)+e\times(-3)+f\times 1$$

즉, $4a+3b-c-4d-3e+f$가 13의 배수이면 $abcdef$는 13의 배수가 된다.

5 5개의 자연수를 a, b, c, d, e라고 하면
$$abcde=a+b+c+d+e$$
이때, $a\leq b\leq c\leq d\leq e$라 하여도 일반성을 잃지 않는다.
$$abcde=a+b+c+d+e\leq e+e+e+e+e=5e$$
즉, $1\leq abcd\leq 5$
(i) $abcd=1$일 때,
  $a=b=c=d=1$, $abcde=e=1+1+1+1+e$이므로 이를 만족하는 자연수 e는 존재하지 않는다.
(ii) $abcd=2$일 때,
  $a=b=c=1$, $d=2$, $abcde=2e=1+1+1+2+e$
  즉, $e=5$, $abcde=10$
(iii) $abcd=3$일 때,
  $a=b=c=1$, $d=3$, $abcde=3e=1+1+1+3+e$
  즉, $e=3$, $abcde=9$
(iv) $abcd=4$일 때,
  $a=b=c=1$, $d=4$ 또는 $a=b=1$, $c=d=2$
  ㈎ $a=b=c=1$, $d=4$이면
    $abcde=4e=1+1+1+4+e$이므로 이를 만족하는 자연수 e는 존재하지 않는다.
  ㈏ $a=b=1$, $c=d=2$이면
    $abcde=4e=1+1+2+2+e$
    즉, $e=2$, $abcde=8$
(v) $abcd=5$일 때,
  $a=b=c=1$, $d=5$, $abcde=5e=1+1+1+5+e$
  즉, $e=2$
  그러나 $d\leq e$를 만족하지 않는다.
따라서, (i)~(v)에 의하여
$$abcde=\mathbf{8, 9, 10}$$

6 아래 그림과 같이 $1+2+3+\cdots+n$을 생각해 보자.

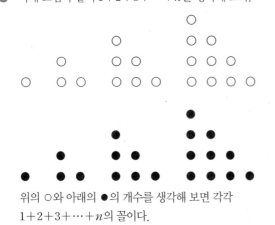

위의 ○와 아래의 ●의 개수를 생각해 보면 각각 $1+2+3+\cdots+n$의 꼴이다.
● 의 모양을 뒤집어서 ○의 모양에 합하여 생각해 보면

가로가 n개일 때, 세로가 $(n+1)$개인 직사각형의 모양이 된다.

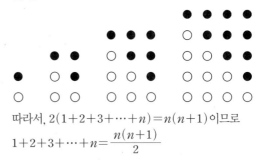

따라서, $2(1+2+3+\cdots+n)=n(n+1)$이므로
$$1+2+3+\cdots+n=\frac{n(n+1)}{2}$$

7 A, B의 최대공약수를 G라 하면
$A=aG$, $B=bG$(단 a, b는 서로소)라 놓을 수 있다.
A, B의 최소공배수가 $455=5\times 7\times 13$이므로
$$abG=5\times 7\times 13$$
따라서, 서로소인 두 수 (a, b)의 순서쌍은
$(5, 7)$, $(7, 5)$, $(5, 13)$, $(13, 5)$, $(7, 13)$, $(13, 7)$
(i) (a, b)의 순서쌍이 $(5, 7)$ 또는 $(7, 5)$일 때, $G=13$이고 순서쌍 (A, B)는 $(65, 91)$ 또는 $(91, 65)$이다.
(ii) (a, b)의 순서쌍이 $(5, 13)$ 또는 $(13, 5)$일 때, $G=7$이고 순서쌍 (A, B)는 $(35, 91)$ 또는 $(91, 35)$이다.
(iii) (a, b)의 순서쌍이 $(7, 13)$ 또는 $(13, 7)$일 때, $G=5$이고 순서쌍 (A, B)는 $(35, 65)$ 또는 $(65, 35)$이다.
따라서, (i), (ii), (iii)에서 $\dfrac{A-10}{B-14}=\dfrac{A}{B}$를 만족하는 A, B는 $\boldsymbol{A=65}$, $\boldsymbol{B=91}$이다.

8 $N=7p+2$라고 하면 N을 5로 나누었을 때 나머지가 3인 것을 찾아야 한다.
즉, $N=5\times\square+r$에서 p를 $5q$, $5q+1$, $5q+2$, $5q+3$, $5q+4$로 나누어서 생각해 보자. (단, $q\geq 0$인 정수)
(i) $p=5q$이면 $N=7\times 5q+2=5\times 7q+2$
  즉, 5로 나누면 나머지가 2이다.
(ii) $p=5q+1$이면 $N=7(5q+1)+2=5(7q+1)+4$
  즉, 5로 나누면 나머지가 4이다.
(iii) $p=5q+2$이면 $N=7(5q+2)+2=5(7q+3)+1$
  즉, 5로 나누면 나머지가 1이다.
(iv) $p=5q+3$이면 $N=7(5q+3)+2=5(7q+4)+3$
  즉, 5로 나누면 나머지가 3이다.
(v) $p=5q+4$이면 $N=7(5q+4)+2=5(7q+6)$
  즉, 5로 나누면 나누어 떨어진다.
(i)~(v)에 의하여 $p=5q+3$일 때, $N=35q+23$이므로 가장 작은 자연수는 23이고, 두 번째로 작은 자연수는 **58**이다.

9 네 자리의 자연수에 9를 곱해 네 자리의 자연수가 되려면

천의 자리의 숫자가 1이어야 하므로 일의 자리의 숫자는 9이다.

또, 백의 자리의 숫자는 0이어야 곱한 결과의 천의 자리의 숫자가 9를 유지할 수 있다.

따라서, 십의 자리의 숫자를 x라 하면 $9x+8$이 10의 배수가 되어야 하므로

$x=8$

즉, $1089 \times 9 = 9801$이다.

따라서, 구하는 네 자리의 자연수는 **1089**이다.

10 주어진 식의 값이 최대가 되려면 ab, bc, ca의 값이 최소가 되어야 한다.

따라서, 주어진 식의 값이 최대일 때는 a, b, c의 값이 최소인 수, 즉 1일 때이므로 구하는 최댓값은

$\dfrac{1}{ab} + \dfrac{1}{bc} + \dfrac{1}{ca} = 1+1+1 = \mathbf{3}$

11 $2a-1=p$, $b+1=q$라고 하면 $a=\dfrac{p+1}{2}$, $b=q-1$이므로

$f(p, q) = \left(\dfrac{p+1}{2}\right)(q-1) - 2\left(\dfrac{p+1}{2}\right) + (q-1) - 3$

따라서, p 대신 $x-3$을, q 대신 $2y+1$을 대입하면

$f(x-3, 2y+1)$

$= \left(\dfrac{x-2}{2}\right) \times 2y - 2\left(\dfrac{x-2}{2}\right) + 2y - 3$

$= (x-2)y - (x-2) + 2y - 3$

$= xy - 2y - x + 2 + 2y - 3$

$= \boldsymbol{x(y-1) - 1}$

12 (i) $x \geq y$일 때, $x * y = \dfrac{x+y}{2} + \dfrac{x-y}{2} = x$

(ii) $x < y$일 때, $x * y = \dfrac{x+y}{2} - \left(\dfrac{x-y}{2}\right) = y$

(i), (ii)에서 $x * y = \dfrac{x+y}{2} + \dfrac{|x-y|}{2}$는 x와 y 중에서 크거나 같은 것을 나타낸다.

따라서, $(1 * 2) * 3 = 2 * 3 = \mathbf{3}$

13 이것은 숫자가 6개씩 반복되므로 6으로 나눈 나머지가 같은 수들은 같은 위치에 놓인다.

$2017 = 336 \times 6 + 1$, $2018 = 336 \times 6 + 2$이므로 구하는 방향은 ↓이다.

14 n번째 사각형 안에 있는 검은 바둑돌의 개수를 a_n이라 하면 다음과 같은 규칙을 가지고 있다.

$a_1 = a_2 = 1$, $a_3 = a_4 = 1+5$, $a_5 = a_6 = 1+5+9$, $\cdots$,

$a_{2n-1} = a_{2n} = 1+5+9+\cdots+(4n-3)$

따라서, $a_{19} = a_{20} = 1+5+9+\cdots+37 = \mathbf{190(개)}$

15 (1) A의 각 자리의 숫자의 합을 a라 하면

$A + 2A + 3A + 4A + 5A + 6A = 21A = 111111 \times a$

따라서, $A = 5291 \times a$

(2) A의 십만 자리의 숫자가 2 이상이면 5를 곱할 때 일곱 자리의 수가 되므로 불가능하다. 따라서, A의 십만 자리의 숫자는 1이어야 한다. A의 일의 자리의 숫자가 될 수 있는 2, 3, $\cdots$, 9에 대하여 $2A$, $3A$, $4A$, $5A$, $6A$의 일의 자리의 숫자를 조사하면 다음과 같다.

일의 자리의 숫자	A	$2A$	$3A$	$4A$	$5A$	$6A$
2	2	4	6	8	0	2
3	3	6	9	2	5	8
4	4	8	2	6	0	4
5	5	0	5	0	5	0
6	6	2	8	4	0	6
7	7	4	1	8	5	2
8	8	6	4	2	0	8
9	9	8	7	6	5	4

위의 표에서 1이 나타나는 것은 A의 일의 자리의 숫자가 7인 경우뿐이다. 따라서, A의 각 자리의 숫자는 1, 2, 4, 5, 7, 8이고, $a=27$이다.

따라서, (1)에서 $A = 5291 \times 27 = \mathbf{142857}$

16 $\dfrac{N+7}{N+4} = 1 + \dfrac{3}{N+4}$이므로 $N+4$는 3의 배수이어야 한다.

$1 \leq N \leq 2015$이므로 $5 \leq N+4 \leq 2019$이다.

따라서, 1부터 2019까지의 3의 배수의 개수는 673개이므로 구하는 N의 개수는 $673 - 1 = \mathbf{672(개)}$

17 (1) n번째 바둑판에 놓인 돌의 총 개수를 a_n이라 하면 흰 돌이 n^2개, 검은 돌이 $4n$개이므로

$\boldsymbol{a_n = n^2 + 4n}$

(2) 10번째까지 바둑판에 놓인 돌의 총 개수는

$(1^2 + 4 \times 1) + (2^2 + 4 \times 2) + \cdots + (10^2 + 4 \times 10)$

$= \mathbf{605(개)}$

18 1, 2, 3으로 시작되는 다섯 자리의 정수의 총 개수는

$(4 \times 3 \times 2 \times 1) \times 3 = 72(개)$

따라서, 4로 시작되는 다섯 자리의 정수는 작은 수부터 41235, 41253, 41325, $\cdots$이므로 75번째 오는 수는 **41325**이다.

19 세 수를 k로 나누었을 때 몫을 각각 a, b, c, 나머지를 r라 하면

$$3048 = ka + r \qquad \cdots\cdots \text{㉠}$$
$$5988 = kb + r \qquad \cdots\cdots \text{㉡}$$
$$8088 = kc + r \qquad \cdots\cdots \text{㉢}$$

㉡$-$㉠을 하면 $2940 = k(b-a)$ $\qquad \cdots\cdots \text{㉣}$

㉢$-$㉡을 하면 $2100 = k(c-b)$ $\qquad \cdots\cdots \text{㉤}$

㉣, ㉤에 의하여 k는 2940과 2100의 최대공약수이다.

$2940 = 2^2 \times 3 \times 5 \times 7^2$, $2100 = 2^2 \times 3 \times 5^2 \times 7$이므로

2940과 2100의 최대공약수는 $2^2 \times 3 \times 5 \times 7$이다.

따라서, k의 개수, 즉 최대공약수의 약수의 개수는

$$(2+1) \times (1+1) \times (1+1) \times (1+1) = \mathbf{24(개)}$$

20 $x = \dfrac{q}{p}$(단, p, q는 정수, $p \neq 0$)라 하자.

$$\frac{5x-3}{x-3} = \frac{5 \times \dfrac{q}{p} - 3}{\dfrac{q}{p} - 3} = \frac{5q - 3p}{q - 3p}$$

이때, $x = \dfrac{q}{p} \neq 3$이므로 분모는 0이 되지 않는다.

또, $5q - 3p$, $q - 3p$는 정수이므로 $\dfrac{5x-3}{x-3}$ 은 유리수이다.

21 뽑은 수가 (p, q)이면 $(p, q) = \dfrac{p}{q}$라고 하자.

(1) $\dfrac{0}{q}$꼴의 분수는 $(0, 1)$, $(0, 2)$, $(0, 3)$, $(0, 4)$, $(0, 5)$, $(0, 6)$, $(0, 7)$, $(0, 8)$, $(0, 9)$의 9개이고
$1, 2, 3, 4, 5, 6, 7, 8, 9$의 9개의 숫자에서 2개를
뽑아 $\dfrac{q}{p}$꼴의 분수를 만드는 개수는 $9 \times 8 = 72$(개)
따라서, 구하는 개수는 $9 + 72 = \mathbf{81(개)}$

(2) $0 < \dfrac{q}{p} < 1$(단, p, q는 서로소), 즉 $0 < q < p$인 순서쌍 (q, p)를 구한다.
   (i) $(1, 2)$, $(1, 3)$, $(1, 4)$, $(1, 5)$, $(1, 6)$, $(1, 7)$, $(1, 8)$, $(1, 9)$: 8개
   (ii) $(2, 3)$, $(2, 5)$, $(2, 7)$, $(2, 9)$: 4개
   (iii) $(3, 4)$, $(3, 5)$, $(3, 7)$, $(3, 8)$: 4개
   (iv) $(4, 5)$, $(4, 7)$, $(4, 9)$: 3개
   (v) $(5, 6)$, $(5, 7)$, $(5, 8)$, $(5, 9)$: 4개
   (vi) $(6, 7)$: 1개
   (vii) $(7, 8)$, $(7, 9)$: 2개
   (viii) $(8, 9)$: 1개
   따라서, 구하는 개수는
   $8 + 4 + 4 + 3 + 4 + 1 + 2 + 1 = \mathbf{27(개)}$

올림피아드 대비 문제

1 (1) $a^p - a^{p-1}$ (2) 풀이 참조
    (3) $(p^a - p^{a-1})(q^b - q^{b-1})(r^c - r^{c-1})$ **2** 3150개

3 $\dfrac{7}{4}$, $\dfrac{5}{6}$, $\dfrac{4}{7}$ **4** 풀이 참조   **5** 50명

6 풀이 참조

1 (1) a^p을 넘지 않는 자연수의 개수는 a^p개이다. 이 자연수 중에서 서로소가 아닌 것은 a의 배수들이며, a의 배수는 $a \times 1$, $a \times 2$, $a \times 3$, $\cdots$, $a \times a^{p-1}$이므로 a의 배수의 개수는 a^{p-1}개이다.
따라서, $\phi(a^p) = \boldsymbol{a^p - a^{p-1}}$

(2) p, q가 서로소이므로 pq와 서로소인 자연수는 p와 q 어느 것으로도 나누어 떨어지지 않는 수이다. 따라서, pq와 서로소이고 pq를 넘지 않는 자연수는 1에서 pq까지의 자연수에서 p의 배수, q의 배수를 제외한 자연수가 된다. pq 이하의 자연수 중에서 p의 배수는 q개, q의 배수는 p개, pq의 배수는 1개이므로
$\phi(pq) = pq - p - q + 1 = (p-1)(q-1)$
즉, $\phi(pq) = \phi(p)\phi(q)$

(3) $\phi(n) = \phi(p^a q^b r^c)$
$= \phi(p^a)\phi(q^b)\phi(r^c)$
$= \boldsymbol{(p^a - p^{a-1})(q^b - q^{b-1})(r^c - r^{c-1})}$

2 $a_1 \times 10^9 + a_2 \times 10^8 + a_3 \times 10^7 + \cdots + a_{10}$
$= (a_1 \times 999 \cdots 9 + a_2 \times 99 \cdots 9 + \cdots + a_9 \times 9)$
$\quad + (a_1 + a_2 + \cdots + a_{10})$ $\qquad \cdots\cdots \text{㉠}$
따라서, ㉠이 9의 배수가 되려면 $a_1 + a_2 + \cdots + a_{10}$이 9의 배수가 되어야 한다.
3은 정확히 2개이므로 나머지 8개의 숫자는 1 또는 2이다.
1이 x개, 2가 y개 있다면
$x + 2y + 6 = 9k$, $x + y = 8$이므로
$y = 9k - 14$(k는 정수)
그런데, $0 \leq y \leq 8$이므로
$0 \leq 9k - 14 \leq 8$이고 $\dfrac{14}{9} \leq k \leq \dfrac{22}{9}$이다.
따라서, $k = 2$이므로 $x = 4$, $y = 4$이다.
그러므로 a_1, a_2, $\cdots$, a_{10} 중 1인 것이 4개, 2인 것이 4개, 3인 것이 2개이므로 구하는 개수는
$$\frac{10 \times 9 \times 8 \times \cdots \times 2 \times 1}{4 \times 3 \times 2 \times 1 \times 4 \times 3 \times 2 \times 1 \times 2 \times 1} = \mathbf{3150(개)}$$

3 한 자리의 수 a, b에 대하여 분수는 $\dfrac{b}{a}$이고, x는 두 자리의 수라 하면

$\dfrac{b}{a}=\dfrac{10x+b}{100a+x}$, $100ab+bx=10ax+ab$이므로

$99ab=(10a-b)x$

즉, x는 3의 배수이고 $10a-b$는 11의 배수이므로

$a+b=11$, $x=3n$(단, n은 33 이하인 자연수)에서 다음 3개의 해를 얻는다.

(i) $a=4$, $b=7$, $x=84$

(ii) $a=6$, $b=5$, $x=54$

(iii) $a=7$, $b=4$, $x=42$

따라서, 구하는 분수는 $\dfrac{7}{4}=\dfrac{847}{484}$, $\dfrac{5}{6}=\dfrac{545}{654}$, $\dfrac{4}{7}=\dfrac{424}{742}$

4 자연수 a, b, $\cdots$에 대하여 $N=1+a+b+\cdots$일 때,

$1\times a\times b\times\cdots<(1+a)\times b\times\cdots$이므로 1을 다른 수에 더하여 분해할 때 곱이 더 커진다.

따라서, 2 이상의 수로 분해하여야 한다.

또, a가 5 이상의 수라고 하면

$N=a+b+\cdots=2+(a-2)+b+\cdots$이므로

$a\times b\times\cdots<2(a-2)\times b\times\cdots$

따라서, 5 이상의 수를 사용하지 않아야 곱이 더 커진다.

또, 4를 사용하여도 그 결과는 같으므로 결국 2와 3만으로 분해할 때 곱이 최대가 된다.

그런데 2가 3개 이상일 때, $2+2+2=3+3$에서 $2\times2\times2<3\times3$이므로 2를 2개 이하로 사용할 때 곱이 최대가 된다.

따라서, $a\times b\times\cdots$의 최댓값은 n이 자연수일 때

(i) $N=3n$일 때, 최댓값 3^n

(ii) $N=3n+1$일 때, 최댓값 $2^2\times3^{n-1}$

(iii) $N=3n+2$일 때, 최댓값 2×3^n

5 $a_n=6n-5$로 놓으면 $a_1=1$, $a_2=7$, $a_3=13$, $\cdots$, $a_{17}=97$이므로 한 바퀴 돌면서 연필을 나누어 주면 모두 17명이 받게 된다.

또, $97+6=103=100+3$이므로 $b_n=6n-3$으로 놓으면 $b_1=3$, $b_2=9$, $b_3=15$, $\cdots$, $b_{17}=99$에서 두 바퀴째 돌면서 연필을 나누어 주면 모두 17명이 받게 된다.

또, $99+6=105=100+5$이므로 $c_n=6n-1$로 놓으면 $c_1=5$, $c_2=11$, $c_3=17$, $\cdots$, $c_{16}=95$에서 세 바퀴째 돌면서 연필을 나누어 주면 모두 16명이 받게 된다.

그런데 $95+6=101=100+1$이므로 네 바퀴째 돌면서 연필을 나누어 주면 처음 연필을 받았던 사람이 다시 받게 된다.

따라서, 연필을 계속 받게 되는 사람 수는

$17+17+16=50$(명)이므로 연필을 한 자루도 받지 못하는 사람 수는 $100-50=50$(**명**)이다.

6 대소 관계는 a와 b의 특별한 값에 관계없이 성립해야 하므로 예를 들어 $a=2$, $b=3$인 경우에 대하여 생각해 본다.

$\dfrac{b}{a}=\dfrac{3}{2}$, $\dfrac{a}{b}=\dfrac{2}{3}$, $\dfrac{b-1}{a-1}=2$, $\dfrac{a-1}{b-1}=\dfrac{1}{2}$,

$\dfrac{b+1}{a+1}=\dfrac{4}{3}$, $\dfrac{a+1}{b+1}=\dfrac{3}{4}$

따라서, $\dfrac{a-1}{b-1}<\dfrac{a}{b}<\dfrac{a+1}{b+1}<\dfrac{b+1}{a+1}<\dfrac{b}{a}<\dfrac{b-1}{a-1}$

다른 풀이

일반적으로 증명해보면 다음과 같다.($1<a<b$)

(i) $\dfrac{a-1}{b-1}<\dfrac{a}{b}<\dfrac{a+1}{b+1}$의 설명

$\dfrac{a-1}{b-1}-\dfrac{a}{b}=\dfrac{a-b}{b(b-1)}<0$에서 $\dfrac{a-1}{b-1}<\dfrac{a}{b}$

$\dfrac{a}{b}-\dfrac{a+1}{b+1}=\dfrac{a-b}{b(b+1)}<0$에서 $\dfrac{a}{b}<\dfrac{a+1}{b+1}$

(ii) (i)에서 얻은 부등식의 각 항의 역수를 취하면 다음이 성립한다.

$\dfrac{b}{a}<\dfrac{b-1}{a-1}$, $\dfrac{b+1}{a+1}<\dfrac{b}{a}$

(iii) $0<\dfrac{a+1}{b+1}<1$이므로 $\dfrac{b+1}{a+1}>1$에서

$\dfrac{a+1}{b+1}<\dfrac{b+1}{a+1}$

(i), (ii), (iii)으로부터 다음 부등식이 성립한다.

$\dfrac{a-1}{b-1}<\dfrac{a}{b}<\dfrac{a+1}{b+1}<\dfrac{b+1}{a+1}<\dfrac{b}{a}<\dfrac{b-1}{a-1}$

II 문자와 식

P. 40~53

특목고 대비 문제

1 $\dfrac{2x+3y}{10}\%$　　**2** $x=\dfrac{500(b-a)}{b}$

3 $\dfrac{2a}{3(b-a)}$시간　　**4** $x=\dfrac{100y}{100+z}$

5 $\dfrac{2xy}{x+y}$km/시　　**6** $\left(\dfrac{x}{y}+3\right)$km/시

7 $\left(x+\dfrac{9}{4}y\right)$cm　　**8** $x=\dfrac{4}{9}a$　**9** $x=\dfrac{1}{2}(a+b)$

10 $z=\dfrac{xy}{2(y-x)}$　　**11** $\dfrac{x+2y}{180}$km/분

12 $\left(x+\dfrac{1}{5}xy+\dfrac{1}{100}xy^2\right)$대　　**13** $2a=b+c$

14 $(2ab+5a-3b-15)$cm²

15 (1) $(4a+6b-24)$m²　(2) $(2a+2b-20)$m

16 $(6x-8)$m²　　**17** $\dfrac{11}{2}x+28$

18 $a=\dfrac{V}{3(b-6)}+6$　**19** 몫 : $3z+2$, 나머지 : 1

20 (1) 4.4m　(2) 7.2m　**21** $200x+20y+2z+1$

22 $\dfrac{11}{100}x$시간　　**23** $\dfrac{3}{5}x$번　**24** $\left(m+\dfrac{k}{30}\right)$시간

25 $(3a+2b+2ab):(3a+2b+12)$

26 $4x-7y+10$　**27** $\dfrac{4}{7}$　**28** 2　**29** $-\dfrac{4}{5}$

30 e　**31** 8　**32** 2　**33** 2122　**34** 35

35 1　**36** -4　**37** 17　**38** 2　**39** 25

40 $-\dfrac{24}{13}$　**41** 풀이 참조　**42** $x=\dfrac{6}{7}$

43 350원　**44** 3시 $\dfrac{360}{11}$분　**45** 60분 후

---

1 (농도)$=\dfrac{(\text{소금의 양})}{(\text{소금물의 양})}\times100$

$=\dfrac{\dfrac{x}{100}\times200+\dfrac{y}{100}\times300}{200+300+500}\times100$

$=\dfrac{2x+3y}{1000}\times100$

$=\dfrac{2x+3y}{10}(\%)$

---

2 소금물을 증발시켜도 소금의 양은 변하지 않으므로

$\dfrac{a}{100}\times500=\dfrac{b}{100}\times(500-x)$　　……㉠

㉠의 양변에 100을 곱하면

$500a=500b-bx$이므로

$bx=500b-500a$에서 $bx=500(b-a)$

따라서, $x=\dfrac{500(b-a)}{b}$

---

3 자동차가 A지점을 출발한 지 x시간 후 자동차가 자전거를 추월하였다고 하면

(x시간 동안 자전거가 이동한 거리)=(x시간 동안 자동차가 이동한 거리)이므로 $\left(x+\dfrac{40}{60}\right)a=bx$에서

$ax+\dfrac{2}{3}a=bx,\ bx-ax=\dfrac{2}{3}a,\ (b-a)x=\dfrac{2}{3}a$

따라서, $x=\dfrac{\dfrac{2}{3}a}{b-a}=\dfrac{2a}{3(b-a)}$(시간)

---

4 (원가)+(이익)=(정가)이므로 $x+x\times\dfrac{z}{100}=y$에서

$100x+zx=100y,\ x(100+z)=100y$

따라서, $x=\dfrac{100y}{100+z}$

---

5 서울에서 부산까지의 거리를 $s$km라 하면

(갈 때 걸린 시간)$=\dfrac{s}{x}$시, (올 때 걸린 시간)$=\dfrac{s}{y}$시

따라서, (평균 속력)$=\dfrac{(\text{왕복 거리})}{(\text{전체 걸린 시간})}$

$=\dfrac{2s}{\dfrac{s}{x}+\dfrac{s}{y}}=\dfrac{2xys}{(x+y)s}$

$=\dfrac{2xy}{x+y}$(km/시)

---

6 흐르지 않는 물에서는 배의 속력을 $v$km/시라 하면

$v-3=\dfrac{x}{y}$

따라서, $v=\dfrac{x}{y}+3$(km/시)

---

7 5명의 키의 평균이 $x$cm이므로 키의 총합은 $5x$cm이고, 9명의 키의 총합은 $9(x+y)$cm이므로 나머지 4명의 키의 총합은

$9(x+y)-5x=4x+9y$(cm)

따라서, 4명의 키의 평균은

$\dfrac{4x+9y}{4}=x+\dfrac{9}{4}y$(cm)

8 (남학생의 증가 수)=(여학생의 감소 수)이므로

$\dfrac{5}{100}x=\dfrac{4}{100}(a-x)$에서

$5x=4a-4x$, $9x=4a$

따라서, $x=\dfrac{4}{9}a$

9 (두 사람이 이동한 거리의 합)=(트랙의 길이)이므로

$\dfrac{30}{60}a+\dfrac{30}{60}b=x$에서 $\dfrac{30}{60}(a+b)=x$

따라서, $x=\dfrac{1}{2}(a+b)$

10 $\dfrac{1}{x}=\dfrac{1}{y}+\dfrac{1}{2z}$이므로 $\dfrac{1}{2z}=\dfrac{1}{x}-\dfrac{1}{y}$에서

$\dfrac{1}{2z}=\dfrac{y-x}{xy}$, $2z=\dfrac{xy}{y-x}$

따라서, $z=\dfrac{xy}{2(y-x)}$

11 시속 $x$km의 속력으로 40분 동안 달린 거리는

$x\times\dfrac{40}{60}=\dfrac{2}{3}x(\text{km})$

시속 $y$km의 속력으로 80분 동안 달린 거리는

$y\times\dfrac{80}{60}=\dfrac{4}{3}y(\text{km})$

따라서, (평균 속력)$=\dfrac{(\text{이동 거리})}{(\text{전체 걸린 시간})}=\dfrac{\dfrac{2}{3}x+\dfrac{4}{3}y}{40+80}$

$=\dfrac{2x+4y}{360}=\dfrac{x+2y}{180}(\text{km/분})$

12 (i) 오늘 생산량: x대

(ii) 내일 생산량: $x\Big(1+\dfrac{10}{100}y\Big)=x\Big(1+\dfrac{1}{10}y\Big)$

$\qquad\qquad\qquad\qquad\qquad =x+\dfrac{1}{10}xy(\text{대})$

따라서, 모레 생산량은

$\Big(x+\dfrac{1}{10}xy\Big)\Big(1+\dfrac{10}{100}y\Big)$

$=\Big(x+\dfrac{1}{10}xy\Big)\Big(1+\dfrac{1}{10}y\Big)$

$=x+\dfrac{1}{10}xy+\dfrac{1}{10}xy+\dfrac{1}{100}xy^2$

$=x+\dfrac{1}{5}xy+\dfrac{1}{100}xy^2(\text{대})$

13 (i) $b>c$일 때,

(두 점 A, B 사이의 거리)$=b-a$ ······㉠

(두 점 A, C 사이의 거리)$=a-c$ ······㉡

㉠, ㉡이 같아야 하므로

$b-a=a-c$에서 $2a=b+c$

(ii) $b<c$일 때,

(두 점 A, B 사이의 거리)$=a-b$ ······㉢

(두 점 A, C 사이의 거리)$=c-a$ ······㉣

㉢, ㉣이 같아야 하므로

$a-b=c-a$에서 $2a=b+c$

(i), (ii)에 의하여 $2a=b+c$

다른풀이

두 점 B(b), C(c)의 중점이 점 A(a)이므로

$a=\dfrac{b+c}{2}$에서 $2a=b+c$

14 새로 만든 직사각형 EFGH
는 오른쪽 그림과 같다.
따라서,
(넓이의 합)

$=(\square\text{EFGH의 넓이})$

$\quad+(\square\text{ABCD의 넓이})$

$=(a-3)(b+5)+ab$

$=ab+5a-3b-15+ab$

$=2ab+5a-3b-15(\text{cm}^2)$

15 (1) (길의 넓이)=(전체 넓이)−(꽃밭의 넓이)

$=ab-(a-6)(b-4)$

$=ab-(ab-4a-6b+24)$

$=4a+6b-24(\text{m}^2)$

(2) (꽃밭의 둘레의 길이)

$=2\times\{(\text{꽃밭의 가로의 길이})+(\text{꽃밭의 세로의 길이})\}$

$=2\{(a-6)+(b-4)\}$

$=2a+2b-20(\text{m})$

16 (도로의 넓이)$=2x+4x-2\times4$

$=6x-8(\text{m}^2)$

다른풀이

(도로의 넓이)=(전체 넓이)−(땅의 넓이)

$=x^2-(x-4)(x-2)$

$=x^2-(x^2-4x-2x+8)$

$=6x-8(\text{m}^2)$

17 (사각형 EFGH의 넓이)

$=(\text{직사각형 ABCD의 넓이})-\{(\text{삼각형의 AEH의 넓이})$

$\quad+(\text{삼각형 EBF의 넓이})+(\text{삼각형 GFC의 넓이})$

$\quad+(\text{삼각형 HGD의 넓이})\}$

$=13(4+x)$

$\quad-\dfrac{1}{2}\Big\{4\times5+8x+5\times\dfrac{x+4}{3}+8\times\dfrac{2(x+4)}{3}\Big\}$

$$=13(4+x)-\frac{1}{2}\left(20+8x+\frac{5}{3}x+\frac{20}{3}+\frac{16}{3}x+\frac{64}{3}\right)$$
$$=13(4+x)-\frac{1}{2}(15x+48)$$
$$=\frac{11}{2}x+28$$

18 $V=3(a-6)(b-6)$이므로
$$a-6=\frac{V}{3(b-6)}$$
따라서, $\boldsymbol{a=\dfrac{V}{3(b-6)}+6}$

19 $x=9y+4$, $y=5z+3$이므로
$x=9(5z+3)+4$, 즉 $x=45z+31$
따라서, $x=15(3z+2)+1$이므로 x를 15로 나누었을 때
의 **몫은 $3z+2$, 나머지는 1**이다.

20 1시간에 40cm만큼 줄어들므로 t시간 동안에 $0.4t$m만큼
줄어든다.
따라서, 지금부터 t시간 후 물의 높이는
$(6-0.4t)$m $\qquad\qquad$ ······㉠
(1) $t=4$를 ㉠에 대입하면 $6-1.6=\boldsymbol{4.4(\mathrm{m})}$
(2) $t=-3$을 ㉠에 대입하면 $6+1.2=\boldsymbol{7.2(\mathrm{m})}$

21 천의 자리의 숫자가 x, 백의 자리의 숫자가 y, 십의 자리의
숫자가 z, 일의 자리의 숫자가 5인 수는
$1000x+100y+10z+5$이므로
$1000x+100y+10z+5=5(200x+20y+2z+1)$
따라서, 구하는 몫은 $\boldsymbol{200x+20y+2z+1}$이다.

22 길이가 $\dfrac{x}{10}$km인 기차가 길이가 $x$km인 다리를 완전히
통과하는데 이동한 거리는
$$\frac{x}{10}+x=\frac{11}{10}x(\mathrm{km})$$
따라서, 다리를 완전히 통과하는데 걸리는 시간은
$$\frac{\frac{11}{10}x}{10}=\boldsymbol{\frac{11}{100}x}(\text{시간})$$

23 앞바퀴의 둘레의 길이는 90πcm이고 뒷바퀴의 둘레의 길
이는 150πcm이다.
앞바퀴가 x번 회전할 때, 앞바퀴는 $90\pi x$cm만큼 이동하
였으므로 뒷바퀴의 회전 수는
$$90\pi x\div150\pi=\boldsymbol{\frac{3}{5}x}(\text{번})$$

24 A병에서 세균이 증식하여 병을 가득채우는데 걸리는 시간
은 B병의 경우보다 한 마리가 두 마리로, 그 두 마리가 네
마리로 증식하는데 걸리는 시간인 $2k$분만큼 더 걸린다.
따라서, 구하는 시간은
$$m+2k\times\frac{1}{60}=\boldsymbol{m+\frac{k}{30}}(\text{시간})$$

25 A비이커 전체 소금물의 양을 1이라 하면
$(\text{소금의 양})=\dfrac{a}{a+2}$, $(\text{물의 양})=\dfrac{2}{a+2}$
B비이커 전체 소금물의 양을 1이라 하면
$(\text{소금의 양})=\dfrac{b}{b+3}$, $(\text{물의 양})=\dfrac{3}{b+3}$
따라서, (전체 소금의 양) : (전체 물의 양)
$$=\left(\frac{a}{a+2}+\frac{b}{b+3}\right):\left(\frac{2}{a+2}+\frac{3}{b+3}\right)$$
$$=\frac{3a+2b+2ab}{(a+2)(b+3)}:\frac{3a+2b+12}{(a+2)(b+3)}$$
$$=\boldsymbol{(3a+2b+2ab):(3a+2b+12)}$$

26 어떤 식을 A라고 하면
$3x-5y+6+A=2x-3y+2$이므로
$A=2x-3y+2-(3x-5y+6)$
$\quad=-x+2y-4$
따라서, 바르게 계산한 식은
$3x-5y+6-(-x+2y-4)$
$=3x-5y+6+x-2y+4$
$=\boldsymbol{4x-7y+10}$

27 $\dfrac{x+2y}{3}+\dfrac{3x-y}{2}=\dfrac{2(x+2y)+3(3x-y)}{6}$
$$\qquad\qquad\qquad\qquad=\frac{11x+y}{6}$$
따라서, $a=\dfrac{11}{6}$, $b=\dfrac{1}{6}$이므로
$$\frac{a+b}{2a-b}=\frac{\frac{11}{6}+\frac{1}{6}}{\frac{22}{6}-\frac{1}{6}}=\boldsymbol{\frac{4}{7}}$$

28 $\dfrac{1}{a}+\dfrac{1}{b}=4$에서 $\dfrac{a+b}{ab}=4$이므로
$a+b=4ab$
따라서, $\dfrac{a+2ab+b}{3ab}=\dfrac{4ab+2ab}{3ab}$
$$\qquad\qquad\qquad=\frac{6ab}{3ab}=\boldsymbol{2}$$

29 $\dfrac{1}{a}+\dfrac{1}{b}=-\dfrac{1}{3}$ 에서 $\dfrac{a+b}{ab}=-\dfrac{1}{3}$ 이므로

$ab=-3(a+b)$

따라서, $\dfrac{a+3ab+b}{a-3ab+b}=\dfrac{a+b+3\times\{-3(a+b)\}}{a+b-3\times\{-3(a+b)\}}$

$\qquad\qquad\qquad\quad=\dfrac{-8(a+b)}{10(a+b)}$

$\qquad\qquad\qquad\quad=-\dfrac{4}{5}$

30 $M(b,c)=c$ 이므로

$m(a,M(b,c))=m(a,c)=a$

$m(c,d)=c$ 이므로

$M(e,m(c,d))=M(e,c)=e$

따라서, $M(m(a,M(b,c)),M(e,m(c,d)))$

$\qquad\qquad=M(a,e)=\boldsymbol{e}$

31 $x+y+z=0$ 이므로

$x+y=-z,\ y+z=-x,\ z+x=-y$

따라서, $(x+y)(y+z)(z+x)+5$

$\qquad\qquad=(-z)\times(-x)\times(-y)+5$

$\qquad\qquad=-xyz+5$

$\qquad\qquad=-(-3)+5$

$\qquad\qquad=8$

32 $\dfrac{2a}{a+1}+\dfrac{2b}{b+1}=\dfrac{2a(b+1)+2b(a+1)}{(a+1)(b+1)}$

$\qquad\qquad\qquad\quad=\dfrac{2ab+2a+2ab+2b}{ab+a+b+1}$

$\qquad\qquad\qquad\quad=\dfrac{2(a+b)+4}{a+b+2}$ (왜냐하면 $ab=1$)

$\qquad\qquad\qquad\quad=\dfrac{2(a+b+2)}{a+b+2}$

$\qquad\qquad\qquad\quad=2$

33 (주어진 식)$=(a+a+a-2a)+(b+b-2b+b)$

$\qquad\qquad\qquad+(c-2c+c+c)+(-2d+d+d+d)$

$\qquad\qquad\quad=a+b+c+d$

$\qquad\qquad\quad=2+10+110+2000$

$\qquad\qquad\quad=\boldsymbol{2122}$

34 $13=7\times1+6$, 즉 $\langle13\rangle=6$

$-6=7\times(-1)+1$, 즉 $\langle-6\rangle=1$

$12=7\times1+5$, 즉 $\langle12\rangle=5$

따라서, $(\langle13\rangle+\langle-6\rangle)\times\langle12\rangle=(6+1)\times5$

$\qquad\qquad\qquad\qquad\qquad\qquad=\boldsymbol{35}$

35 $x=3,\ y=-1,\ z=2$ 이므로

$[3,-1,2]=\dfrac{2+3}{2\times2-(-1)}=\dfrac{5}{5}=\boldsymbol{1}$

36 $[1,x,2]=x+2x+2=3x+2$

$[4,-3,2]=4\times(-3)+(-3)\times2+2\times4=-10$

따라서, $[1,x,2]=[4,-3,2]$ 에서

$3x+2=-10,\ 3x=-12$ 이므로

$x=\boldsymbol{-4}$

37 $2x=3y$ 이므로 $y=\dfrac{2}{3}x$

따라서, $\dfrac{5x^2+xy}{3x^2-4xy}=\dfrac{5x^2+\dfrac{2}{3}x^2}{3x^2-\dfrac{8}{3}x^2}=\dfrac{\dfrac{17}{3}x^2}{\dfrac{1}{3}x^2}=\boldsymbol{17}$

다른풀이

$2x=3y$ 이므로 $x=\dfrac{3}{2}y$

따라서, $\dfrac{5x^2+xy}{3x^2-4xy}=\dfrac{\dfrac{45}{4}y^2+\dfrac{3}{2}y^2}{\dfrac{27}{4}y^2-6y^2}=\dfrac{\dfrac{51}{4}y^2}{\dfrac{3}{4}y^2}=\boldsymbol{17}$

38 $x+\dfrac{1}{y}=2$ 에서 $x=2-\dfrac{1}{y}=\dfrac{2y-1}{y}$

$y-\dfrac{1}{z}=\dfrac{1}{2}$ 에서

$\dfrac{1}{z}=y-\dfrac{1}{2}=\dfrac{2y-1}{2}$ 이므로 $z=\dfrac{2}{2y-1}$

따라서, $xyz=\dfrac{2y-1}{y}\times y\times\dfrac{2}{2y-1}=\boldsymbol{2}$

39 네 자리 수 2개를 더해서 나올 수 있는 만의 자리의 숫자는

1밖에 없으므로 $G=1$

$G=1,\ M=9,\ S=8$ 을 주어진 식

에 대입하면

$E+L=8$ $\qquad\cdots\cdots$ ㉠

$8+L=10+E$ $\qquad\cdots\cdots$ ㉡

$\qquad\qquad\qquad$ $\begin{array}{r}B\ A\ 8\ E\\ +)\ \underline{B\ A\ L\ L}\\ 1\ A\ 9\ E\ 8\end{array}$

㉠에서 $L=8-E$ 이므로 이것을 ㉡에 대입하여 풀면

$E=3,\ L=5$

또, $2A+1=9$ 에서 $A=4$

$2B=14$ 에서 $B=7$

따라서, $G+A+M+E+S=1+4+9+3+8=\boldsymbol{25}$

40 두 일차방정식의 해를 구하여 비교해 보면

(i) $\dfrac{x-2}{5}-\dfrac{2a-3}{3}=1$ 이므로

$$3(x-2)-5(2a-3)=15, \quad 3x=10a+6$$에서

$$x=\frac{10a+6}{3}$$

(ii) $\dfrac{x+1-2a}{2}=\dfrac{3a+3}{6}$ 이므로

$$3(x+1-2a)=3a+3, \quad 3x=9a$$에서

$$x=3a$$

이때, (i)의 해가 (ii)의 해의 $\dfrac{3}{4}$배이므로

$$\frac{10a+6}{3}=\frac{3}{4}\times 3a$$에서

$$4(10a+6)=27a, \quad 13a=-24$$

따라서, $a=-\dfrac{24}{13}$이다.

---

41 (1) $ax+a=2x+1, \quad (a-2)x=1-a$

　　(i) $a\neq 2$이면 $x=\dfrac{1-a}{a-2}$

　　(ii) $a=2$이면 $0\neq -1$
　　따라서, 해가 없다. (불능)

(2) $ax+b=cx+d, \quad (a-c)x=d-b$

　　(i) $a\neq c$이면 $x=\dfrac{d-b}{a-c}$

　　(ii) $a=c$이면
　　　　$d=b$일 때, 해는 무수히 많다. (부정)
　　　　$d\neq b$일 때, 해가 없다. (불능)

---

42 $(b-a)x=2a-3b$의 해가 하나 존재하므로

$b\neq a$가 되어 $x=\dfrac{2a-3b}{b-a}$

즉, $\dfrac{2a-3b}{b-a}=-\dfrac{3}{2}$이므로

$$2(2a-3b)=-3(b-a), \quad 4a-6b=-3b+3a$$에서

$a=3b$이다.

또, $2ax-3b=a-bx$에서 $(2a+b)x=a+3b$이고

$2a+b\neq 0$이므로

$$x=\frac{a+3b}{2a+b}=\frac{3b+3b}{6b+b}=\frac{6b}{7b}=\frac{6}{7}$$

---

43 원가를 x원이라 하면 정가는 $1.4x$원이 되므로, 할인 판매
가는 $(1.4x-50)$원이고 이익금이 300원이므로
(할인 판매가) $-$ (원가) $=$ (이익금)이다.
즉, $(1.4x-50)-x=300, \quad 0.4x=350$에서
$x=875$이다.
따라서, 원가는 875원이고 정가는 $875\times 1.4=1225$(원)이
므로 그 차액은 $1225-875=350$**(원)**이다.

---

44 시침이 1분 동안에 움직이는
각도는 $(360°\div 12)\div 60=0.5°$
분침이 1분 동안에 움직이는 각
도는 $360°\div 60=6°$
3시를 지나 x분 후에 시침과 분
침이 맨 처음 직각을 이루려면
(분침 각도) $-$ (시침 각도) $=90°$이므로
$6°x-(90°+0.5°x)=90°$에서
$6x-(90+0.5x)=90, \quad 5.5x=180, \quad x=\dfrac{180}{5.5}=\dfrac{360}{11}$

이때, $\dfrac{360}{11}<60$이므로 두 시곗바늘이 맨 처음 직각을

이루게 되는 시각은 **3시 $\dfrac{360}{11}$분**이다.

---

45 전체 일의 양을 1이라고 할 때, 희주는 1시간에 전체 일의

$\dfrac{1}{5}$을, 성웅이는 전체 일의 $\dfrac{1}{2}$을 한다.

희주와 성웅이가 함께 일을 한 시간을 x시간이라 하면

$\dfrac{1}{5}\times\dfrac{3}{2}+\left(\dfrac{1}{5}+\dfrac{1}{2}\right)\times x=1$이므로 $\dfrac{7}{10}x=\dfrac{7}{10}$에서

$x=1$이다.
따라서, **60분 후**에 일을 완성한다.

P. 54~55

1 31	**2** (1) 18개	(2) $(3n-3)$개	(3) 풀이 참조
(4) 풀이 참조	**3** 풀이 참조	**4** 1.7%	

1 ○○○○년 ○○월 ○○일을 숫자만 한 줄로 배열한 수를
x라고 하자. x를 4배하고 124를 더한 다음 4로 나누면
$(4x+124)\div 4=x+31$
$x+31$에서 처음 수를 빼면
$x+31-x=31$
따라서, 결과는 항상 **31**이다.

2 (1) $3\times 7-3=$ **18(개)**

(2) $3\times n-3=$ **$3n-3$(개)**

(3) 한 변의 바둑돌의 개수가 n개$(n\geq 2)$일 때, 바둑돌의
개수는 모두 $3(n-1)$개이므로 바둑돌의 개수는 항상
3의 배수이다.

(4) $3(n-1)$이 9의 배수가 되려면 $n-1$이 3의 배수이어
야 한다. 따라서, n은 3으로 나누면 나머지가 1인 수이
어야 하므로 한 변에 사용한 바둑돌의 개수가 **4, 7, 10,
13, 16, …개**일 때이다.

3 A의 십의 자리의 숫자를 z라 하면
$A=100x+10z+y$, $B=100y+10z+x$
따라서, $|A-B|=|99x-99y|=|99(x-y)|$
$\qquad\qquad\quad =9\times11\times|x-y|$
이때, $|x-y|$는 정수이므로 $|A-B|$는 9의 배수이다.

4 1km=100000cm이므로 타이어가 닳기 전의 상태로
1km를 달릴 때, 바퀴의 회전 수는 $\dfrac{100000}{60\pi}$이다.
또, 300km를 달린 후, 즉 타이어가 양옆으로 0.5cm만큼
닳은 후 1km를 더 달릴 때의 바퀴의 회전 수는 $\dfrac{100000}{(60-1)\pi}$
이다.
이때, 바퀴의 회전 수의 차는
$$\dfrac{100000}{(60-1)\pi}-\dfrac{100000}{60\pi}=\dfrac{6000000-5900000}{59\times60\pi}$$
$$=\dfrac{10000}{354\pi}$$
따라서, 바퀴의 회전 수의 증가율은
$$\dfrac{\dfrac{10000}{354\pi}}{\dfrac{100000}{60\pi}}\times100=\dfrac{100}{59}=1.6949\cdots\fallingdotseq\mathbf{1.7}(\%)$$

시·도 경시 대비 문제

P. 56~59

1 290원 **2** $\dfrac{3}{10}x$km/시 **3** (1) $3\pi r+2r$ (2) $\dfrac{3}{2}\pi r^2$

4 10명 **5** $\dfrac{27}{8}x$원 **6** 5100원 **7** $22x^2$cm^2

8 $(6+4n)$cm^2 **9** $\dfrac{9x+5y}{14}$% **10** 113

11 -3 **12** 1

1 상품 x개의 3할을 팔지 못했으므로 판매한 상품의 개수는
x개의 7할, 즉 $\dfrac{7}{10}x$개이다. 따라서,
(순수 이익금)=(이익금)−(손해액)
$$=500\times\dfrac{7}{10}x-200\times\dfrac{3}{10}x$$
$$=350x-60x=290x(원)$$
따라서, (1개당 이익금)=(순수 이익금)÷(상품 개수)
$$=\dfrac{290x}{x}=\mathbf{290}(원)$$

2 용원이가 따라가기 시작했을 때, 동우는 이미 $4\times\dfrac{x}{10}$km
만큼 앞서 있었고, 용원이는 집에 다시 돌아올 때까지 왕복
4시간이 걸렸으므로 동우를 2시간만에 따라잡은 것이다.

용원이의 자전거 속력을 시속 $y$km라 하면 2시간 동안 동우
가 더 간 거리는 $2\times\dfrac{x}{10}$km이고, 용원이는 $2y$km만큼 갔다.
따라서, $2y=\dfrac{4}{10}x+\dfrac{2}{10}x$이므로
$2y=\dfrac{6}{10}x$에서 $y=\dfrac{3}{10}x$(km/시)

3 (1) $\overline{BB'}=4r$, $\overline{CC'}=2r$이므로
$\qquad \overparen{BB'}=\dfrac{1}{2}\times4\pi r=2\pi r$
$\qquad \overparen{CC'}=\dfrac{1}{2}\times2\pi r=\pi r$
따라서, (색칠한 부분의 둘레의 길이)
$\qquad =\overparen{BB'}+\overline{BC}+\overparen{CC'}+\overline{B'C'}$
$\qquad =2\pi r+r+\pi r+r$
$\qquad =\mathbf{3\pi r+2r}$
(2) (색칠한 부분의 넓이)
$\qquad =$(중간 반원의 넓이)−(가장 작은 반원의 넓이)
$\qquad =\dfrac{1}{2}\times\pi\times(2r)^2-\dfrac{1}{2}\times\pi\times r^2$
$\qquad =2\pi r^2-\dfrac{1}{2}\pi r^2$
$\qquad =\mathbf{\dfrac{3}{2}\pi r^2}$

4 B문제를 푼 학생 수를 x명이라 하면
$\dfrac{10\times35+10\times x}{50}=13$, $350+10x=650$
$10x=300$이므로 $x=30$
따라서, B문제만 푼 학생 수는
$30-20=\mathbf{10}$(명)

5 처음 가지고 있던 돈을 y원이라 하면
$y\times\dfrac{2}{3}\times\dfrac{2}{3}\times\dfrac{2}{3}=x$
따라서, $y=\dfrac{27}{8}x$(원)

6 생산 가격을 m원이라 하면 판매 가격 n은 백 원 미만의
단위가 없으므로
$n=100a$(a는 자연수)
또, $n=\left(1+\dfrac{2}{100}\right)m$이므로
$1.02m=100a$이고 양변에 100을 곱하면
$102m=100^2a$
$2\times3\times17m=100^2a$
즉, $m=2^3\times5^4\times\dfrac{a}{51}$
따라서, m이 자연수이기 위한 최소의 자연수 a는 51이므로
$n=100\times51=\mathbf{5100}$(원)

7 겹친 부분들은 한 변의 길이가 $x$cm인 정사각형이므로
(구하는 넓이)
= (전체 사각형들의 넓이의 합) − (겹친 부분의 넓이의 합)
$= 7 \times (2x)^2 - 6x^2$
$= \mathbf{22x^2 (cm^2)}$

8 한 번 자를 때마다 □AEHD와 합동인 면이 두 개씩 증가하므로 겉넓이의 총합도 □AEHD의 넓이가 두 개씩 증가한다. 처음 정육면체의 겉넓이는 6cm²이므로 $2n$번 잘랐을 때의 겉넓이의 총합은
$6 + 2n \times 2 = \mathbf{6 + 4n (cm^2)}$

9 A 그릇의 소금물 200g 속의 소금의 양은
$200 \times \dfrac{x}{100} = 2x(g)$

B 그릇의 소금물 500g 속의 소금의 양은
$500 \times \dfrac{y}{100} = 5y(g)$

따라서, A 그릇의 소금물 200g을 B 그릇에 넣은 후의 B 그릇의 소금의 양은 $(2x+5y)$g이므로 B 그릇의 소금물 100g 속의 소금의 양은
$100 \times \dfrac{2x+5y}{200+500} = \dfrac{2x+5y}{7}(g)$

따라서, 구하는 A 그릇의 소금물의 농도는
$$\dfrac{100 \times \dfrac{x}{100} + \dfrac{2x+5y}{7}}{100+100} \times 100$$
$$= \dfrac{x + \dfrac{2x+5y}{7}}{2}$$
$$= \mathbf{\dfrac{9x+5y}{14}(\%)}$$

10 $P(a)$, $P(b)$, $P(c)$는 모두 자연수이므로
$P(a) \le P(b) \le P(c)$라 하면 $P(a) \times P(b) \times P(c) = 9$인 경우는 다음과 같다.
(i) $P(a)=1$, $P(b)=1$, $P(c)=9$일 때,
$P(a)=1$, $P(b)=1$을 만족하는 두 자리의 자연수 중 가장 큰 수는 11이므로 $a=b=11$
$P(c)=9$를 만족하는 두 자리의 자연수 중 가장 큰 수는 91이므로 $c=91$
따라서, $a+b+c = 11+11+91 = 113$
(ii) $P(a)=1$, $P(b)=3$, $P(c)=3$일 때,
$P(b)=P(c)=3$을 만족하는 두 자리의 자연수 중 가장 큰 수는 31이므로 $b=c=31$
따라서, $a+b+c = 11+31+31 = 73$
(i), (ii)에서 구하는 $a+b+c$의 최댓값은 **113**이다.

11 $a\left(\dfrac{1}{b} + \dfrac{1}{c}\right) + b\left(\dfrac{1}{c} + \dfrac{1}{a}\right) + c\left(\dfrac{1}{a} + \dfrac{1}{b}\right)$
$= \dfrac{a}{b} + \dfrac{a}{c} + \dfrac{b}{c} + \dfrac{b}{a} + \dfrac{c}{a} + \dfrac{c}{b}$
$= \dfrac{b}{a} + \dfrac{c}{a} + 1 + \dfrac{a}{b} + \dfrac{c}{b} + 1 + \dfrac{a}{c} + \dfrac{b}{c} + 1 - 3$
$= \dfrac{a+b+c}{a} + \dfrac{a+b+c}{b} + \dfrac{a+b+c}{c} - 3$
$= \mathbf{-3}$ (왜냐하면 $a+b+c=0$)

12 $\dfrac{x}{xy+x+2} + \dfrac{y}{yz+y+1} + \dfrac{2z}{zx+2z+2}$
$= \dfrac{x}{xy+x+2} + \dfrac{xy}{xyz+xy+x} + \dfrac{2xyz}{xyzx+2xyz+2xy}$
$= \dfrac{x}{xy+x+2} + \dfrac{xy}{xy+x+2} + \dfrac{4}{2x+4+2xy}$
$= \dfrac{x}{xy+x+2} + \dfrac{xy}{xy+x+2} + \dfrac{2}{xy+x+2}$
$= \dfrac{xy+x+2}{xy+x+2}$
$= \mathbf{1}$

P. 60~61

올림피아드 대비 문제

1 15자리의 수   **2** $\dfrac{10}{n(n+10)}$, $\dfrac{2}{15}$

3 풀이 참조   **4** $2(n-m)(m+n)$

1 $x=5437682$, $y=34567254$라 하면
$5.4 \times 10^6 < x < 5.5 \times 10^6$, $3.4 \times 10^7 < y < 3.5 \times 10^7$
따라서,
$(5.4 \times 10^6) \times (3.4 \times 10^7) < xy < (5.5 \times 10^6) \times (3.5 \times 10^7)$
이므로
$18.36 \times 10^{13} < xy < 19.25 \times 10^{13}$에서
$1.836 \times 10^{14} < xy < 1.925 \times 10^{14}$
그러므로 S는 **15자리의 수**이다.

2 (주어진 식) $= \left(\dfrac{1}{n} - \dfrac{1}{n+1}\right) + \left(\dfrac{1}{n+1} - \dfrac{1}{n+3}\right)$
$\quad\quad + \left(\dfrac{1}{n+3} - \dfrac{1}{n+6}\right) + \left(\dfrac{1}{n+6} - \dfrac{1}{n+10}\right)$
$= \dfrac{1}{n} - \dfrac{1}{n+10}$
$= \dfrac{n+10-n}{n(n+10)}$
$= \mathbf{\dfrac{10}{n(n+10)}}$

따라서, $n=5$일 때, 식의 값은

$$\frac{10}{5\times15}=\frac{2}{15}$$

3 n을 정수라 하면

(ⅰ) $n\le x<n+\dfrac{1}{2}$일 때,

$n+\dfrac{1}{2}\le x+\dfrac{1}{2}<n+1$, $\left[x+\dfrac{1}{2}\right]=n$이므로

$[x]+\left[x+\dfrac{1}{2}\right]=n+n=2n$ ······㉠

$2n\le 2x<2n+1$

즉, $[2x]=2n$ ······㉡

㉠, ㉡에서 $[x]+\left[x+\dfrac{1}{2}\right]=[2x]$

(ⅱ) $n+\dfrac{1}{2}\le x<n+1$일 때,

$n+1\le x+\dfrac{1}{2}<n+\dfrac{3}{2}$, $\left[x+\dfrac{1}{2}\right]=n+1$이므로

$[x]+\left[x+\dfrac{1}{2}\right]=n+(n+1)=2n+1$ ······㉢

$2n+1\le 2x<2n+2$

즉, $[2x]=2n+1$ ······㉣

㉢, ㉣에서 $[x]+\left[x+\dfrac{1}{2}\right]=[2x]$

(ⅰ), (ⅱ)에서 $[x]+\left[x+\dfrac{1}{2}\right]=[2x]$

4 분모가 8이고 자연수 m, n 사이에 있는 기약분수는

$m+\dfrac{1}{8}, m+\dfrac{3}{8}, m+\dfrac{5}{8}, m+\dfrac{7}{8}, (m+1)+\dfrac{1}{8},$

$(m+1)+\dfrac{3}{8}, \cdots, (m+2)+\dfrac{1}{8}, \cdots, n-\dfrac{7}{8}, n-\dfrac{5}{8},$

$n-\dfrac{3}{8}, n-\dfrac{1}{8}$과 같이 나타낼 수 있으므로 이 분수들의 총

합을 S라 하면 S는 다음 두 가지로 나타낼 수 있다.

$S=\left(m+\dfrac{1}{8}\right)+\left(m+\dfrac{3}{8}\right)+\cdots+\left(n-\dfrac{3}{8}\right)+\left(n-\dfrac{1}{8}\right)$

······㉠

$S=\left(n-\dfrac{1}{8}\right)+\left(n-\dfrac{3}{8}\right)+\cdots+\left(m+\dfrac{3}{8}\right)+\left(m+\dfrac{1}{8}\right)$

······㉡

㉠, ㉡의 각 변을 더하면

$2S=(m+n)+(m+n)+\cdots+(m+n)+(m+n)$

이때, 기약분수가 자연수 m과 n 사이에 있으므로

$(m+n)$의 개수는 4개씩 $(n-m)$개가 곱하여진 개수와

같다.

즉, $2S=4(n-m)(m+n)$

따라서, $S=2(n-m)(m+n)$

Ⅲ 함 수

P. 66~81

특목고 대비 문제

1 -1 **2** 2005 **3** 17 **4** $\dfrac{5}{6}$

5 $f(x)=\dfrac{1}{5}(x^2-6x+3)$ **6** $x=\pm2$

7 12026 **8** 126 **9** $f(x)=\dfrac{x}{3}+3$ **10** 78

11 7 또는 11 **12** -13 **13** 14 **14** 7

15 10032 **16** $\dfrac{22}{5}$ **17** 13 **18** -8

19 (1) $(-11, -1)$ (2) $(1, 1)$ **20** 56 **21** 23개

22 (1) $A'(11, 7)$, $B'(13, -2)$, $C'(8, 1)$ (2) $\dfrac{39}{2}$

23 $A_{83}(9, 5)$ **24** $D(4, -1)$ **25** 8초 후

26 3 **27** $\dfrac{8}{9}$ **28** $E\left(10, \dfrac{15}{4}\right)$ **29** ④

30 $\dfrac{9}{4}$ **31** $4<x<14$ **32** $\dfrac{4}{5}$ **33** 14

34 $P(2)$, 최솟값 : 8 **35** $2, -1, \dfrac{3}{8}$ **36** $y=x-2$

37 2 **38** $a=4, b=\dfrac{8}{3}$ **39** $-\dfrac{8}{7}$

40 $y=36x^2$, $C(10, 8)$ **41** $\dfrac{25}{4}\pi$

42 $y=x-9$ **43** $y=-x+10$

44 $-1<m<3$ **45** 58개 **46** $F\left(\dfrac{21}{2}, \dfrac{2}{3}\right)$

1 $f(x)\circ f(y)=f(x+y+2xy)$이므로

$(2x+1)\circ(2y+1)=2(x+y+2xy)+1$

$\qquad\qquad\qquad =2x+2y+4xy+1$

$\qquad\qquad\qquad =(2x+1)(2y+1)$

이때, $2x+1=X$, $2y+1=Y$라 하면 $X\circ Y=XY$

따라서, $1\circ(-1)=1\times(-1)=\boldsymbol{-1}$

다른 풀이

$f(x)=1$인 x의 값은 $2x+1=1$, $2x=0$에서 $x=0$

$f(y)=-1$인 y의 값은 $2y+1=-1$, $2y=-2$에서 $y=-1$

따라서, $1\circ(-1)=f(0)\circ f(-1)=f(0+(-1)+2\times0\times(-1))$

$\qquad\qquad =f(-1)=2\times(-1)+1=\boldsymbol{-1}$

2 $f(2)=f(1+1)=f(1)\times f(1)=1\times1=1$

$f(3)=f(2+1)=f(2)\times f(1)=1\times1=1$

$f(4)=f(5)=\cdots=1$

따라서, $\dfrac{f(2)}{f(1)}+\dfrac{f(3)}{f(2)}+\dfrac{f(4)}{f(3)}+\cdots+\dfrac{f(2006)}{f(2005)}$

$=\underbrace{\dfrac{1}{1}+\dfrac{1}{1}+\dfrac{1}{1}+\cdots+\dfrac{1}{1}}_{2005\text{개}}$

$=1\times2005$

$=\mathbf{2005}$

3 $f(a)\times f(b)=3f(a+b)+f(a-b)$ $\qquad\cdots\cdots\bigcirc$

$\bigcirc$에 $a=1$, $b=0$을 대입하면

$f(1)\times f(0)=3f(1)+f(1)$이고

$f(1)=5$이므로 $5f(0)=15+5$

즉, $5f(0)=20$에서 $f(0)=4$

$\bigcirc$에 $a=1$, $b=1$을 대입하면

$f(1)\times f(1)=3f(2)+f(0)$이고

$f(1)=5$, $f(0)=4$이므로 $5\times5=3f(2)+4$

$3f(2)=21$에서 $f(2)=7$

$\bigcirc$에 $a=2$, $b=1$을 대입하면

$f(2)\times f(1)=3f(3)+f(1)$이고

$f(1)=5$, $f(2)=7$이므로 $7\times5=3f(3)+5$

$3f(3)=30$에서 $f(3)=10$

따라서, $f(3)+f(2)=10+7=\mathbf{17}$

4 $f(x+3)=\dfrac{f(x)-1}{f(x)+1}$ $\qquad\cdots\cdots\bigcirc$

$\bigcirc$에 $x=11$을 대입하면 $f(11)=11$이므로

$f(14)=\dfrac{f(11)-1}{f(11)+1}=\dfrac{10}{12}=\dfrac{5}{6}$

$\bigcirc$에 $x=14$를 대입하면

$f(17)=\dfrac{f(14)-1}{f(14)+1}=\dfrac{\dfrac{5}{6}-1}{\dfrac{5}{6}+1}=-\dfrac{1}{11}$

$\bigcirc$에 $x=17$을 대입하면

$f(20)=\dfrac{f(17)-1}{f(17)+1}=\dfrac{-\dfrac{1}{11}-1}{-\dfrac{1}{11}+1}=-\dfrac{6}{5}$

$\bigcirc$에 $x=20$을 대입하면

$f(23)=\dfrac{f(20)-1}{f(20)+1}=\dfrac{-\dfrac{6}{5}-1}{-\dfrac{6}{5}+1}=11$

따라서, 다음과 같은 규칙이 있음을 알 수 있다.

$f(11)=f(23)=f(35)=\cdots=f(12k-1)=11$

$f(14)=f(26)=f(38)=\cdots=f(12k+2)=\dfrac{5}{6}$

$f(17)=f(29)=f(41)=\cdots=f(12k+5)=-\dfrac{1}{11}$

$f(20)=f(32)=f(44)=\cdots=f(12k+8)=-\dfrac{6}{5}$

따라서, $f(2006)=f(12\times167+2)=\dfrac{\mathbf{5}}{\mathbf{6}}$

5 $2f(x)+3f(1-x)=x^2$ $\qquad\cdots\cdots\bigcirc$

$\bigcirc$의 x 대신 $1-x$를 대입하면

$2f(1-x)+3f(x)=(1-x)^2$ $\qquad\cdots\cdots\bigcirc\!\!\bigcirc$

$\bigcirc\times2-\bigcirc\!\!\bigcirc\times3$을 하면

$-5f(x)=2x^2-3(1-x)^2$

$-5f(x)=-x^2+6x-3$

따라서, $f(x)=\dfrac{\mathbf{1}}{\mathbf{5}}(\boldsymbol{x^2-6x+3})$

6 $f(x)+4f\!\left(\dfrac{1}{x}\right)=15x$ $\qquad\cdots\cdots\bigcirc$

$\bigcirc$의 x 대신 $\dfrac{1}{x}$을 대입하면

$f\!\left(\dfrac{1}{x}\right)+4f(x)=\dfrac{15}{x}$ $\qquad\cdots\cdots\bigcirc\!\!\bigcirc$

$\bigcirc-\bigcirc\!\!\bigcirc\times4$를 하면

$-15f(x)=15x-\dfrac{60}{x}$이므로

$f(x)=-x+\dfrac{4}{x}$

따라서, $f(x)=f(-x)$에 대입하면

$-x+\dfrac{4}{x}=x-\dfrac{4}{x}$, $2x=\dfrac{8}{x}$

$x^2=4$

따라서, $\boldsymbol{x=\pm2}$

7 0에서 999까지의 수를 000, 001, 002, $\cdots$, 999와 같이 세 자리의 수로 나타내면 3개의 숫자로 이루어진 수는 1000개이므로 모두 $1000\times3=3000$(개)의 숫자가 사용되었다. 이 중 0, 1, 2, $\cdots$, 9는 각각 $3000\div10=300$(개) 사용되었다.

따라서, $E(1)+E(2)+E(3)+\cdots+E(999)$

$\qquad=(2+4+6+8)\times300=6000$

또, 1000부터 1999까지 천의 자리의 숫자 1은 홀수이므로

$E(1000)+E(1001)+E(1002)+\cdots+E(1999)$

$=E(1)+E(2)+E(3)+\cdots+E(999)=6000$

$E(2000)+E(2001)+E(2002)+\cdots+E(2006)$

$=2\times7+(2+4+6)=26$

따라서, $E(1)+E(2)+E(3)+\cdots+E(2006)$

$\qquad=6000+6000+26$

$\qquad=\mathbf{12026}$

8 $f_1(x) = \dfrac{x}{1+x}$

$f_2(x) = f_1(f_1(x)) = \dfrac{\frac{x}{1+x}}{1+\frac{x}{1+x}} = \dfrac{x}{1+2x}$

$f_3(x) = f_1(f_2(x)) = \dfrac{\frac{x}{1+2x}}{1+\frac{x}{1+2x}} = \dfrac{x}{1+3x}$

$\cdots$

즉, $f_n(x) = \dfrac{x}{1+nx}$

따라서, $f_n\left(\dfrac{2}{3}\right) = \dfrac{2}{255}$이므로 $\dfrac{\frac{2}{3}}{1+\frac{2}{3}n} = \dfrac{2}{255}$에서

$\dfrac{2}{3+2n} = \dfrac{2}{255}$, $3+2n = 255$, $2n = 252$

따라서, $n = \mathbf{126}$

9 $f(x) \cdot f(y) - 3f(xy) = x+y$에 $y=0$을 대입하면

$f(x) \cdot f(0) - 3f(0) = x$

따라서, $f(x) \cdot f(0) = x + 3f(0)$

그런데 $f(0) \neq 0$이므로 $f(x) = \dfrac{x}{f(0)} + 3$

이때, $f(0) = 3$이므로 $f(x) = \dfrac{x}{3} + 3$

10 $m(f(x), 5) = 5$이고 $f(x)$는 0 이상의 정수이므로

$f(x) = 0, 1, 2, 3, 4, 5$

$f(x)$는 자연수 x 이하의 소수의 개수이므로

$f(1) = 0$, $f(2) = 1$, $f(3) = 2$, $f(4) = 2$, $\cdots$, $f(8) = 4$,

$f(9) = 4$, $f(10) = 4$, $f(11) = 5$, $f(12) = 5$, $f(13) = 6$,

$\cdots$

따라서, x의 값은 $1, 2, 3, \cdots, 12$이므로 x의 값들의 합은

$1+2+3+\cdots+12 = \mathbf{78}$

11 $f(a) + f(b) + f(c) = 16$을 만족하는 경우는 $f(a)$, $f(b)$, $f(c)$가 모두 소수이므로 다음 두 가지의 경우가 있다.

(i) $f(a) = 2$, $f(b) = 7$, $f(c) = 7$일 때,

   $a = 2^\square$, $b = 2^\square 3^\square 5^\square 7^\square$, $c = 2^\square 3^\square 5^\square 7^\square$

   따라서, $abc = 2^\square 3^\square 5^\square 7^\square$이므로

   $f(abc) = 7$

(ii) $f(a) = 2$, $f(b) = 3$, $f(c) = 11$일 때,

   $a = 2^\square$, $b = 2^\square 3^\square$, $c = 2^\square 3^\square 5^\square 7^\square 11^\square$

   따라서, $abc = 2^\square 3^\square 5^\square 7^\square 11^\square$이므로

   $f(abc) = 11$

(i), (ii)에 의하여 $f(abc) = \mathbf{7}$ 또는 $f(abc) = \mathbf{11}$

12 $f(a)f(b) = f(a+b) + f(a-b)$ $\quad \cdots\cdots$ ㉠

㉠에 $a=1$, $b=0$을 대입하면

$f(1)f(0) = f(1) + f(1)$이고

$f(1) = 3$이므로

$3f(0) = 6$에서 $f(0) = 2$

㉠에 $a=1$, $b=1$을 대입하면

$f(1)f(1) = f(2) + f(0)$이고

$f(1) = 3$, $f(0) = 2$이므로

$3 \times 3 = f(2) + 2$에서 $f(2) = 7$

따라서, $4f(0) - 3f(2) = 4 \times 2 - 3 \times 7 = \mathbf{-13}$

13 $f(3) = f(10) = f(17) = \cdots$
$= f(3 + 7 \times 7) = f(52)$
$= 3 \times 52 - 100$
$= 56$

$f(35) = f(42) = f(49) = f(56)$
$= 3 \times 56 - 100 = 68$

$f(70) = 3 \times 70 - 100 = 110$

따라서, $f(3) + f(35) - f(70) = 56 + 68 - 110$
$= \mathbf{14}$

14 $f(x) = \left[\dfrac{10^n}{x}\right] = 2006$이므로 $2006 \leq \dfrac{10^n}{x} < 2007$에서

$\dfrac{1}{2007} < \dfrac{x}{10^n} \leq \dfrac{1}{2006}$이고

$\dfrac{1}{2007} \times 10^n < x \leq \dfrac{1}{2006} \times 10^n$

즉, $0.0004982\cdots \times 10^n < x \leq 0.0004985\cdots \times 10^n$

$n = 7$일 때, $4982.\cdots < x \leq 4985.\cdots$이므로

$x = 4985$

따라서, x가 정수가 되기 위한 최소의 자연수 n의 값은 **7**이다.

15 $f(3^1) = f(3) = 3 - 10 \times \left[\dfrac{3}{10}\right] = 3$

$f(3^2) = f(9) = 9 - 10 \times \left[\dfrac{9}{10}\right] = 9$

$f(3^3) = f(27) = 27 - 10 \times \left[\dfrac{27}{10}\right] = 27 - 10 \times 2 = 7$

$\cdots$

따라서, $f(x)$는 x의 일의 자리의 숫자이므로

$f(3) = 3$, $f(3^2) = 9$, $f(3^3) = 7$, $f(3^4) = 1$,

$f(3^5) = 3$, $f(3^6) = 9$, $f(3^7) = 7$, $f(3^8) = 1$, $\cdots$

그런데 $2006 = 4 \times 501 + 2$이므로

$f(3^1) + f(3^2) + f(3^3) + \cdots + f(3^{2006})$

$= 501 \times (3+9+7+1) + 3 + 9$

$= 10020 + 12$

$= \mathbf{10032}$

16 (나)에서 $f(2x)=[2x]=8$이므로

$$8\le 2x<9,\ 4\le x<\frac{9}{2} \qquad\cdots\cdots\ \bigcirc$$

즉, $32\le 8x<36$이므로

$[8x]=32,\ 33,\ 34,\ 35$

(가)에서 $f(8x)=[8x]=\dfrac{154}{x}$이므로

(i) $[8x]=32$일 때, $\dfrac{154}{x}=32$에서

$x=\dfrac{154}{32}=\dfrac{77}{16}=4.81\cdots$이므로

$\bigcirc$을 만족하지 않는다.

(ii) $[8x]=33$일 때, $\dfrac{154}{x}=33$에서

$x=\dfrac{154}{33}=\dfrac{14}{3}=4.66\cdots$이므로

$\bigcirc$을 만족하지 않는다.

(iii) $[8x]=34$일 때, $\dfrac{154}{x}=34$에서

$x=\dfrac{154}{34}=\dfrac{77}{17}=4.52\cdots$이므로

$\bigcirc$을 만족하지 않는다.

(iv) $[8x]=35$일 때, $\dfrac{154}{x}=35$에서

$x=\dfrac{154}{35}=\dfrac{22}{5}=4.4$이므로

$\bigcirc$을 만족한다.

(i)~(iv)에 의하여 $x=\dfrac{22}{5}$

17 2의 약수는 1, 2이므로 $f(2)=2$

5의 약수는 1, 5이므로 $f(5)=2$

9의 약수는 1, 3, 9이므로 $f(9)=3$

12의 약수는 1, 2, 3, 4, 6, 12이므로 $f(12)=6$

따라서, $f(2)+f(5)+f(9)+f(12)=\mathbf{13}$

18 $y=ax$에 $x=4,\ y=-8$을 대입하면

$-8=a\times 4$이므로 $a=-2$

$y=-\dfrac{2}{x}$에 $x=-3,\ y=b$를 대입하면

$b=-\dfrac{2}{-3}$이므로 $b=\dfrac{2}{3}$

따라서 $2a-6b=2\times(-2)-6\times\dfrac{2}{3}=\mathbf{-8}$

19 (1) 점 $(6,2)$를 x축의 양의 방향으로 5만큼, y축의 음의 방향으로 3만큼 평행이동한 점은 $(11,-1)$이다.

또, 점 $(11,-1)$을 y축에 대하여 대칭이동한 점은 $(-11,-1)$이다. 즉, 구하는 점의 좌표는 $\mathbf{(-11,\ -1)}$이다.

(2) 점 $(6,2)$를 y축에 대하여 대칭이동한 점은 $(-6,2)$이고, 점 $(-6,2)$를 x축의 양의 방향으로 5만큼, y축의 음의 방향으로 3만큼 평행이동한 점은 $(-1,-1)$이다.

또, 점 $(-1,-1)$을 원점에 대하여 대칭이동한 점은 $(1,1)$이다. 즉, 구하는 점의 좌표는 $\mathbf{(1,\ 1)}$이다.

20 두 점 $P(-3a+1,\ 1-2b),\ Q(6a-10,\ 5b-27)$이 y축에 대하여 서로 대칭이므로

$-3a+1=-(6a-10)$에서 $a=3$

$1-2b=5b-27$에서 $b=4$

따라서, 점 $P,\ Q$의 좌표는

$P(-8,-7),\ Q(8,-7)$

이므로 오른쪽 그림과 같다.

따라서, $(\triangle OPQ$의 넓이$)$

$=\dfrac{1}{2}\times 16\times 7=\mathbf{56}$

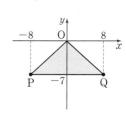

21 점 C는 점 $A(0,3)$을 x축에 대하여 대칭이동한 점이므로 $C(0,-3)$이다.

점 D는 점 $B(-4,0)$을 y축에 대하여 대칭이동한 점이므로 $D(4,0)$이다.

따라서, 그림을 그려 보면 다음 그림과 같다.

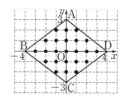

그러므로 x좌표와 y좌표가 모두 정수인 점은

$7+2\times5+2\times3=\mathbf{23(개)}$이다.

22 (1) 직선 l은 점 $(3,0)$을 지나고 y축에 평행하므로 직선 l을 나타내는 직선의 방정식은 $x=3$이다.

점 $A(-5,7)$을 직선 $x=3$에 대하여 대칭이동시킨 점을 A'이라 하면 $\mathbf{A'(11,\ 7)}$이다.

점 $B(-7,-2)$를 직선 $x=3$에 대하여 대칭이동시킨 점을 B'이라 하면 $\mathbf{B'(13,\ -2)}$이다.

점 $C(-2,1)$을 직선 $x=3$에 대하여 대칭이동시킨 점을 C'이라 하면 $\mathbf{C'(8,\ 1)}$이다.

(2) $\triangle A'B'C'$은 $\triangle ABC$를 직선 l에 대하여 대칭이동시킨 것과 같으므로

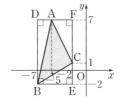

$(\triangle A'B'C'$의 넓이$)$
$=(\triangle ABC$의 넓이$)$
$=($직사각형 $DBEF$의 넓이$)$
$\quad -\{(\triangle DBA$의 넓이$)$
$\qquad +(\triangle ACF$의 넓이$)$
$\qquad +(\triangle CBE$의 넓이$)\}$
$=5\times 9-\left(\dfrac{1}{2}\times 2\times 9+\dfrac{1}{2}\times 3\times 6+\dfrac{1}{2}\times 5\times 3\right)$
$=\dfrac{39}{2}$

23 $A_1(1,1)$
$A_2(2,1)$, $A_3(1,2)$
$A_4(3,1)$, $A_5(2,2)$, $A_6(1,3)$
$A_7(4,1)$, $A_8(3,2)$, $A_9(2,3)$, $A_{10}(1,4)$
x좌표와 y좌표의 합을 구해 보면
(i) 2일 때, 점의 개수 : 1개
(ii) 3일 때, 점의 개수 : 2개
(iii) 4일 때, 점의 개수 : 3개
(iv) 5일 때, 점의 개수 : 4개
$83=(1+2+3+\cdots+12)+5=78+5$이므로
x좌표와 y좌표의 합이 14이면서 아래에서 왼쪽 대각선으로 5번째 올라간 점의 좌표가 A_{83}의 좌표이다.
따라서, $A_{79}(13,1)$, $A_{80}(12,2)$, $A_{81}(11,3)$,
$A_{82}(10,4)$이므로 $A_{83}(9,5)$이다.

24 평행사변형의 두 대각선의 교점은 서로 다른 것을 이등분하므로 점 D의 좌표를 $D(a,b)$라 하자.
$\overline{AC}$의 중점은 $\left(\dfrac{-3+1}{2}, \dfrac{2-8}{2}\right)$, 즉 $(-1,-3)$이고,
$\overline{BD}$의 중점은 $\left(\dfrac{-6+a}{2}, \dfrac{-5+b}{2}\right)$이다.
$\overline{AC}$의 중점과 $\overline{BD}$의 중점이 일치하므로
$\dfrac{-6+a}{2}=-1$, $\dfrac{-5+b}{2}=-3$에서
$a=4$, $b=-1$
따라서, 점 D의 좌표는 $D(4,-1)$이다.

25 점 P는 왼쪽으로 매초 2.5cm의 속력으로 움직이므로 t초 후에 움직인 거리는 $2.5t$cm가 된다.
점 Q는 오른쪽으로 매초 2cm의 속력으로 움직이므로 t초 후에 움직인 거리는 $2t$cm가 된다.
즉, $(\overline{PQ}$의 거리$)=($점 P가 움직인 거리$)+4$
$\qquad\qquad\qquad +($점 Q가 움직인 거리$)$
$\qquad\qquad =2.5t+4+2t$
$\qquad\qquad =(4.5t+4)($cm$)$
$\overline{PQ}=40$cm일 때는 $40=4.5t+4$이므로

$4.5t=36$에서 $t=8$
따라서, 두 점 P, Q가 떨어진 거리가 40cm일 때는 출발한 지 **8초 후**이다.

26 점 B는 일차방정식 $x-y=0$의 그래프 위에 있으므로 점 B의 좌표를 $B(t,t)$로 놓을 수 있다.

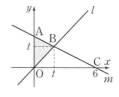

$\triangle BOC$의 넓이가 6이므로
$\dfrac{1}{2}\times 6\times t=6$에서 $t=2$
따라서, $B(2,2)$이고, 두 점 A, C를 지나는 직선 m은 두 점 $B(2,2)$, $C(6,0)$을 지나므로 직선의 방정식을 $y=ax+b$라 하면
$2=2a+b$ $\qquad\qquad\cdots\cdots\ \bigcirc$
$0=6a+b$ $\qquad\qquad\cdots\cdots\ \bigcirc$
$\bigcirc$에서 $b=-6a$이므로 이것을 $\bigcirc$에 대입하여 풀면
$a=-\dfrac{1}{2}$, $b=3$
따라서, 직선 m의 방정식은 $y=-\dfrac{1}{2}x+3$이고,
점 A는 직선 m의 y절편이므로 $A(0,3)$이다.
따라서, $(\triangle AOB$의 넓이$)=\dfrac{1}{2}\times 3\times 2=\mathbf{3}$

27 직선 $y=kx$가 $\triangle OAB$의 넓이를 이등분하려면 $y=kx$는 두 점 A, B의 중점을 지나면 된다.

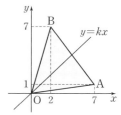

두 점 A, B의 중점은
$\left(\dfrac{7+2}{2}, \dfrac{1+7}{2}\right)$, 즉 $\left(\dfrac{9}{2}, 4\right)$
$y=kx$에 점 $\left(\dfrac{9}{2}, 4\right)$를 대입하면
$4=\dfrac{9}{2}k$에서 $k=\dfrac{8}{9}$

28 점 E는 변 CD 위의 점이므로 $E(10,k)$라 하면
$(\triangle EOC$의 넓이$)$
$=\dfrac{1}{2}\times($사다리꼴 AOCD의 넓이$)$이므로

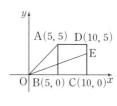

$\dfrac{1}{2}\times 10\times k=\dfrac{1}{2}\times\left\{\dfrac{1}{2}\times(10+5)\times 5\right\}$
$5k=\dfrac{75}{4}$에서 $k=\dfrac{15}{4}$
따라서, 점 E의 좌표는 $E\left(10, \dfrac{15}{4}\right)$이다.

29 점 P가 $\overline{BC}$ 위에 있을 때, $\triangle APD$의 넓이는 변하지 않고, 세로의 길이가 가로의 길이의 2.5배이므로 그래프로 나타낸 것은 ④이다.

30

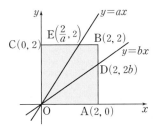

(정사각형 OABC의 넓이)$=2\times2=4$

$y=ax$가 $\overline{BC}$와 만나는 점을 E라 하면 점 E의 좌표는 $E\left(\dfrac{2}{a},\,2\right)$이고, $y=bx$가 $\overline{AB}$와 만나는 점을 D라 하면 점 D의 좌표는 $D(2,\,2b)$로 나타낼 수 있다.

이때, $(\triangle COE의\ 넓이)=\dfrac{1}{3}\times(\square OABC의\ 넓이)$이므로

$\dfrac{1}{2}\times2\times\dfrac{2}{a}=\dfrac{1}{3}\times4$, $\dfrac{2}{a}=\dfrac{4}{3}$에서 $a=\dfrac{3}{2}$

또, $(\triangle DOA의\ 넓이)=\dfrac{1}{3}\times(\square OABC의\ 넓이)$이므로

$\dfrac{1}{2}\times2\times2b=\dfrac{1}{3}\times4$, $2b=\dfrac{4}{3}$에서 $b=\dfrac{2}{3}$

따라서, $\dfrac{a}{b}=\dfrac{3}{2}\div\dfrac{2}{3}=\dfrac{9}{4}$

31

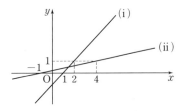

위의 그림에서 $y=3$일 때 x의 값은 직선 $y=ax+b$가 두 점 $(1,\,0)$, $(2,\,1)$을 지날 때의 값과 두 점 $(-1,\,0)$, $(4,\,1)$을 지날 때의 값 사이의 범위에 있다.

(i) $y=ax+b$의 그래프가 두 점 $(1,\,0)$, $(2,\,1)$을 지날 때,

$0=a+b$, $1=2a+b$에서

$a=1$, $b=-1$

즉, $y=x-1$이므로 $y=3$일 때 $x=4$

(ii) $y=ax+b$의 그래프가 두 점 $(-1,\,0)$, $(4,\,1)$을 지날 때,

$0=-a+b$, $1=4a+b$에서

$a=\dfrac{1}{5}$, $b=\dfrac{1}{5}$

즉, $y=\dfrac{1}{5}x+\dfrac{1}{5}$이므로 $y=3$일 때 $x=14$

(i), (ii)에서 구하는 x의 값의 범위는

$4<x<14$

32 $(\square ABCD의\ 넓이)=\overline{AB}\times\overline{BC}=5\times2=10$

$(\square AEFD의\ 넓이):(\square EBCF의\ 넓이)=1.5:1=3:2$

이므로

$(\square EBCF의\ 넓이)=(\square ABCD의\ 넓이)\times\dfrac{2}{5}$

$\qquad\qquad\qquad\quad=10\times\dfrac{2}{5}=4$

그런데 점 E의 좌표는 $(4,\,4a)$, 점 F의 좌표는 $(6,\,6a)$이므로

$(\square EBCF의\ 넓이)=\dfrac{1}{2}\times(\overline{BE}+\overline{CF})\times\overline{BC}$

$\qquad\qquad\qquad\quad=\dfrac{1}{2}\times\{(4a-2)+(6a-2)\}\times2$

$\qquad\qquad\qquad\quad=10a-4$

따라서, $10a-4=4$이므로 $10a=8$에서 $a=\dfrac{4}{5}$

33 $y=f(x)$가 일차함수이므로 $y=ax+b$로 놓을 수 있다.

(i) $a>0$일 때, $f(3)=1$, $f(7)=13$을 만족하므로

$\quad f(3)=3a+b=1$ $\qquad\qquad\cdots\cdots\ \bigcirc$

$\quad f(7)=7a+b=13$ $\qquad\qquad\cdots\cdots\ \bigcirc\!\!\!\!\bigcirc$

$\bigcirc$에서 $b=-3a+1$이므로 $\bigcirc\!\!\!\!\bigcirc$에 대입하여 풀면

$\quad a=3$, $b=-8$

따라서, $y=3x-8$이므로 y절편은 -8이다.

(ii) $a<0$일 때, $f(3)=13$, $f(7)=1$을 만족하므로

$\quad f(3)=3a+b=13$ $\qquad\qquad\cdots\cdots\ \bigcirc\!\!\!\!\!\!\!\!\sqsubset$

$\quad f(7)=7a+b=1$ $\qquad\qquad\cdots\cdots\ \textcircled{\tiny 2}$

$\bigcirc\!\!\!\!\!\!\!\!\sqsubset$에서 $b=-3a+13$이므로 $\textcircled{\tiny 2}$에 대입하여 풀면

$\quad a=-3$, $b=22$

따라서, $y=-3x+22$이므로 y절편은 22이다.

(i), (ii)에 의하여 y절편의 합은 $-8+22=14$

34 점 P의 좌표를 x라 하면

$\overline{AP}+\overline{BP}+\overline{CP}=|x+5|+|x-2|+|x-3|$ $\cdots\cdots\bigcirc$

$y=|x+5|+|x-2|+|x-3|$의 그래프를 그리면 오른쪽 그림과 같다.

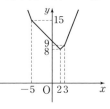

따라서, $\overline{AP}+\overline{BP}+\overline{CP}$가 최소가 되는 점 P의 좌표는 $P(2)$이고, $\bigcirc$에 $x=2$를 대입하면 $|2+5|+|2-2|+|2-3|=8$

> **참고**
>
> 함수 $y=|x+5|+|x-2|+|x-3|$에 대하여
>
> ① $x<-5$일 때 $y=-(x+5)-(x-2)-(x-3)=-3x$
>
> ② $-5\le x<2$일 때 $y=x+5-(x-2)-(x-3)=-x+10$
>
> ③ $2\le x<3$일 때 $y=x+5+x-2-(x-3)=x+6$
>
> ④ $x>3$일 때 $y=x+5+x-2+x-3=3x$
>
> 이므로 이 함수의 그래프는 위와 같음을 알 수 있다.

35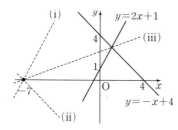

직선 $y=k(x+7)$은 항상 점 $(-7, 0)$을 지난다. 삼각형
이 만들어지지 않는 경우는 다음 세 가지가 있다.

(i) 직선 $y=k(x+7)$이 직선 $y=2x+1$과 평행한 경우 :
$k=2$

(ii) 직선 $y=k(x+7)$이 직선 $y=-x+4$와 평행한 경우 :
$k=-1$

(iii) 직선 $y=k(x+7)$이 두 직선 $y=2x+1$과 $y=-x+4$
의 교점 $(1, 3)$을 지나는 경우 :
$y=k(x+7)$에 $x=1$, $y=3$을 대입하면
$3=k(1+7)$에서 $k=\dfrac{3}{8}$

(i), (ii), (iii)에 의하여 세 직선이 삼각형을 이루지 않는 상수
k의 값은 $k=\mathbf{2}, \mathbf{-1}, \dfrac{\mathbf{3}}{\mathbf{8}}$

36 평행사변형 ABCD의 넓이를 이등분하는 직선은 평행사
변형의 두 대각선의 교점을 지난다.
$\overline{AC}$의 중점, 즉 $\overline{BD}$의 중점이 두 대각선의 교점이므로
$\left(\dfrac{2+6}{2}, \dfrac{4+0}{2}\right)=(4, 2)$가 된다.

따라서, 구하는 직선의 방정식을 $y=ax+b$라 하면
두 점 $(2, 0), (4, 2)$를 지나므로
$0=2a+b$ ......㉠
$2=4a+b$ ......㉡
㉠에서 $b=-2a$이므로 ㉡에 대입하여 풀면
$a=1$, $b=-2$
즉, 직선의 방정식은 $\boldsymbol{y=x-2}$이다.

> **참고**
>
> 오른쪽 그림과 같은 평행사변형
> ABCD의 두 대각선의 교점
> O를 지나는 직선 MN은
> □ABCD의 넓이를 이등분한
> 다. 왜냐하면,
> △OMD와 △ONB에서
> ODM=OBN(엇각),
> $\overline{OD}=\overline{OB}$, ∠MOD=∠NOB(맞꼭지각)이므로
> △OMD≡△ONB(ASA합동)이다. 따라서,
> □ABNM=□ABOM+△ONB
> =□ABOM+△OMD
> =△ABD=$\dfrac{1}{2}$□ABCD

37 두 직선 $y=\dfrac{2}{3}x+2$, $y=-2x+4$의 교점, 즉 점 A의
좌표를 구하면
$\dfrac{2}{3}x+2=-2x+4$
$\dfrac{8}{3}x=2$에서 $x=\dfrac{3}{4}$
$x=\dfrac{3}{4}$을 $y=-2x+4$에 대입하면
$y=-2\times\dfrac{3}{4}+4=\dfrac{5}{2}$
따라서, 점 A의 좌표는 $A\left(\dfrac{3}{4}, \dfrac{5}{2}\right)$이다.

점 B는 직선 $y=\dfrac{2}{3}x+2$의 x절편이므로 $B(-3, 0)$이고,
점 C는 직선 $y=-2x+4$의 x절편이므로 $C(2, 0)$이다.
구하는 직선은 점 A를 지나고 $\overline{BC}$의 중점
$\left(\dfrac{-3+2}{2}, \dfrac{0+0}{2}\right)=\left(-\dfrac{1}{2}, 0\right)$을 지난다.

즉, 직선 $y=ax+b$는 두 점 $A\left(\dfrac{3}{4}, \dfrac{5}{2}\right), \left(-\dfrac{1}{2}, 0\right)$을 지나
므로
$\dfrac{5}{2}=\dfrac{3}{4}a+b$ ......㉠
$0=-\dfrac{1}{2}a+b$ ......㉡
㉡에서 $b=\dfrac{1}{2}a$이므로 ㉠에 대입하여 풀면
$a=2$, $b=1$
따라서, $ab=2\times1=\mathbf{2}$

38 점 Q의 좌표는 $(6, 6a)$, 점 P의 좌표는 $(6, 6b)$라고 놓으면
(△OPQ의 넓이)$=\dfrac{1}{2}\times\overline{PQ}\times6=24$이므로
$3(6a-6b)=24$, $18a-18b=24$에서
$3a-3b=4$ ......㉠
이때, $a:b=3:2$이므로
$3b=2a$에서
$b=\dfrac{2}{3}a$ ......㉡
㉡을 ㉠에 대입하여 풀면
$\boldsymbol{a=4}$, $\boldsymbol{b=\dfrac{8}{3}}$

39 두 직사각형의 넓이를 이등분하는 직선은 각 직사각형의
대각선의 교점, 즉 $(-4, 6), (3, -2)$를 지난다.
따라서, 구하는 직선의 기울기는
$\dfrac{-2-6}{3-(-4)}=-\dfrac{8}{7}$

40

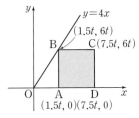

점 A는 x축 위를 원점에서 양의 방향으로 매초 1.5의 속력으로 움직이므로 t초 후의 점 A의 좌표는 $A(1.5t, 0)$이다.

또, 점 B는 직선 $y=4x$ 위에 있으므로 점 B의 좌표는 $B(1.5t, 6t)$이다.

따라서, 정사각형 ABCD의 한 변의 길이는 $6t$이므로 두 점 C, D의 좌표는 $C(7.5t, 6t)$, $D(7.5t, 0)$이다.

즉, $y=6t \times 6t=36t^2$

따라서, x초 후의 정사각형 ABCD의 넓이는 $36x^2$이므로

$$y=36x^2$$

점 A의 x좌표가 2일 때, $1.5t=2$에서 $t=\dfrac{4}{3}$이므로

점 C의 좌표는 $C(10, 8)$이다.

41 $\overline{OA}$와 $\overline{OB}$의 기울기의 곱은

$\dfrac{3}{4} \times \left(-\dfrac{4}{3}\right)=-1$이므로

$\overline{OA}$와 $\overline{OB}$가 이루는 각의 크기는 $90°$이다.

따라서, (부채꼴 OAB의 넓이)

$$=\pi \times 5^2 \times \dfrac{90°}{360°}=\dfrac{25}{4}\pi$$

42 t초 후의 점 P의 좌표는 $P(1+2t, 0)$이고, 점 Q의 좌표는 $Q(0, -5-t)$이다.

$\overline{OP}=\overline{OQ}$이므로 $|1+2t|=|-5-t|$

그런데 $t>0$이므로 $1+2t=5+t$에서 $t=4$

따라서, $\overline{OP}=\overline{OQ}$가 되는 두 점 P, Q의 좌표는 $P(9, 0)$, $Q(0, -9)$이다.

즉, 두 점 P, Q를 지나는 일차함수의 식은

$y=\dfrac{-9-0}{0-9}x-9$

따라서, $y=x-9$

43 점 C의 좌표를 $C(b, 0)$이라 하면

$\overline{AB}:\overline{BC}=2:5$이므로

점 B의 좌표는

$B\left(\dfrac{2b+5\times3}{2+5}, \dfrac{2\times0+5\times7}{2+5}\right)$

$=\left(\dfrac{2b+15}{7}, 5\right)$

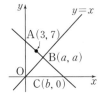

그런데 점 B는 직선 $y=x$ 위의 점이므로

$\dfrac{2b+15}{7}=5$

$2b+15=35$에서 $b=10$이므로 점 C의 좌표는 $C(10, 0)$이다.

따라서, 두 점 $A(3, 7)$, $C(10, 0)$을 지나는 직선의 방정식을 $y=px+q$라 하면

$3p+q=7$ ······㉠

$10p+q=0$ ······㉡

㉡에서 $q=-10p$이므로 ㉠에 대입하여 풀면

$p=-1$, $q=10$

따라서, 직선 AC의 방정식은 $y=-x+10$이다.

44 직선의 y절편은 1이고, 기울기는 m이므로 직선의 방정식은 $y=mx+1$이다.

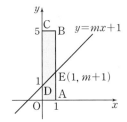

따라서, 점 E의 좌표는 $E(1, m+1)$이다.

□BCDE의 넓이가

□EDOA의 넓이보다 크려면

(□EDOA의 넓이)$<\dfrac{1}{2}\times$(□OABC의 넓이)이어야 하므로

$\dfrac{1}{2}\times\{1+(m+1)\}\times1<\dfrac{1}{2}\times1\times5$에서 $m<3$

또한, □EDOA가 사각형이어야 하므로

$-1<m<3$

45 x의 값에 대하여 y의 값의 개수는 다음과 같다.

(ⅰ) $x=1$일 때, $y=1, 2, 3, 4, 5, \cdots, 11$ (11개)

(ⅱ) $x=2$일 때, $y=1, 2, 3, 4, 5$ (5개)

(ⅲ) $x=3$일 때, $y=1, 2, 3$ (3개)

(ⅳ) $x=4, 5$일 때, $y=1, 2$ (2개)

(ⅴ) $x=6, \cdots, 11$일 때, $y=1$ (1개)

함수 $y=\dfrac{12}{x}$의 그래프는 제1, 3사분면 위에 존재하므로 구하는 개수는

$2\times(11+5+3+2\times2+1\times6)=58$(개)

46 $B(a, 0)$, $C(b, 0)$이라 하면

$A\left(a, \dfrac{7}{a}\right)$, $D\left(b, \dfrac{7}{a}\right)$이다.

점 E는 $\overline{BD}$의 중점이므로

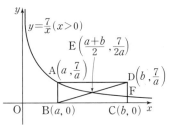

$E\left(\dfrac{a+b}{2}, \dfrac{7}{2a}\right)$이고, 점 E는 함수 $y=\dfrac{7}{x}$의 그래프 위의

점이므로 $\dfrac{7}{2a}=\dfrac{14}{a+b}$, $a+b=4a$에서

$b=3a$

즉, $E\left(2a, \dfrac{7}{2a}\right)$이고, 점 E의 x좌표가 7이므로

$2a=7$, 즉 $a=\dfrac{7}{2}$

점 F의 x좌표는 b이므로 $b=3a=3\times\dfrac{7}{2}=\dfrac{21}{2}$

점 F는 함수 $y=\dfrac{7}{x}$의 그래프 위의 점이므로

$y=7\div\dfrac{21}{2}=\dfrac{2}{3}$

따라서, 구하는 점 F의 좌표는 $\mathbf{F}\left(\dfrac{21}{2}, \dfrac{2}{3}\right)$이다.

특목고 구술·면접 대비 문제

P. 82~83

1 최댓값 : 72, 최솟값 : 2	**2** $P_{58}(-5, 3)$ **3** 15
4 $\dfrac{1}{4}$	**5** $a_{50}(13, -12)$ **6** 풀이 참조

1 주사위를 던졌을 때 서로 마주 보는 두 눈의 합은 7이므로
주사위를 n번 던졌을 때 $x+y=7n$이 성립한다.
즉, $x+12=7n$ ……㉠
주사위를 1번 던졌을 때, $(1, 6)$, $(2, 5)$, $(3, 4)$, $(4, 3)$,
$(5, 2)$, $(6, 1)$이 나온다.
㉠에서 x가 최소가 되는 경우는 $(1, 6)$이 2번 나오는 경우
이므로 x의 최솟값은 2이다.
또, ㉠에서 x가 최대가 되는 경우는 $(6, 1)$이 12번 나오는
경우이므로 x의 최댓값은 72이다.
따라서, x의 **최댓값**은 **72**, **최솟값**은 **2**가 된다.

2 $P_1(3, -5)$

$\xrightarrow{\text{$x$축에 대하여 대칭}}$ $P_2(3, 5)$

$\xrightarrow{\text{직선 $y=x$에 대하여 대칭}}$ $P_3(5, 3)$

$\xrightarrow{\text{$y$축에 대하여 대칭}}$ $P_4(-5, 3)$

$\xrightarrow{\text{$x$축에 대하여 대칭}}$ $P_5(-5, -3)$

$\xrightarrow{\text{직선 $y=x$에 대하여 대칭}}$ $P_6(-3, -5)$

$\xrightarrow{\text{$y$축에 대하여 대칭}}$ $P_7(3, -5)$

$\xrightarrow{\text{$x$축에 대하여 대칭}}$ $P_8(3, 5)$

$\vdots$

$P_1=P_7=\cdots=P_{6n+1}(3, -5)$
$P_2=P_8=\cdots=P_{6n+2}(3, 5)$
$P_3=P_9=\cdots=P_{6n+3}(5, 3)$
$P_4=P_{10}=\cdots=P_{6n+4}(-5, 3)$
$P_5=P_{11}=\cdots=P_{6n+5}(-5, -3)$
$P_6=P_{12}=\cdots=P_{6n+6}(-3, -5)$
따라서, $P_{58}=P_{6\times9+4}=P_4$이므로 점 P_{58}의 좌표는
$\mathbf{P_{58}(-5, 3)}$이다.

3

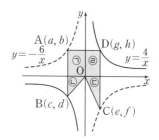

점 A의 좌표를 $A(a, b)$라 하면 $b=-\dfrac{6}{a}$을 만족한다.

즉, $ab=-6$이므로 $|ab|=6$에서

(㉠의 넓이)$=|ab|=6$

점 B의 좌표를 $B(c, d)$라 하면 $d=\dfrac{4}{c}$를 만족한다.

즉, $cd=4$이므로 $|cd|=4$에서

(㉡의 넓이)$=\dfrac{1}{2}\times|cd|=2$

점 C의 좌표를 $C(e, f)$라 하면 $f=-\dfrac{6}{e}$을 만족한다.

즉, $ef=-6$이므로 $|ef|=6$에서

(㉢의 넓이)$=\dfrac{1}{2}\times|ef|=3$

점 D의 좌표를 $D(g, h)$라 하면 $h=\dfrac{4}{g}$를 만족한다.

즉, $gh=4$이므로 $|gh|=4$에서

(㉣의 넓이)$=|gh|=4$
따라서,
(색칠한 부분의 넓이)
$=$(㉠의 넓이)$+$(㉡의 넓이)$+$(㉢의 넓이)$+$(㉣의 넓이)
$=6+2+3+4=\mathbf{15}$

4 $f(t)=\dfrac{t}{1-t}$에 $t=\dfrac{x}{1-x}$를 대입하면

$f\left(\dfrac{x}{1-x}\right)=\dfrac{\dfrac{x}{1-x}}{1-\dfrac{x}{1-x}}=\dfrac{x}{1-2x}$

이때, $f\left(\dfrac{x}{1-x}\right)=\dfrac{1}{2}$이므로 $\dfrac{x}{1-2x}=\dfrac{1}{2}$

$2x=1-2x$, $4x=1$

따라서, $x=\dfrac{1}{4}$

5 (i) 제1사분면 위의 점은

$a_3(1,\ 1),\ a_7(2,\ 2),\ a_{11}(3,\ 3),\ a_{15}(4,\ 4),\ \cdots$

즉, $a_{4n-1}(n,\ n)$의 꼴이다.

(ii) 제2사분면 위의 점은

$a_4(-1,1),\ a_8(-2,2),\ a_{12}(-3,3),\ \cdots$

즉, $a_{4n}(-n,\ n)$의 꼴이다.

(iii) 제3사분면 위의 점은

$a_5(-1,-1),\ a_9(-2,-2),\ a_{13}(-3,-3),\ \cdots$

즉, $a_{4n+1}(-n,\ -n)$의 꼴이다.

(iv) 제4사분면 위의 점은

$a_6(2,-1),\ a_{10}(3,-2),\ a_{14}(4,-3),\ \cdots$

즉, $a_{4n+2}(n+1,\ -n)$의 꼴이다.

따라서, $a_{50}=a_{4\times12+2}$이므로 a_{50}의 점의 좌표는

$a_{50}(12+1,\ -12)$, 즉 $\boldsymbol{a_{50}(13,\ -12)}$이다.

6 (1) $|f(x)-f(y)|=|x-y|$에 $y=0$을 대입하면

$|f(x)-f(0)|=|x-0|$이고

$f(0)=0$이므로 $|f(x)|=|x|$

(2) $|f(x)|=|x|$의 양변을 제곱하면

$\{f(x)\}^2=x^2$ $\qquad\cdots\cdots\ \text{㉠}$

$|f(y)|=|y|$의 양변을 제곱하면

$\{f(y)\}^2=y^2$ $\qquad\cdots\cdots\ \text{㉡}$

$|f(x)-f(y)|=|x-y|$의 양변을 제곱하면

$\{f(x)-f(y)\}^2=(x-y)^2$에서

$\{f(x)\}^2-2f(x)f(y)+\{f(y)\}^2$

$=x^2-2xy+y^2$ $\qquad\cdots\cdots\ \text{㉢}$

㉢에 ㉠, ㉡을 대입하면

$x^2-2f(x)f(y)+y^2=x^2-2xy+y^2$이므로

$f(x)f(y)=xy$

(3) $f(x)f(y)=xy$ $\qquad\cdots\cdots\ \text{㉣}$

㉣에 $y=1$을 대입하면 $f(x)f(1)=x$ $\qquad\cdots\cdots\ \text{㉤}$

㉣에 $x=1$을 대입하면 $f(1)f(y)=y$ $\qquad\cdots\cdots\ \text{㉥}$

㉤의 x 대신 $x+y$를 대입하면

$f(x+y)f(1)=x+y$ $\qquad\cdots\cdots\ \text{㉦}$

㉦에 ㉤, ㉥을 대입하면

$f(x+y)f(1)=f(x)f(1)+f(1)f(y)$

$f(x+y)f(1)=\{f(x)+f(y)\}f(1)$

$|f(x)|=|x|$에서 $f(1)=\pm1\neq0$이므로

$f(x+y)=f(x)+f(y)$

시·도 경시 대비 문제

---

1 (1) 1995　(2) 존재하지 않는다.

2 $\dfrac{1}{8}\le k<\dfrac{1}{7}$　　**3** $y=2x+\dfrac{9}{2}$　**4** $\dfrac{1537}{2044}$

5 $f(x)=c$(c는 유리수)　**6** 3　**7** 풀이 참조

8 13　**9** $\begin{cases} y=3x+12\ (0\le x<4) \\ y=32-2x\ (4\le x<16) \end{cases}$　　**10** 2

11 8　**12** 60

---

1 $f_2(x)=(f\circ f)(x)=f(f(x))$

$=f\!\left(\dfrac{x-3}{x+1}\right)=f\!\left(1-\dfrac{4}{x+1}\right)$

$=1-\dfrac{4}{1-\dfrac{4}{x+1}+1}=1-\dfrac{4(x+1)}{(x+1)-4+(x+1)}$

$=1-\dfrac{4(x+1)}{2(x+1)-4}=1-\dfrac{2(x+1)}{x-1}$

$=\dfrac{(x-1)-2(x+1)}{x-1}=\dfrac{-x-3}{x-1}$

$=-1-\dfrac{4}{x-1}$

$f_3(x)=(f\circ f_2)(x)=f(f_2(x))$

$=f\!\left(-1-\dfrac{4}{x-1}\right)=1-\dfrac{4}{-1-\dfrac{4}{x-1}+1}$

$=1-\dfrac{4(x-1)}{-(x-1)-4+(x-1)}=1-\dfrac{4(x-1)}{-4}$

$=1+(x-1)$

$=x$

따라서, $f_{3k}(x)=x$(단, k는 자연수)

(1) $f_{1995}(1995)=f_{3\times665}(1995)=\boldsymbol{1995}$

(2) $f_{1998}(f_{1999}(f_{2000}(1)))=f_{3\times666}(f_{1999}(f_{2000}(1)))$

$\qquad\qquad=f_{1999}(f_{2000}(1))$

$\qquad\qquad=f_{3\times666+1}(f_{3\times666+2}(1))$

$\qquad\qquad=f(f_2(1))$ $\qquad\cdots\cdots\ \text{㉠}$

그런데 $f_2(x)=-1-\dfrac{4}{x-1}$에서 $x=1$일 때 함숫값

은 존재하지 않으므로 ㉠의 함숫값은 **존재하지 않는다.**

2 $x-[x]-kx=0$, 즉 $x-[x]=kx$의 해가 7개 존재한다.

$f(x)=x-[x]$, $g(x)=kx$라 놓으면 $f(x)=g(x)$의 교점

이 7개이다.

(i) $0\le x<1$일 때, $f(x)=x-[x]=x-0=x$

(ii) $1\le x<2$일 때, $f(x)=x-[x]=x-1$

(iii) $2\le x<3$일 때, $f(x)=x-[x]=x-2$

$\qquad\qquad\qquad\cdots$

따라서, $y=f(x)$의 그래프를 그려보면 다음 그림과 같다.

28 정답 및 해설

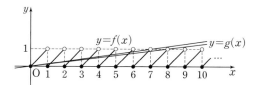

위의 그림에서 $y=f(x)$의 그래프와 $y=g(x)$의 그래프가 7개의 교점을 갖기 위해서는 점 $(7, 1)$과 점 $(8, 1)$을 각각 지나는 두 직선 사이에 존재해야 한다.

따라서, $\dfrac{1}{8} \leq k < \dfrac{1}{7}$

3

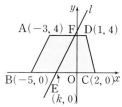

직선 l의 방정식을 $y=ax+b$라 하고, 점 E의 좌표를 $\mathrm{E}(k, 0)$이라 하자.

(평행사변형 ABEF의 넓이)

$=\dfrac{1}{2} \times$ (사다리꼴 ABCD의 넓이)이므로

$(k+5) \times 4 = \dfrac{1}{2} \times \left\{ \dfrac{1}{2} \times (4+7) \times 4 \right\}$

$4(k+5) = \dfrac{1}{2} \times \left(\dfrac{1}{2} \times 11 \times 4 \right)$

$k+5 = \dfrac{11}{4}$에서 $k = -\dfrac{9}{4}$

즉, 점 E의 좌표는 $\mathrm{E}\left(-\dfrac{9}{4}, 0\right)$이다.

직선 AB의 기울기는 $\dfrac{0-4}{-5-(-3)} = 2$이므로 직선 l의 기울기도 2가 된다.

직선 l의 방정식을 $y=2x+b$라 하면 직선 l은 점 $\mathrm{E}\left(-\dfrac{9}{4}, 0\right)$을 지나므로

$0 = -\dfrac{9}{2} + b$에서 $b = \dfrac{9}{2}$

따라서, 구하는 직선 l의 방정식은 $\boldsymbol{y=2x+\dfrac{9}{2}}$

4 $f\left(\dfrac{x}{3}\right) = \dfrac{1}{2} f(x)$에서 x 대신 $3x$를 대입하면

$f(x) = \dfrac{1}{2} f(3x)$에서

$f(3x) = 2f(x)$ ······㉠

$f\left(\dfrac{1}{9841}\right) = t$라고 할 때, ㉠의 식을 반복해 보면

$f\left(\dfrac{6561}{9841}\right) = 2f\left(\dfrac{2187}{9841}\right) = 2^2 f\left(\dfrac{729}{9841}\right) = \cdots$

$\qquad\qquad = 2^8 f\left(\dfrac{1}{9841}\right)$

$\qquad\qquad = 2^8 t$

$\qquad\qquad = 256t$

$f(x) + f(1-x) = 1$에서 $f(1-x) = 1-f(x)$이므로

$f\left(\dfrac{3280}{9841}\right) = 1 - f\left(\dfrac{6561}{9841}\right) = 1 - 256t$에서

$f\left(\dfrac{9840}{9841}\right) = f\left(3 \times \dfrac{3280}{9841}\right)$

$\qquad\qquad = 2f\left(\dfrac{3280}{9841}\right)$

$\qquad\qquad = 2(1 - 256t)$

$\qquad\qquad = 2 - 512t$

$f\left(\dfrac{1}{9841}\right) + f\left(\dfrac{9840}{9841}\right) = 1$이므로

$t + (2 - 512t) = 1$, $2 - 511t = 1$에서 $t = \dfrac{1}{511}$

따라서,

$f\left(\dfrac{2}{3} + \dfrac{2}{9} + \dfrac{1}{9841}\right)$

$= f\left(\dfrac{78737}{88569}\right) = 1 - f\left(\dfrac{9832}{88569}\right)$

$= 1 - f\left(\dfrac{9832}{9 \times 9841}\right) = 1 - \dfrac{1}{4} f\left(\dfrac{9832}{9841}\right)$

$= 1 - \dfrac{1}{4} \left\{ 1 - f\left(\dfrac{9}{9841}\right) \right\} = \dfrac{3}{4} + \dfrac{1}{4} f\left(\dfrac{9}{9841}\right)$

$= \dfrac{3}{4} + \dfrac{1}{4} f\left(3^2 \times \dfrac{1}{9841}\right) = \dfrac{3}{4} + \dfrac{1}{4} \left\{ 2^2 \times f\left(\dfrac{1}{9841}\right) \right\}$

$= \dfrac{3}{4} + f\left(\dfrac{1}{9841}\right) = \dfrac{3}{4} + \dfrac{1}{511}$

$= \dfrac{\boldsymbol{1537}}{\boldsymbol{2044}}$

5 $f\left(\dfrac{x+y}{3}\right) = \dfrac{f(x)+f(y)}{2}$ ······㉠

㉠에 x 대신 $3x$, y 대신 $3x$를 대입하면

$f\left(\dfrac{3x+3x}{3}\right) = \dfrac{f(3x)+f(3x)}{2}$이므로

$f(2x) = f(3x)$ ······㉡

㉠에 x 대신 $2x$, y 대신 x를 대입하면

$f\left(\dfrac{2x+x}{3}\right) = \dfrac{f(2x)+f(x)}{2}$

$f(x) = \dfrac{f(2x)+f(x)}{2}$이므로

$f(x) = f(2x)$ ······㉢

㉠에 x 대신 $4x$, y 대신 $2x$를 대입하면

$$f\left(\frac{4x+2x}{3}\right)=\frac{f(4x)+f(2x)}{2}$$

$$f(2x)=\frac{f(4x)+f(2x)}{2}$$ 이므로

$$f(2x)=f(4x) \qquad\qquad \cdots\cdots ㉣$$

㉠에 x 대신 $4x$, y 대신 $-x$를 대입하면

$$f\left(\frac{4x-x}{3}\right)=\frac{f(4x)+f(-x)}{2}$$ 이므로

$$f(x)=\frac{f(4x)+f(-x)}{2}$$

이때, ㉢, ㉣에 의하여 $f(4x)=f(x)$이므로

$$f(x)=f(-x) \qquad\qquad \cdots\cdots ㉤$$

㉡, ㉢, ㉣, ㉤에 의하여

$$f(x)=f(-x)=f(2x)=f(3x)=f(4x)$$

가 성립한다.

$$2f(ax)=2f\left(\frac{ax}{3}\right)$$

$$=2f\left(\frac{(a-1)x+x}{3}\right)$$

$$=f((a-1)x)+f(x)$$

(단, a는 $a\neq0,\ 1$인 유리수) $\quad\cdots\cdots ㉥$

$$2f((a-1)x)=2f\left(\frac{ax-x}{3}\right)$$

$$=f(ax)+f(-x)$$

그런데 $f(x)=f(-x)$이므로

$$2f((a-1)x)=f(ax)+f(x) \qquad \cdots\cdots ㉦$$

㉥$\times2+$㉦을 하면

$$4f(ax)=f(ax)+3f(x),\ 3f(ax)=3f(x)$$

$$f(ax)=f(x)$$

따라서, $\boldsymbol{f(x)=c}$($\boldsymbol{c}$는 유리수)

---

6 $f(x_1)=600,\ f(x_2)=\dfrac{600}{6}=100,$

$f(x_3)=100+1=101,\ f(x_4)=101+1=102,$

$f(x_5)=\dfrac{102}{6}=17,\ f(x_6)=17+1=18,$

$f(x_7)=\dfrac{18}{6}=3,\ f(x_8)=3+1=4,$

$f(x_9)=4+1=5,\ f(x_{10})=5+1=6,$

$f(x_{11})=\dfrac{6}{6}=1,\ f(x_{12})=1+1=2,\ f(x_{13})=2+1=3,$

$f(x_{14})=3+1=4,\ f(x_{15})=4+1=5,\ f(x_{16})=5+1=6,$

$f(x_{17})=\dfrac{6}{6}=1,\ \cdots$

따라서, $f(x_{6n+11})=1,\ f(x_{6n+12})=2,\ f(x_{6n+13})=3,$

$f(x_{6n+14})=4,\ f(x_{6n+15})=5,\ f(x_{6n+16})=6$이므로

$$f(x_{67})=f(x_{6\times9+13})=f(x_{13})=\boldsymbol{3}$$

---

7 $n+f(1)+f(2)+\cdots+f(n-1)$

$$=n+1+\left(1+\frac{1}{2}\right)+\cdots+\left(1+\frac{1}{2}+\cdots+\frac{1}{n-1}\right)$$

$$=n+1\times(n-1)+\frac{1}{2}(n-2)+\frac{1}{3}(n-3)$$

$$\qquad\qquad+\cdots+\frac{1}{n-1}\{n-(n-1)\}$$

$$=n-(n-1)+n\left(1+\frac{1}{2}+\frac{1}{3}+\cdots+\frac{1}{n-1}\right)$$

$$=1+n\left(1+\frac{1}{2}+\frac{1}{3}+\cdots+\frac{1}{n-1}\right)$$

$$=n\left(1+\frac{1}{2}+\frac{1}{3}+\cdots+\frac{1}{n-1}+\frac{1}{n}\right)$$

$$=nf(n)$$

---

8 직선 $2x-y-1=0$에 대하여 점 $A(5,\ 4)$와 대칭인 점의 좌표를 $B(a,\ b)$라 하자.

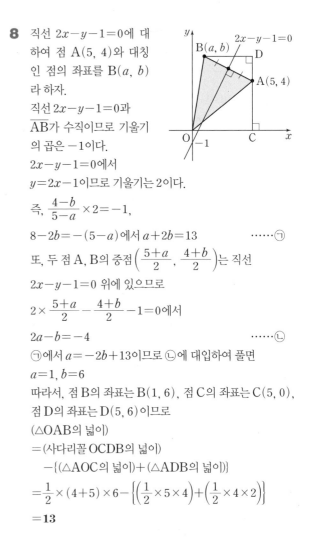

직선 $2x-y-1=0$과 $\overline{AB}$가 수직이므로 기울기의 곱은 -1이다.

$2x-y-1=0$에서

$y=2x-1$이므로 기울기는 2이다.

즉, $\dfrac{4-b}{5-a}\times2=-1,$

$8-2b=-(5-a)$에서 $a+2b=13 \qquad \cdots\cdots ㉠$

또, 두 점 A, B의 중점 $\left(\dfrac{5+a}{2},\ \dfrac{4+b}{2}\right)$는 직선

$2x-y-1=0$ 위에 있으므로

$2\times\dfrac{5+a}{2}-\dfrac{4+b}{2}-1=0$에서

$2a-b=-4 \qquad\qquad \cdots\cdots ㉡$

㉠에서 $a=-2b+13$이므로 ㉡에 대입하여 풀면

$a=1,\ b=6$

따라서, 점 B의 좌표는 $B(1,\ 6)$, 점 C의 좌표는 $C(5,\ 0)$, 점 D의 좌표는 $D(5,\ 6)$이므로

($\triangle OAB$의 넓이)

$=$(사다리꼴 $OCDB$의 넓이)

$\qquad-\{(\triangle AOC$의 넓이$)+(\triangle ADB$의 넓이$)\}$

$$=\frac{1}{2}\times(4+5)\times6-\left\{\left(\frac{1}{2}\times5\times4\right)+\left(\frac{1}{2}\times4\times2\right)\right\}$$

$$=\boldsymbol{13}$$

---

9 (i) $0\leq x<4$일 때,

($\triangle MPC$의 넓이)

$=$($\square ABCD$의 넓이)$-\{(\triangle APM$의 넓이)

$\qquad+(\triangle PBC$의 넓이)$+(\triangle CDM$의 넓이)$\}$

따라서, $y=12\times4-\left\{\left(\dfrac{1}{2}\times6\times x\right)+\dfrac{1}{2}\times12\times(4-x)\right.$
$\left.+\left(\dfrac{1}{2}\times4\times6\right)\right\}$

$=48-\{3x+6(4-x)+12\}$

$=48-(-3x+36)$

$=3x+12$

(ii) $4\leq x<16$일 때,

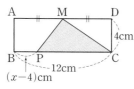

$\overline{AB}+\overline{BP}=x$cm이므로

$\overline{BP}=(\overline{AB}+\overline{BP})-\overline{AB}=(x-4)$ (cm),

$\overline{PC}=12-(x-4)=(16-x)$ (cm)이고,

($\triangle$MPC의 넓이)$=\dfrac{1}{2}\times\overline{PC}\times\overline{DC}$

따라서, $y=\dfrac{1}{2}\times(16-x)\times4$

$=2(16-x)$

$=32-2x$

따라서, (i), (ii)에 의하여

$\begin{cases}y=3x+12 & (0\leq x<4)\\ y=32-2x & (4\leq x<16)\end{cases}$

10 (i) $0<x<1$일 때,

$-1<x-1<0,\ -4<x-4<-3$이므로

$y=\dfrac{f(x-1)+f(x-4)}{x}=\dfrac{0+0}{x}=0$

(ii) $1\leq x<4$일 때,

$0\leq x-1<3,\ -3\leq x-4<0$이므로

$y=\dfrac{f(x-1)+f(x-4)}{x}=\dfrac{2+0}{x}=\dfrac{2}{x}$

(iii) $x\geq4$일 때,

$x-1\geq3,\ x-4\geq0$이므로

$y=\dfrac{f(x-1)+f(x-4)}{x}=\dfrac{2+2}{x}=\dfrac{4}{x}$

따라서, 함수

$y=\dfrac{f(x-1)+f(x-4)}{x}\ (x>0)$의 그래프를 그리면

오른쪽 그림과 같으므
로 구하는 최댓값은
$x=1$일 때, **2**이다.

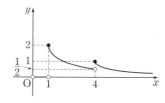

11 $f(n)=f\left(\left[\dfrac{n}{2}\right]\right)+\dfrac{1+(-1)^{n+1}}{2}$

(i) $n=2k(k$는 0 또는 자연수)라 하면

$\left[\dfrac{n}{2}\right]=\left[\dfrac{2k}{2}\right]=k$

$\dfrac{1+(-1)^{n+1}}{2}=\dfrac{1-1}{2}=0$

따라서, $f(n)=f(2k)=f(k)+0=f(k)$

(ii) $n=2k+1(k$는 0 또는 자연수)라 하면

$\left[\dfrac{n}{2}\right]=\left[\dfrac{2k+1}{2}\right]=\left[k+\dfrac{1}{2}\right]=k$

$\dfrac{1+(-1)^{n+1}}{2}=\dfrac{1+1}{2}=1$

따라서, $f(n)=f(2k+1)=f(k)+1$

(i), (ii)에 의하여

$f(2006)=f(1003)=f(501)+1$

$=f(250)+1+1=f(250)+2$

$=f(125)+2=f(62)+1+2$

$=f(62)+3=f(31)+3$

$=f(15)+1+3=f(15)+4$

$=f(7)+1+4=f(7)+5$

$=f(3)+1+5=f(3)+6$

$=f(1)+1+6=f(1)+7$

$=f(0)+1+7=f(0)+8$

따라서, $f(2006)-f(0)=8$

12 (i) $f(x)=\max\left\{\dfrac{1}{2}x,\ 3\right\}$

$\dfrac{1}{2}x>3$, 즉 $x>6$이면 $f(x)=\dfrac{1}{2}x$

$\dfrac{1}{2}x<3$, 즉 $x<6$이면 $f(x)=3$

$\dfrac{1}{2}x=3$, 즉 $x=6$이면 $f(x)=3$

(ii) $g(x)=\min\{3x,\ 9\}$

$3x>9$, 즉 $x>3$이면 $g(x)=9$

$3x<9$, 즉 $x<3$이면 $g(x)=3x$

$3x=9$, 즉 $x=3$이면 $g(x)=9$

(i), (ii)에 의하여 그래프로 나타내면 다음 그림과 같다.

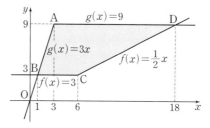

함수 $y=f(x)$와 $y=g(x)$로 둘러싸인 부분은 위의 그림
에서 색칠한 부분과 같이 □ABCD이다.

점 A의 좌표는 $A(3, 9)$이고, 점 B는 $g(x)=3x$와
$f(x)=3$의 교점이므로 $B(1, 3)$이다.

점 C의 좌표는 $C(6, 3)$이고, 점 D는 $f(x)=\dfrac{1}{2}x$와
$g(x)=9$의 교점이므로 $D(18, 9)$이다.

따라서, $\square ABCD$는 사다리꼴이므로

$$(\square ABCD\text{의 넓이})=\dfrac{1}{2}\times(\overline{AD}+\overline{BC})\times 6$$
$$=\dfrac{1}{2}\times\{(18-3)+(6-1)\}\times 6$$
$$=\mathbf{60}$$

P. 88~89

올림피아드 대비 문제

1 $\dfrac{11}{12}$ **2** 풀이 참조   **3** $f(x)=\dfrac{2-x^2}{2}$

4 $f(x)=c(c$는 상수$)$

1 $f(x)+f(1-x)=7$ $\cdots\cdots\,\boxed{\dodag}$

$x+f\left(\dfrac{x}{3}\right)=\dfrac{1}{2}f(x)$ $\cdots\cdots\,\boxed{\ltwo}$

$\boxed{\ltwo}$에 $x=0$을 대입하면

$0+f(0)=\dfrac{1}{2}f(0)$에서 $f(0)=0$

$\boxed{\dodag}$에 $x=0$을 대입하면

$f(0)+f(1)=7$에서 $f(1)=7$

$\boxed{\ltwo}$에 $x=1$을 대입하면

$1+f\left(\dfrac{1}{3}\right)=\dfrac{1}{2}f(1)$, $f\left(\dfrac{1}{3}\right)=\dfrac{1}{2}f(1)-1$에서

$f\left(\dfrac{1}{3}\right)=\dfrac{7}{2}-1=\dfrac{5}{2}$

$\boxed{\ltwo}$에 $x=\dfrac{1}{3}$을 대입하면

$\dfrac{1}{3}+f\left(\dfrac{1}{9}\right)=\dfrac{1}{2}f\left(\dfrac{1}{3}\right)$

따라서, $f\left(\dfrac{1}{9}\right)=\dfrac{1}{2}f\left(\dfrac{1}{3}\right)-\dfrac{1}{3}=\dfrac{1}{2}\times\dfrac{5}{2}-\dfrac{1}{3}$

$$=\dfrac{5}{4}-\dfrac{1}{3}$$
$$=\dfrac{\mathbf{11}}{\mathbf{12}}$$

2 (나)에서 $g=f\circ g\circ f\circ g$

$=f\circ(f\circ g\circ f\circ g)\circ f\circ g$

$=f\circ f\circ g\circ f\circ(f\circ g\circ f\circ g)$

$=f\circ f\circ g\circ f\circ g$ $\cdots\cdots\,\boxed{\dodag}$

$=f\circ f\circ(f\circ g\circ f\circ g)\circ f\circ g$

$=f\circ f\circ f\circ g\circ(f\circ g\circ f\circ g)$

$=f\circ f\circ f\circ g\circ g$

$=f$

따라서, $f(x)=g(x)$

3 $f(x-f(y))=f(f(y))+xf(y)+f(x)-1$ $\cdots\cdots\,\boxed{\dodag}$

$f(y)+f(z)=x$라 놓으면

$f(y)=x-f(z)$ $\cdots\cdots\,\boxed{\ltwo}$

$\boxed{\ltwo}$을 $\boxed{\dodag}$에 대입하면

$f(x-(x-f(z)))$
$=f(x-f(z))+x(x-f(z))+f(x)-1$

따라서, $f(f(z))=f(x-f(z))+x(x-f(z))+f(x)-1$

                      $\cdots\cdots\,\boxed{\ethree}$

$\boxed{\dodag}$에 $y=z$를 대입하면

$f(x-f(z))=f(f(z))+xf(z)+f(x)-1$ $\cdots\cdots\,\boxed{\efour}$

$\boxed{\ethree}+\boxed{\efour}$을 하면

$x(x-f(z))+2f(x)+xf(z)-2=0$,

$x^2+2f(x)-2=0$,

$2f(x)=2-x^2$

따라서, $f(x)=\dfrac{2-x^2}{2}$

4 $f(x^2-y^2)=(x-y)(f(x)-f(y))$ $\cdots\cdots\,\boxed{\dodag}$

$\boxed{\dodag}$에 y 대신 x를 대입하면

$f(x^2-x^2)=(x-x)(f(x)-f(x))$

즉, $f(0)=0$ $\cdots\cdots\,\boxed{\ltwo}$

$\boxed{\dodag}$에 y 대신 $-x$를 대입하면

$f(x^2-x^2)=(x+x)(f(x)-f(-x))$,

$f(0)=2x(f(x)-f(-x))$,

$0=2x(f(x)-f(-x))$,

$f(x)-f(-x)=0$

즉, $f(x)=f(-x)$ $\cdots\cdots\,\boxed{\ethree}$

따라서, 함수 f는 우함수임을 알 수 있다.

$\boxed{\dodag}$에 y 대신 $-y$를 대입하면

$f(x^2-y^2)=(x+y)(f(x)-f(-y))$,

$f(x^2-y^2)=(x+y)(f(x)-f(y))$ $\cdots\cdots\,\boxed{\efour}$

$\boxed{\dodag}$, $\boxed{\efour}$에 의하여

$(x-y)(f(x)-f(y))=(x+y)(f(x)-f(y))$

$xf(x)-xf(y)-yf(x)+yf(y)$
$=xf(x)-xf(y)+yf(x)-yf(y)$

즉, $2yf(x)=2yf(y)$ $\cdots\cdots\,\boxed{\efive}$

$\boxed{\efive}$이 모든 실수 x, y에 대하여 성립해야 하므로

$f(x)=f(y)$

즉, $f(x)=f(y)=c$

따라서, $f(x)=c(c$는 상수$)$

IV 통계

P. 94~101

특목고 대비 문제

1 75	**2** $\dfrac{10x+9y}{19}$	**3** 96명	**4** 6 : 5
5 18명	**6** 5.2회	**7** 25명	**8** 13명	**9** 183cm
10 10명	**11** 9 : 8	**12** 3명	**13** 60점 이상
14 (1) 2학년 (2) 속리산		**15** 250점 이상
16 (가) : 24 (나) : 0.295 (다) : 0.02		**17** 51대	**18** 3 : 1
19 74	**20** 95점	**21** 4.1cm	**22** 9명
23 (1) 25% (2) 1명			

1 80점 이상 90점 미만인 계급의 도수가 8명, 50점 이상 60점 미만인 계급의 도수가 6명이므로 구하는 직사각형의 넓이를 x라 하면
$8 : 100 = 6 : x$
따라서, $x = $**75**이다.

2 A반에서 50kg 이상인 학생 수는 $50 \times x = 50x$(명)이고, B반에서 50kg 이상인 학생 수는 $45 \times y = 45y$(명)이므로 구하는 상대도수는
$$\frac{50x+45y}{95} = \frac{\mathbf{10x+9y}}{\mathbf{19}}$$

3 $\square = 1 - \left(\dfrac{1}{8} + \dfrac{1}{4} + \dfrac{1}{6} + \dfrac{1}{8} \right)$
$= 1 - \dfrac{2}{3} = \dfrac{1}{3}$
따라서, 성호네 반 학생 수는 8, 4, 6, 3의 공배수, 즉 24의 배수이어야 한다. 그런데 전체 학생 수는 두 자릿수이므로 전체 학생 수가 될 수 있는 것은 24, 48, 72, 96명이므로 구하는 최댓값은 **96명**이다.

4 A, B 두 회사의 근무 년 수가 8년 이상 10년 미만인 직원 수를 각각 $4x$명, $5x$명이라 하면 구하는 상대도수의 비는
$$\frac{4x}{80} : \frac{5x}{120} = \mathbf{6 : 5}$$

5 55kg 이상 60kg 미만, 60kg 이상 65kg 미만인 계급의 상대도수의 합은 $1 - (0.10 + 0.20 + 0.15) = 0.55$
60kg 이상 65kg 미만인 계급의 상대도수를 x라 하면

55kg 이상 60kg 미만인 계급의 상대도수는 $0.55 - x$이므로
$0.20 + (0.55 - x) = 1.5x$에서 $x = 0.3$
따라서, 몸무게가 60kg 이상 65kg 미만인 학생 수는
$60 \times 0.3 = $**18(명)**

6 1 이상 3 미만, 3 이상 5 미만, 5 이상 7 미만, 7 이상 9 미만, 9 이상 11 미만인 계급의 도수는 각각 5명, 14명, 15명, 4명, 2명이므로 구하는 평균은
$$\frac{2 \times 5 + 4 \times 14 + 6 \times 15 + 8 \times 4 + 10 \times 2}{40} = \frac{208}{40}$$
$$= \mathbf{5.2(\text{회})}$$

7 70점 이상 80점 미만인 학생 수를 x명이라 하면
$$\frac{x}{x+20} = \frac{20}{100}, \quad 100x = 20(x+20)$$
$80x = 400$에서 $x = 5$
따라서, 전체 학생 수는
$5 + 20 = $**25(명)**

8 키가 155cm 이상인 학생이 155cm 미만인 학생의 4배이므로 155cm 미만인 학생 $1 + 6 = 7$(명)은 전체의 $\dfrac{1}{5}$이다.
즉, (전체 학생 수)$= 7 \times 5 = 35$(명)
따라서, 160cm 미만인 학생이 전체의 40%이므로
160cm 미만인 학생 수는
$$35 \times \frac{40}{100} = 14(\text{명})$$
그러므로 170cm 이상 175cm 미만인 학생 수는
$35 - (14 + 5 + 3) = $**13(명)**

9 교체하기 전의 농구 선수의 키를 $x$cm라 하면
$$\frac{192 - x}{5} = 1.8, \quad 192 - x = 9$$
따라서, $x = $**183**이다.

10 80점 이상 90점 미만인 학생 수를 x명이라 하면
$$\frac{55 \times 4 + 65 \times 6 + 75 \times 8 + 85 \times x + 95 \times 2}{4 + 6 + 8 + x + 2} = 75$$
$$\frac{1400 + 85x}{20 + x} = 75, \quad 1400 + 85x = 1500 + 75x$$
$10x = 100$
따라서, $x = $**10**이다.

11 전체 도수의 비가 4 : 3이므로 전체 도수를 각각 $4k$명, $3k$명이라 하고, 어떤 계급의 도수의 비가 3 : 2이므로 그 도수를 각각 $3p$명, $2p$명이라 하면 구하는 상대도수의 비는
$$\frac{3p}{4k} : \frac{2p}{3k} = \mathbf{9 : 8}$$

12 60점 이상 70점 미만인 학생 수를 x명이라 하면

$$\frac{x}{x+9}=\frac{25}{100}, \ 100x=25x+225$$에서

$$x=3$$

따라서, 60점 이상 70점 미만인 학생 수는 **3명**이다.

13 점수가 낮은 학생의 도수를 각각 구해 보면 3, 11, 19, 12, 3, 2이다. 따라서, 점수가 낮은 쪽에서 20번째 있는 학생은 60점이상 70점 미만인 계급에 속하므로 가장 낮은 점수는 60점이 된다.

따라서, 최소 **60점 이상**이다.

14 각 학년의 상대도수를 구하면 다음 표와 같다.

	1학년(명)	2학년(명)	3학년(명)
설악산	0.40	0.375	0.36
지리산	0.40	0.45	0.40
속리산	0.20	0.175	0.24
합계	1.0	1.0	1.0

(1) 지리산에 대한 상대도수가 가장 큰 학년은 **2학년**이다.

(2) 3학년의 **속리산**에 대한 상대도수가 다른 학년에 비하여 가장 크다.

15 성적이 높은 쪽부터 학생 수를 합하면 250점 이상 260점 미만까지의 학생 수는

$$21+53+62+76+88=300(명)$$

따라서, 합격자의 점수는 **250점 이상**이 된다.

16 전체 학생 수는

$$\frac{42}{0.21}=200(명)$$

㈎ $200 \times 0.12 =$ **24**

㈏ 2km 이상 3km 미만인 계급의 상대도수는

$$\frac{59}{200}=\textbf{0.295}$$

㈐ 3km 이상 4km 미만인 계급의 상대도수는

$$\frac{45}{200}=0.225$$이므로

5km 이상 6km 미만인 계급의 상대도수는

$$1-(0.12+0.21+0.295+0.225+0.13)=\textbf{0.02}$$

17 우회전 하는 차의 비율은 $\frac{60}{350}$이므로

$$\frac{60}{350} \times 300 = 51.42\cdots$$

따라서, 약 **51대**가 우회전을 하였다고 할 수 있다.

18 왼쪽 삼각형과 오른쪽 삼각형의 밑변의 길이는 같고, 높이만 다르다. 높이는 비는 왼쪽이 오른쪽의 3배이므로 구하는 넓이의 비는 **3 : 1**이다.

19 계급의 크기가 4이고, 계급값이 37이므로 변량의 값의 범위는

$$37-2 \leq x < 37+2$$에서

$$35 \leq x < 39$$

따라서, $a=35, \ b=39$이므로

$$a+b=35+39=\textbf{74}$$

다른 풀이
변량의 값의 범위, 즉 계급이 $a \leq x < b$이므로

$$(계급값)=\frac{a+b}{2}=37$$

따라서, $a+b=$**74**이다.

20 상대도수의 합은 1이므로

$$\square=1-(0.21+0.14+0.32+0.22)$$
$$=0.11$$

따라서, 도수가 2배가 되는 계급은 상대도수도 2배가 되므로 구하는 계급은 상대도수가 0.22인 90점 이상 100점 이하이다.

따라서, $(계급값)=\dfrac{90+100}{2}=\textbf{95(점)}$

21 가장 큰 사람은 $+2.3$에 해당하고, 가장 작은 사람은 -1.8에 해당한다. 따라서, 구하는 차는

$$+2.3-(-1.8)=\textbf{4.1(cm)}$$

22 60kg 이상인 학생은 $7+3+2=12$(명)이므로 전체 학생 수를 x명이라 하면

$$\frac{12}{x} \times 100=30, \ 30x=1200$$에서 $x=40$(명)

따라서, 구하는 학생 수는

$$40-(1+8+10+7+3+2)=\textbf{9(명)}$$

23 (1) 70점 이상 80점 미만인 학생 수가 전체의 $x\%$라 하면

$$8+x+34+x+8=100$$
$$2x+50=100$$에서 $x=\textbf{25(\%)}$

(2) 40점 이상 50점 미만인 학생 수는 전체의 8%이므로 해당하는 학생 수는

$$50 \times \frac{8}{100}=4(명)$$

전체의 10%에 해당하는 학생은 $50 \times \dfrac{10}{100}=5$(명)이므로 국어 성적이 50점 이상 60점 미만인 계급에서

$$5-4=\textbf{1(명)}$$이 선발된다.

특목고 구술·면접 대비 문제

1 풀이 참조
2 (1) A학교 (2) A학교 : 89명, B학교 : 100명
3 2000개 **4** 풀이 참조

1 히스토그램의 가로축은 수량을 나타내지만, 막대그래프의
가로축은 반드시 수량을 나타내는 것은 아니다.
히스토그램은 가로축에 계급의 끝값을 쓰지만, 막대그래프
는 수의 값이나 이름을 막대 밑변의 중점에 쓴다.
히스토그램은 직사각형의 밑변을 1로 생각할 때, 직사각형
의 넓이가 도수를 나타내고, 막대그래프는 막대의 높이가
도수를 나타낸다.

2 (1) A학교와 B학교 학생들의 통학 거리에 대한 상대도수
분포표를 만들면 다음과 같다.

통학 거리(km)	A학교	B학교
0이상~ 2미만	0.12	0.115
2 ~ 4	0.21	0.17
4 ~ 6	0.225	0.215
6 ~ 8	0.295	0.305
8 ~10	0.13	0.155
10 ~12	0.02	0.04

위의 표를 보면 통학 거리가 짧은 쪽은 **A학교**의 비율이
B학교의 비율보다 더 높다.
(2) A학교와 B학교의 학생들 중 통학 거리가 6km 이상인
학생들이 학교를 옮겨야 하므로 학교를 옮겨야 하는 학
생 수는
A학교 : $59+26+4=$**89(명)**
B학교 : $61+31+8=$**100(명)**

3 5회 동안 나온 흰 구슬의 개수는
$2+3+1+3+1=10$(개)
5회 동안 나온 검은 구슬의 개수는
$39+42+36+45+38=200$(개)
(흰 구슬) : (검은 구슬)$=10 : 200=1 : 20$이므로
흰 구슬 100개를 넣었다면 검은 구슬의 개수는
$100 : $(검은 구슬)$=1 : 20$에서
(검은 구슬)$=100\times20=$**2000(개)**

4 어떤 목표량의 성취 정도를 판단하려는 경우나 수입과
지출의 양을 한눈에 알아보려는 경우에 편리하게 사용된다.
또한, 어떤 기준으로 얼마만큼 좋은지 나쁜지에 대해 쉽게
알 수 있으므로 선호도 조사에서 편리하게 사용된다.

시·도 경시 대비 문제

1 82.5점, 92.5점   **2** $6\leq A\leq27$ **3** 7
4 30   **5** 30명   **6** 21 : 22 : 17
7 최댓값 : 14명, 최솟값 : 7명   **8** 3215점 이상

1 B반의 그래프가 A반의 그래프보다 위에 있는 구간을
찾으면 된다.
따라서, 80점 이상 85점 미만과 90점 이상 95점 미만인
계급이므로 계급값은
$$\frac{80+85}{2}=82.5(점), \frac{90+95}{2}=92.5(점)$$

2 20%에 해당하는 사람은
$$40\times\frac{20}{100}=8(명)$$
따라서, 8명 모두 150cm 미만이어야 하므로 A의 값의 범
위는 $6\leq A\leq27$

3 기준이 되는 도수를 x라고 하자.
(i) 히스토그램의 사각형의 넓이는
$7x+(6+8+12+9+3-7-3)=7x+28$
(ii) 그림에서의 사각형의 넓이는
$6+8+12+9+3+7+3=48$
(i), (ii)에서 그 차는 $7x+28-48=7x-20$이므로
$7x-20=29, 7x=49$에서
$x=7$
따라서, 기준이 되는 도수는 **7**이다.

4 도수분포다각형과 가로축으로 둘러싸인 부분의 넓이는
히스토그램의 직사각형의 넓이의 합과 같다.
계급의 크기가 2이므로
$60=2\times$(도수의 총합)
따라서, (도수의 총합)$=$**30**이다.

5 세로의 한 칸을 x명이라고 하면 S_1과 S_2의 넓이가 같으므로
$$S_1+S_2=2\times\left(\frac{1}{2}\times\frac{5}{2}\times2x\right)$$
$$=5x$$
$S_1+S_2=15$이므로
$5x=15$에서 $x=3$
따라서, 150cm 이상 155cm 미만인 학생 수는
$3\times3=9$(명)이고, 155cm 이상 160cm 미만인 학생 수는
$3\times7=21$(명)이므로 구하는 학생 수는
$9+21=$**30(명)**

6 A반의 총 학생 수를 a명이라 하면 B반의 총 학생 수는 $\frac{3}{2}a$명이고, 두 반의 과목별 학생 수는 다음과 같다.

(단위 : 명)

	국어	영어	수학
A반	$a\times\frac{3}{6}$	$a\times\frac{1}{6}$	$a\times\frac{2}{6}$
B반	$\frac{3}{2}a\times\frac{1}{4}$	$\frac{3}{2}a\times\frac{2}{4}$	$\frac{3}{2}a\times\frac{1}{4}$

따라서, 국어는 $\frac{1}{2}a+\frac{3}{8}a=\frac{7}{8}a$,

영어는 $\frac{a}{6}+\frac{3}{4}a=\frac{11}{12}a$(명),

수학은 $\frac{1}{3}a+\frac{3}{8}a=\frac{17}{24}a$(명)

이므로 구하는 비는

$\frac{7}{8}a:\frac{11}{12}a:\frac{17}{24}a=\mathbf{21:22:17}$

7 (평균)
$=(14.5\times3+15.5\times4+16.5\times7+17.5\times5$
$\qquad\qquad\qquad\qquad+18.5\times1)\div20$
$=\dfrac{327}{20}$
$=16.35$(초)

평균보다 늦은 학생의 최댓값은 7명 모두가 16.35초보다 늦은 경우이고, 최솟값은 16초 이상 17초 미만의 계급에서 16.35초보다 늦은 학생이 한 명도 없는 경우이다.
따라서, 최댓값은 $3+4+7=\mathbf{14}$(명)이고,
최솟값은 $3+4=\mathbf{7}$(명)이다.

8 (1학기 중간고사 총점)
$=\{($계급값$)\times($도수$)$의 총합$\}$
$=95\times4+85\times7+75\times5+65\times8+55\times6$
$\qquad\qquad\qquad\qquad+45\times2+35\times2+25\times1$
$=2385$(점)
반 학생 수가 35명이므로
$\dfrac{2385+(1\text{학기 기말고사 총점})}{35+35}\geq80$
즉, (1학기 기말고사 총점)≥3215
따라서, 1학기 기말고사에서 영어 성적의 총점은 **3215점 이상**이 되어야 한다.

> **1** (1) 최댓값 : 26명, 최솟값 : 14명 (2) 최댓값 : 26명, 최솟값 : 14명 (3) 24명 **2** 16
> **3** (1) 2번째 (2) $\left\{a+\dfrac{k(b-a)}{m}\right\}$ kg **4** 10%

1 0점은 정답이 하나도 없으며, 1점은 1번 또는 2번이 정답, 2점은 1번과 2번 모두 정답이며, 3점은 3번이 정답이어야 한다.
4점은 1번과 3번 또는 2번과 3번이 정답이며, 5점은 1번, 2번, 3번 모두가 정답이어야 한다.
(1) 1번의 정답자는 최소한 2점과 5점에 해당되므로
최솟값은 $6+8=\mathbf{14}$(명)
또, 1번의 정답자는 1점과 4점에도 해당될 수 있으므로
최댓값은 $14+3+9=\mathbf{26}$(명)
(2) 2번의 정답자는 최소한 2점과 5점에 해당되므로
최솟값은 $6+8=\mathbf{14}$(명)
또, 2번의 정답자는 1점과 4점에도 해당될 수 있으므로
최댓값은 $14+3+9=\mathbf{26}$(명)
(3) 3번의 정답자는 3, 4, 5점에 해당되므로 학생 수는
$7+9+8=\mathbf{24}$(명)

2 실험 횟수의 총합이 N인 도수분포표를 만들면 다음 표와 같다.

계급값	도수	상대도수
x_1	f_1	0.125
x_2	f_2	0.5
x_3	f_3	0.25
x_4	f_4	0.0625
x_5	f_5	0.0625
합 계	N	1

(ⅰ) $\dfrac{f_1}{N}=0.125=\dfrac{1}{8}$에서 $N=8f_1$

(ⅱ) $\dfrac{f_2}{N}=0.5=\dfrac{1}{2}$에서 $N=2f_2$

(ⅲ) $\dfrac{f_3}{N}=0.25=\dfrac{1}{4}$에서 $N=4f_3$

(ⅳ) $\dfrac{f_4}{N}=0.0625=\dfrac{1}{16}$에서 $N=16f_4$

(ⅴ) $\dfrac{f_5}{N}=0.0625=\dfrac{1}{16}$에서 $N=16f_5$

(ⅰ)~(ⅴ)에서 N은 2, 4, 8, 16의 배수, 즉 16의 공배수이므로 N의 최솟값은 **16**이다.

3 (1) 몸무게가 54kg인 사람은 적은 쪽에서 10번째인 사람이다.
52kg 이하인 사람은 1+2+5=8(명)이므로 52kg 이상 56kg 미만인 계급에서는 적은 쪽으로 **2번째**에 있다.

(2) 계급이 $a$kg에서 $b$kg까지 일정하게 있다는 가정에서 생각한다.

따라서, 도수가 m명이면 한 사람의 몸무게는 $\dfrac{b-a}{m}$kg

이므로 k번째에 있는 사람의 몸무게는

$\left\{a+\dfrac{k(b-a)}{m}\right\}$**kg**이다.

4 내년 지출 내역비는 다음 표와 같다.

식비	교육비	문화비	세금	총지출액
770	960	400-4x	550	2640

(단위 : 만 원)

따라서, 770+960+400-4x+550=2640이므로
2680-4x=2640, 4x=40에서 x=10
즉, 문화비는 **10%** 만큼 내리면 된다.

V 기본 도형과 작도

P. 114~125

특목고 대비 문제

1 50°	**2** 10	**3** ②, ④	**4** 11개의 영역
5 120°	**6** 55°	**7** 92°	**8** 180° **9** 60°
10 △BCE, SAS합동 **11** 120°		**12** 100°	
13 5가지	**14** 풀이 참조	**15** ⑤	**16** 풀이 참조
17 8종류	**18** 12쌍, $n(n-1)$쌍	**19** ③	**20** 30쌍
21 25°	**22** 풀이 참조	**23** ④, ⑤	
24 540°	**25** 360°	**26** 35°	**27** 5개 **28** 15°
29 풀이 참조		**30** 풀이 참조	
31 풀이 참조		**32** 풀이 참조	**33** 6개

1 ∠AOB=180°이므로

$\angle DOE=\dfrac{1}{2}\angle AOB=\dfrac{1}{2}\times 180°=90°$

또한, ∠AOB=∠AOD+∠DOE+∠EOB이므로

$180°=\angle AOD+90°+\dfrac{4}{5}\angle AOD$

$90°=\dfrac{9}{5}\angle AOD$

따라서, ∠AOD=**50°**이다.

2 점 C는 $\overline{AB}$의 중점이므로 $\overline{AC}=\overline{BC}=12$
문제의 조건에서 $\overline{AD}+\overline{CE}=5$이므로
$\overline{AD}+(\overline{CB}-\overline{BE})=5$, $\overline{AD}+12-\overline{BE}=5$
즉, $\overline{AD}-\overline{BE}=-7$ ······㉠
또, $\overline{AD}=\dfrac{1}{3}\overline{CD}$이므로

$\overline{AD}=\dfrac{1}{3}(12-\overline{AD})$, $3\overline{AD}=12-\overline{AD}$
$4\overline{AD}=12$, 즉 $\overline{AD}=3$
$\overline{AD}=3$을 ㉠에 대입하면
$3-\overline{BE}=-7$, $-\overline{BE}=-10$
따라서, $\overline{BE}$=**10**이다.

3 ② 세 직선이 한 평면 위에 있지 않은 경우에는 성립하지 않는다.
즉, 공간에서는 l, n이 꼬인 위치에 있을 수도 있으므로 성립하지 않는다.
④ 한 직선에 평행한 평면은 무수히 많이 존재한다.

4 네 직선이 평행하지 않고, 어느 세 직선도 한 점에서 만나지 않도록 직선을 그으면 된다.
즉, 어느 두 직선도 평행하지 않고, 두 직선이 한 점에서 만나도록 그리면 오른쪽 그림과 같으므로 최대 **11개의 영역**으로 나누어진다.

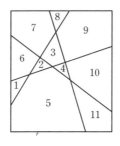

5 $\overline{DE} /\!/ \overline{BC}$이므로 동위각의 크기는 같다.
즉, $\angle AED = \angle ACB = 30°$
$\angle AEC = 180°$이므로
$30° + \angle DEF + 30° = 180°$
따라서, $\angle DEF = \mathbf{120°}$이다.

6 오른쪽 그림에서
$m /\!/ n$이므로
$\angle FBG = \angle FAE$(동위각)
$\qquad = 80°$
$\angle GBC = 180°$이므로
$80° + \angle ABD + 45° = 180°$
$125° + \angle ABD = 180°$
즉, $\angle ABD = 55°$
따라서, $l /\!/ k$이므로
$\angle BDC = \angle ABD$(엇각) $= \mathbf{55°}$

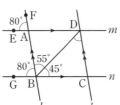

7 5시 44분일 때, 오른쪽 그림과 같이 그릴 수 있다.
분침은 1분에 6°씩 움직이므로 $\angle x = 6° \times 44 = 264°$
시침은 1시간에
$360 \div 12 = 30°$씩 움직이므로
1분에 $30° \div 60 = 0.5°$씩 움직인다.
즉, $\angle y = 0.5° \times 44 = 22°$
따라서, 구하는 각의 크기는
$\angle x - (\angle y + 150°) = 264° - 172° = \mathbf{92°}$

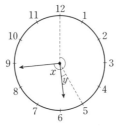

8 오른쪽 그림과 같이 평행한 보조선을 그어 한 점 Q를 기준으로 옮기면
$\angle x + \angle y + \angle z + \angle p$
$+ \angle q + \angle r = \mathbf{180°}$

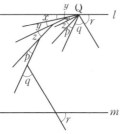

9 □ABCD는 직사각형이므로
$\angle EC'F = \angle ECF = 90°$(직각)
$\overline{AD} /\!/ \overline{BC}$이므로
$\angle C'GE = \angle GEB$(엇각) $= 50°$
따라서, $\overline{AD} /\!/ \overline{BC}$에서 $\angle C'EB = \angle DC'E$(엇각)이므로
$\angle GEC' + 50° = 90° + 20°$
$\angle GEC' + 50° = 110°$
$\angle GEC' = \mathbf{60°}$

10 △ABC와 △CDE는 정삼각형이므로
$\overline{AB} = \overline{BC} = \overline{CA}$, $\overline{CD} = \overline{DE} = \overline{EC}$
또, $\angle ACD + \angle BCD = \angle BCE + \angle BCD = 60°$이므로
$\angle ACD = \angle BCE$
따라서, $\overline{AC} = \overline{BC}$, $\angle ACD = \angle BCE$, $\overline{CD} = \overline{CE}$이므로
△ACD ≡ △BCE(SAS합동)

11 다음 그림과 같이 두 직선 l과 m에 평행한 보조선 p와 q를 긋는다.

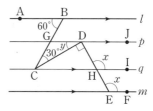

$\angle DEF = \angle DHI = \angle x$, $\angle GDC = \angle y$라 하면
$\angle HDJ = \angle DHC$(엇각) $= 180° - \angle x$
$\angle ABG = \angle GCH$(엇각), $\angle GDC = \angle DCH$(엇각)이므로
$60° = 30° + \angle y$에서 $\angle y = 30°$
$\angle GDC + \angle CDH + \angle HDJ = 180°$이므로
$\angle y + 90° + (180° - \angle x) = 180°$
$30° + 90° + (180° - \angle x) = 180°$
따라서, $\angle x = \angle DEF = \mathbf{120°}$이다.

12 다음 그림과 같이 두 직선 l과 m에 평행한 보조선 p, q, r를 긋는다.

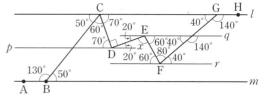

따라서, $20° + \angle x + 60° = 180°$이므로
$\angle x = \mathbf{100°}$

13 삼각형의 세 변의 길이를 순서쌍으로 나타내면
$(20, 30, 40)$, $(20, 40, 50)$, $(30, 40, 50)$,

$(20+30, 40, 50), (20+40, 30, 50)$
따라서, 구하는 삼각형은 모두 **5가지**이다.

참고
삼각형의 한 변의 길이는 다른 두 변의 길이의 합보다 작아야
한다.

14

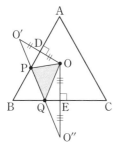

(i) 점 O의 $\overline{AB}$에 대한 대칭점 O'을 작도한다.
즉, $\triangle PDO \equiv \triangle PDO'$(SAS합동) ······ ㉠
(ii) 점 O의 $\overline{BC}$에 대한 대칭점 O''을 작도한다.
즉, $\triangle QEO \equiv \triangle QEO''$(SAS합동) ······ ㉡
㉠, ㉡에 의하여 $\overline{PO}=\overline{PO'}$, $\overline{QO}=\overline{QO''}$이므로
$\overline{OP}+\overline{PQ}+\overline{QO}=\overline{O'P}+\overline{PQ}+\overline{QO''} \geq \overline{O'O''}$
따라서, $\overline{O'O''}$과 $\overline{AB}$, $\overline{BC}$의 교점을 각각 P, Q로 잡으면
$\triangle OPQ$의 둘레의 길이는 최소가 된다.

15 (i) 오른쪽 방향의 반직선의 개수는
$\overrightarrow{K_1K_2}, \overrightarrow{K_2K_3}, \cdots, \overrightarrow{K_{n-1}K_n}$의 $(n-1)$개
같은 방법으로, 왼쪽 방향의 반직선의 개수도 $(n-1)$개
이므로 반직선의 총 개수는
$a=(n-1)+(n-1)$
$\quad=2(n-1)$(개)
(ii) 왼쪽 끝점이 K_1인 선분의 개수 : $(n-1)$개
왼쪽 끝점이 K_2인 선분의 개수 : $(n-2)$개
$\vdots$
왼쪽 끝점이 K_{n-1}인 선분의 개수 : 1개
따라서, 선분의 총 개수는
$b=\{(n-1)+\cdots+3+2+1\}$(개)
(i), (ii)에 의하여
$a+b=2(n-1)+\{1+2+3+\cdots+(n-1)\}$

16 오른쪽 그림과 같이 $\overline{AC}$와 $\overline{BD}$
의 교점을 M이라 하면
$\overline{AQ}+\overline{BQ}+\overline{CQ}+\overline{DQ}$
$=(\overline{AQ}+\overline{CQ})+(\overline{BQ}+\overline{DQ})$
$\geq\overline{AC}+\overline{BD}$
$=\overline{AM}+\overline{CM}+\overline{BM}+\overline{DM}$

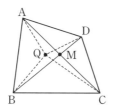

따라서, **점 Q가 사각형의 두 대각선 $\overline{AC}$와 $\overline{BD}$의 교점일
때 $\overline{AQ}+\overline{BQ}+\overline{CQ}+\overline{DQ}$의 값이 최소가 된다.**

17 한 변의 길이가 될 수 있는 것
을 조사하면 그 수와 정사각
형의 종류의 수는 같다.
한 변의 길이가 $\overline{EF}$, $\overline{EG}$,
$\overline{EH}$, $\overline{EI}$, $\overline{DF}$, $\overline{DG}$, $\overline{DH}$,
$\overline{CG}$인 경우의 **8종류**가 있다.

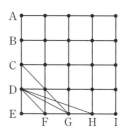

18 (i) 다음의 각과 맞꼭지각의 개수는 같다.
$\angle EOD, \angle DOC, \angle COB, \angle BOA$
$\angle EOC, \angle DOB, \angle COA, \angle BOH$
$\angle EOB, \angle DOA, \angle COH, \angle BOG$
즉, $3 \times 4 =$ **12(쌍)**
(ii) n개의 직선이 한 점에서 만날 때,
$(n-1)$가지가 n개씩 있다.
즉, $(n-1) \times n =$ **$n(n-1)$(쌍)**

19 (i) 점 O를 중심으로 원을 그려 $\overrightarrow{OA}$, $\overrightarrow{OB}$와 만나는 점을
각각 C, D라 한다.
(ii) 점 C, D에서 원을 그려 $\overarc{CD}$와의 교점을 각각 F, E라
한다.
(iii) 점 O와 두 점 E, F를 잇는다.
따라서, 작도 순서는 (다) → (나) → (가) → (라) → (마)이다.
(단, (가)와 (나), (라)와 (마)는 순서가 바뀌어도 상관없다.)

20 $\overline{CF}$와 꼬인 위치에 있는 선분
의 개수를 구해 보자.
(i) $\overline{CF}$와 평행한 대각선 :
$\overline{DE}$(1개)
(ii) $\overline{CF}$와 만나는 대각선 :
$\overline{FH}$, $\overline{AF}$, $\overline{AC}$, $\overline{CH}$, $\overline{BG}$
(5개)

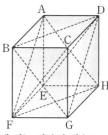

(i), (ii)에 의하여 $\overline{CF}$와 꼬인 위치에 있는 선분의 개수는
$12-1-5-1=5$
따라서, 꼬인 위치에 있는 선분의 개수는
$5 \times 12 \times \dfrac{1}{2} =$ **30(쌍)**

참고
위의 문제에서 $\dfrac{1}{2}$을 곱하는 이유는 예를 들어 $\overline{CF}$와 $\overline{AH}$가 꼬인
위치이면, $\overline{AH}$와 $\overline{CF}$도 꼬인 위치가 되어 한 가지 경우에 2가지
가 나타나게 된다. 따라서, $\dfrac{1}{2}$을 곱해야 된다.

21

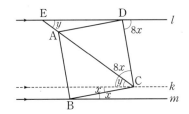

$l /\!/ m$이므로 두 직선에 평행한 보조선 k를 그으면

$\angle BCD = 90°$이므로

$\angle x + 8\angle x = 90°$에서

$\angle x = 10°$

$\overline{AC}$는 정사각형 ABCD의 대각선이므로

$\angle x + \angle y = 45°$에서 $\angle y = 35°$

따라서, $\angle y - \angle x = \boldsymbol{25°}$

22 오른쪽 그림과 같이 $\overline{AB}$에
평행하고, 점 C를 지나는 선
분 CE를 긋는다.

$\overline{AB} /\!/ \overline{EC}$이므로

$\angle BAC = \angle ACE$(엇각),

$\angle ABC = \angle ECD$(동위각)

따라서, $\angle ACD = \angle ACE + \angle ECD$

$\qquad = \angle BAC + \angle ABC$

삼각형의 내각의 크기의 합은 $180°$이므로

$\angle ACB = 180° - (\angle BAC + \angle ABC)$

따라서, $\angle ACD = 180° - \angle ACB$

$\qquad = 180° - \{180° - (\angle BAC + \angle ABC)\}$

$\qquad = \angle BAC + \angle ABC$

23 ① $\overline{AB}$와 꼬인 위치에 있는
모서리는 $\overline{CG}$, $\overline{DH}$,
$\overline{EH}$, $\overline{FG}$의 4개이다.

④ $\overline{EF}$와 $\overline{CD}$는 평행하다.

⑤ $\triangle DBG$는 정삼각형이므
로 $\angle BDG = 60°$
따라서, $\overline{BD}$와 $\overline{DG}$는
수직이 아니다.

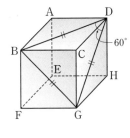

24 오른쪽 그림과 같이 $\overline{AB}$
와 $\overline{EF}$에 평행한 보조선
$\overline{GK}$, $\overline{HO}$를 그으면

$\angle BCG = \angle CBP$,

$\angle CDH = \angle KCD$,

$\angle FED = \angle ODE$

$\angle ABC + \angle CBP = 180°$(평각)

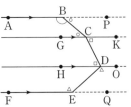

$\angle GCD + \angle KCD = 180°$(평각)

$\angle HDE + \angle ODE = 180°$(평각)

따라서, $\angle BCD = \angle BCG + \angle GCD$,

$\angle CDE = \angle CDH + \angle HDE$이므로

$\angle ABC + \angle BCD + \angle CDE + \angle DEF$

$= \angle ABC + (\angle BCG + \angle GCD)$

$\qquad\qquad + (\angle CDH + \angle HDE) + \angle ODE$

$= (\angle ABC + \angle CBP) + (\angle GCD + \angle KCD)$

$\qquad\qquad\qquad + (\angle HDE + \angle ODE)$

$= 180° + 180° + 180°$

$= \boldsymbol{540°}$

25

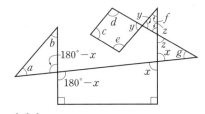

위의 그림에서

$\angle a + \angle b + 180° - \angle x = 180°$ $\qquad\cdots\cdots$ ㉠

$\angle c + \angle d + \angle e + \angle y = 360°$ $\qquad\cdots\cdots$ ㉡

$\angle f + \angle y + \angle z = 180°$ $\qquad\cdots\cdots$ ㉢

$\angle g + \angle z + \angle x = 180°$ $\qquad\cdots\cdots$ ㉣

㉠+㉡−㉢+㉣을 하면

$\angle a + \angle b + \angle c + \angle d + \angle e - \angle f + \angle g + 180° = 540°$

따라서, $\angle a + \angle b + \angle c + \angle d + \angle e - \angle f + \angle g = \boldsymbol{360°}$

26

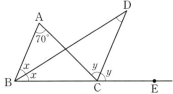

$\overline{BD}$, $\overline{CD}$는 각각 $\angle ABC$, $\angle ACE$의 이등분선이므로

$\angle ABD = \angle DBC = \angle x$, $\angle ACD = \angle DCE = \angle y$라 하면

$\angle ACB = 180° - (2\angle x + 70°)$

$\qquad = 110° - 2\angle x$

$\angle BCE = 180°$이므로

$110° - 2\angle x + 2\angle y = 180°$

$-2(\angle x - \angle y) = 70°$

즉, $\angle x - \angle y = -35°$

$\triangle BCD$에서

$\angle x + \angle BDC + (110° - 2\angle x + \angle y) = 180°$이므로

$\angle BDC = 70° + \angle x - \angle y$

$\qquad = 70° - 35°$

$\qquad = \boldsymbol{35°}$

27 (i) $\overline{AB}$의 수직이등분선과 만나는 l 위의 점 : 1개

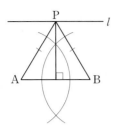

(ii) 반지름이 $\overline{AB}$이고 중심이 A인 원과 직선 l이 만나는 점 : 2개

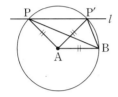

(iii) 반지름이 $\overline{AB}$이고 중심이 B인 원과 직선 l이 만나는 점 : 2개

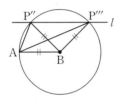

(i), (ii), (iii)에 의하여 구하는 점 P의 개수는

$1+2+2=$ **5(개)**

28 오른쪽 그림과 같이 점 P를 지나고 $\overline{AB}$와 평행인 $\overline{RP}$를 그으면 $\overline{AB}/\!/\overline{RP}/\!/\overline{CD}$ 이므로

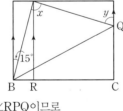

$\angle ABP = \angle BPR$(엇각),

$\angle DQP = \angle RPQ$(엇각)

따라서, $\angle BPQ = \angle BPR + \angle RPQ$이므로

$\angle x = 15° + \angle y$

따라서, $\angle x - \angle y =$ **15°**

29

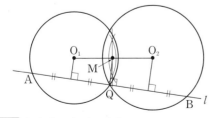

(i) $\overline{O_1O_2}$의 중점 M을 작도한다.

(ii) 점 Q를 지나고 $\overline{MQ}$에 수직인 직선 l을 작도한다.

(iii) 직선 l과 두 원의 교점을 A, B라 한다.

30 $\overline{BE}$, $\overline{CD}$는 각각 $\angle ABC$, $\angle ACB$의 이등분선이다.

$\triangle ABE$와 $\triangle ACD$에서

$\angle A$는 공통 ⋯⋯㉠

$\overline{AB} = \overline{AC}$ ⋯⋯㉡

$\angle ABC = \angle ACB$이므로

$\angle ABE = \angle ACD$ ⋯⋯㉢

㉠, ㉡, ㉢에 의하여

$\triangle ABE \equiv \triangle ACD$(ASA합동)

따라서, $\overline{BE} = \overline{CD}$이다.

31 (1)

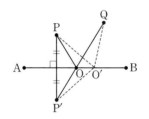

(i) 점 P의 $\overline{AB}$에 대한 대칭인 점 P′을 작도한다.

(ii) 두 점 P′과 Q를 연결한다.

(iii) $\overline{P'Q}$와 $\overline{AB}$의 교점을 O로 잡는다.

(2) 위의 그림에서 점 O′을 $\overline{AB}$ 위에 잡으면 $\overline{PO'} = \overline{P'O'}$이므로 $\overline{PO'} + \overline{QO'} = \overline{P'O'} + \overline{QO'}$

(1)에서 점 O는 $\overline{PO} = \overline{P'O}$이므로

$\overline{PO} + \overline{QO} = \overline{P'O} + \overline{QO} = \overline{P'Q}$

삼각형의 조건에서 두 변의 길이의 합이 나머지 한 변의 길이보다 크므로 $\triangle P'O'Q$에서 $\overline{P'O'} + \overline{QO'} > \overline{P'Q}$

즉, $\overline{PO} + \overline{QO} < \overline{P'O'} + \overline{QO'}$이므로 (1)에서의 점 O가 $\overline{OP} + \overline{OQ}$의 길이를 최소로 하는 점이다.

32 아래 그림과 같이 $P \rightarrow P' \rightarrow P''$은 곡선을 이루면서 이동하는 자취로 작도할 수 있다.

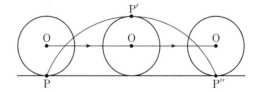

33 삼각형의 세 변의 길이를 각각 x, y, z라 할 때, 삼각형의 결정조건에 의해 $x+y>z$, $x+z>y$, $y+z>x$이다.

두 변의 길이가 같은 삼각형이므로 $y=z$라 하면

$x+y+y=x+2y=25$

이것을 만족하는 세 변의 길이의 순서쌍 (x, y, y)는

$(1, 12, 12), (3, 11, 11), (5, 10, 10), (7, 9, 9),$

$(9, 8, 8), (11, 7, 7)$의 **6개**이다.

특목고 구술·면접 대비 문제

---

1 8개	**2** 풀이 참조	**3** 풀이 참조	**4** 풀이 참조

1 정삼각형의 한 변의 길이는 정육면체의 한 면인 정사각형
의 대각선의 길이와 같다.
한 대각선에서 만들 수 있는 정삼각형은 다음 그림과 같이
2개씩이다.

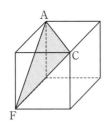 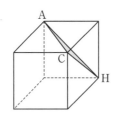

대각선의 총수는 $2 \times 6 = 12$(개)이므로
한 변의 길이가 정사각형의 대각선인 정삼각형의 총수는
$2 \times 12 = 24$(개)
그러나 삼각형은 변이 3개이므로 3번씩 겹쳐진다.
따라서, 구하는 삼각형의 개수는 $24 \div 3 = 8$(개)

다른풀이
위의 풀이는 대각선을 기준으로 하였다면, 여기서는 꼭짓점을 기
준으로 생각해 보자.

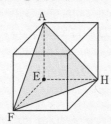 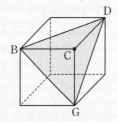

△AFH와 △BGD와 가장 가까운 꼭짓점은 각각 점 E와 점 C
이다. 이와 같이 한 변의 길이가 대각선인 정삼각형의 개수는 꼭
짓점의 개수와 같다. 그러므로 8개의 합동인 삼각형이 나온다.

2 다음과 같이 작도할 수 있다.

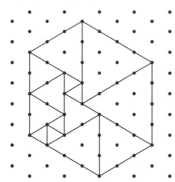

3

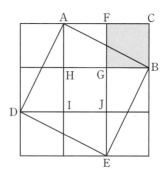

위의 그림에서
△AHB≡△DIA≡△EJD≡△BGE(SAS합동)
따라서, $\overline{AB} = \overline{BE} = \overline{ED} = \overline{DA}$이다.
또한, ∠DAB=∠ABE=∠BED=∠EDA=90°이므로
□ABED는 정사각형이다.
□BCFG의 넓이를 S라 하면
△AHB+△DIA=$2S$ ⋯⋯㉠
△EJD+△BGE=$2S$ ⋯⋯㉡
□HIJG=S ⋯⋯㉢
㉠, ㉡, ㉢에서 □ABED=$2S+2S+S$
따라서, □ABED=$5S$이므로 □ABED의 넓이는
□BCFG의 넓이의 5배이다.

4 $\overline{AD} /\!/ \overline{BC}$이므로
∠EAB+∠ABF=180° ⋯⋯㉠
$\overline{AB} /\!/ \overline{DC}$이므로
∠DCF+∠ABF=180° ⋯⋯㉡
㉠, ㉡에 의하여
∠EAB=∠DCF ⋯⋯㉢
$\overline{AF}$는 ∠BAE의 이등분선이므로
$∠EAF = \frac{1}{2}∠EAB$
$\overline{CE}$는 ∠DCF의 이등분선이므로
$∠ECF = \frac{1}{2}∠DCF$
그런데 ㉢에 의하여
∠EAF=∠ECF
따라서, $\overline{AF} /\!/ \overline{EC}$이다.

시·도 경시 대비 문제

---

1 풀이 참조	**2** 풀이 참조	**3** 풀이 참조

4 △BCF, △ECD, △ADF, △ECF, SAS합동
| **5** 풀이 참조 | **6** 풀이 참조 | **7** 2:1 |
| **8** 풀이 참조 | **9** 풀이 참조 | **10** 풀이 참조 |

11 30°

1 오른쪽 그림과 같이 $\overline{AB} /\!/ \overline{CD}$ 일 때, $\angle EFB$와 $\angle FGD$가 다르다고 하면 점 F를 지나고 $\angle EFP = \angle FGD$인 직선 PQ가 존재한다.

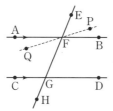

따라서, $\overline{CD} /\!/ \overline{PQ}$이다.

한편, $\angle EFP \ne \angle EFB$이므로 $\overline{PQ}$와 $\overline{AB}$는 다른 직선이다. 이것은 $\overline{CD}$에 평행하면서 점 F를 지나는 직선이 단 하나뿐이라는 사실에 모순이므로 $\angle EFB$와 $\angle FGD$의 크기는 같다.

2 △ABC가 정삼각형이므로

$\angle EAD = \angle FBE = \angle DCF = 60°$ ······ ㉠

$\overline{AD} = \overline{BE} = \overline{CF}$ ······ ㉡

$\overline{AC} = \overline{BC} = \overline{AB}$이므로

$\overline{AE} = \overline{BF} = \overline{CD}$ ······ ㉢

㉠, ㉡, ㉢에 의하여

△AED ≡ △BFE ≡ △CDF (SAS합동)

3 $\overline{AC}$와 직선 l의 교점을 O라 하면

△OAP와 △OCQ에서

$\angle AOP = \angle COQ = 90°$ (직각) ······ ㉠

$\overline{AD} /\!/ \overline{BC}$이므로

$\angle OAP = \angle OCQ$ ······ ㉡

$\overline{AO} = \overline{CO}$ ······ ㉢

㉠, ㉡, ㉢에 의하여

△OAP ≡ △OCQ (ASA합동)

따라서, $\angle AOP = 90°$(직각)이고 $\overline{OP} = \overline{OQ}$이므로 선분 AC는 $\overline{PQ}$의 수직이등분선이다.

4

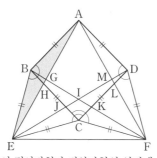

위의 그림에서 정사각형과 정삼각형의 성질에 의해

$\overline{AB} = \overline{BC} = \overline{CD} = \overline{DA} = \overline{BE} = \overline{EC} = \overline{CF} = \overline{DF}$

$\angle ABE = \angle ABC + \angle CBE$

$\qquad = 90° + 60° = 150°$

$\angle BCF = \angle BCD + \angle DCF$

$\qquad = 90° + 60° = 150°$

$\angle ECD = \angle ECB + \angle BCD$

$\qquad = 60° + 90° = 150°$

$\angle ADF = \angle ADC + \angle CDF$

$\qquad = 90° + 60° = 150°$

$\angle ECF = 360° - \angle ECJ - \angle BCD - \angle DCF$

$\qquad = 360° - 60° - 90° - 60°$

$\qquad = 150°$

따라서, △ABE와 합동인 삼각형은 △BCF, △ECD, △ADF, △ECF이고, 합동조건은 **SAS합동**이다.

5

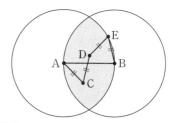

(ⅰ) $\overline{AC} = \overline{CD} = 2$이므로

$0 \le \overline{AD} \le \overline{AC} + \overline{CD} = 4$

따라서, 점 D는 점 A를 중심으로 반지름의 길이가 4인 원의 경계와 그 내부를 움직인다.

(ⅱ) $\overline{DE} = \overline{EB} = 2$이므로

$0 \le \overline{BD} \le \overline{BE} + \overline{DE} = 4$

따라서, 점 D는 점 B를 중심으로 반지름의 길이가 4인 원의 경계와 그 내부를 움직인다.

따라서, (ⅰ), (ⅱ)의 공통 부분은 위의 그림의 색칠한 부분과 같다. (단, 경계 포함)

6 두 직선 m과 n이 만나지 않는다고 하면, 즉 $m /\!/ n$이라 하면 $\angle a = \angle \beta$(동위각)이고, $l \perp m$이므로 $\angle a = \angle \beta = 90°$ 그러나 이것은 직선 n이 직선 l에 수직이 아니라는 조건에 모순이므로 두 직선 m과 n은 반드시 만난다.

7

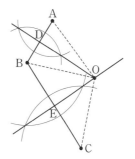

(ⅰ) △ADO와 △BDO에서

$\overline{AD} = \overline{BD}$, $\overline{OD}$는 공통, $\angle ADO = \angle BDO = 90°$

따라서, △ADO ≡ △BDO (SAS합동)이므로

$\angle AOD = \angle BOD$

(ii) △OBE와 △OCE에서

$\overline{BE}=\overline{CE}$, $\overline{OE}$는 공통, $\angle OEB = \angle OEC = 90°$

따라서, $\triangle OBE \equiv \triangle OCE$(SAS합동)이므로

$\angle BOE = \angle COE$

(i), (ii)에 의하여 $\angle AOC = 2\angle DOE$이므로

$\angle AOC : \angle DOE = \mathbf{2 : 1}$

8 $\dfrac{1}{\overline{AB}} + \dfrac{1}{\overline{AD}} = \dfrac{2}{\overline{AC}}$ 의 양변에 $\overline{AC}$를 곱하면

$\dfrac{\overline{AC}}{\overline{AB}} + \dfrac{\overline{AC}}{\overline{AD}} = 2$이므로

$\dfrac{\overline{AC}}{\overline{AB}} - 1 = 1 - \dfrac{\overline{AC}}{\overline{AD}}$

위의 식의 양변을 각각 통분하면

$\dfrac{\overline{AC}-\overline{AB}}{\overline{AB}} = \dfrac{\overline{AD}-\overline{AC}}{\overline{AD}}$ ······㉠

주어진 그림에서 $\overline{AC}-\overline{AB}=\overline{BC}$, $\overline{AD}-\overline{AC}=\overline{CD}$이므로

㉠에 대입하면

$\dfrac{\overline{BC}}{\overline{AB}} = \dfrac{\overline{CD}}{\overline{AD}}$

따라서, $\dfrac{\overline{AB}}{\overline{BC}} = \dfrac{\overline{AD}}{\overline{CD}}$ 이다.

9 $\triangle AEB'$과 $\triangle D'FC$에서

$\angle AB'E = \angle D'CF = 90°$ ······㉠

$\triangle ADF \equiv \triangle AD'F$, $\triangle BED \equiv \triangle B'ED'$이므로

$\overline{AB'} = \overline{AD'} - \overline{B'D'}$

$\overline{D'C} = \overline{BC} - \overline{BD'}$

$\quad = \overline{AD} - \overline{BD'}$

$\quad = \overline{AD'} - \overline{B'D'}$

즉, $\overline{AB'} = \overline{D'C}$ ······㉡

또, $\angle B'D'B + \angle EAB' = 90°$,

$\angle FD'C + \angle B'D'B = 90°$이므로

$\angle EAB' = \angle FD'C$ ······㉢

㉠, ㉡, ㉢에 의하여 $\triangle AEB' \equiv \triangle D'FC$(ASA합동)

10 오른쪽 그림에서

$\overline{CD} = \dfrac{1}{2}\overline{AB}$임을 보이면 된다.

$\overline{CD} \neq \dfrac{1}{2}\overline{AB}$라고 하자.

(i) $\overline{CD} > \dfrac{1}{2}\overline{AB}$라고 하면

$\overline{AD} = \overline{BD}$이므로

$\overline{CD} > \overline{BD}$, $\overline{CD} > \overline{AD}$

따라서, $\angle DBC > \angle BCD$, $\angle DAC > \angle ACD$이므로

$\angle DAC + \angle DBC > \angle BCD + \angle ACD$

즉, $\angle DAC + \angle DBC > 90°$(모순)

(ii) $\overline{CD} < \dfrac{1}{2}\overline{AB}$라고 가정하면

(i)과 같은 방법으로 $\angle DAC + \angle DBC < 90°$(모순)

(i), (ii)에 의해 $\overline{CD} = \dfrac{1}{2}\overline{AB}$이므로

$\overline{AD} = \overline{BD} = \overline{CD}$

따라서, 점 D를 중심으로 하고, 반지름이 $\overline{AD}$인 원을 작도하면 그 원 위에 세 점 A, B, C가 존재한다.

11 보조선 DC를 그으면

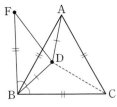

(i) △ABC는 정삼각형이므로

$\overline{AB} = \overline{BC} = \overline{CA}$

주어진 가정에 의해

$\overline{DB} = \overline{DA}$이고,

$\overline{CD}$는 공통이므로

$\triangle BCD \equiv \triangle ACD$(SSS합동)

따라서, $\angle BCD = \angle ACD = 30°$ ······㉠

(ii) 주어진 가정에 의해 $\angle FBD = \angle DBC$,

$\overline{BF} = \overline{AB} = \overline{BC}$이고, $\overline{BD}$는 공통이므로

$\triangle DBF \equiv \triangle DBC$(SAS합동)

따라서, $\angle BCD = \angle BFD$ ······㉡

㉠, ㉡에 의해 $\angle BFD = \angle BCD = \mathbf{30°}$

P. 132~133

올림피아드 **대비 문제**

1 $x^2 = 5a^2$	**2** $\dfrac{(n-2)(n-1)}{2}$ 개	**3** 10개
4 풀이 참조		

1 $\overline{AP} + \overline{PR} + \overline{RE}$의 값이 최소가 되려면 네 점 A, P, R, E가 일직선 위에 있어야 하므로 $x = \overline{AE}$

이때, x^2은 한 변의 길이를 x로 하는 정사각형의 넓이이므로 127쪽의 특목고 구술·면접 대비 문제 3번의 내용을 적용하면 □ABCD의 넓이의 5배이다.

따라서, $x^2 = 5a^2$이다.

2 주어진 예의 그림과 같이 조건을 만족하는 n개의 직선들에 의해서 나누어진 평면의 영역 중에서 넓이가 유한한 것들의 개수를 P_n이라 하자.

(i) $n=0$, $n=1$, $n=2$일 때,

$P_0 = P_1 = P_2 = 0$

(ii) P_3 : 두 개의 직선에 하나의 직선을 추가하면 1개의 유한 영역이 생긴다.

즉, $P_3 = 1$

(iii) P_4 : 세 개의 직선에 하나의 직선을 추가하면 2개의 유한 영역이 추가된다.

즉, $P_4=3$

(iv) P_5 : 네 개의 직선에 하나의 직선을 추가하면 3개의 유한 영역이 추가된다.

즉, $P_5=6$

따라서, 조건에 만족되는 $(n-1)$개의 직선이 그어져 있는 상태에서 1개의 직선을 추가하면 $(n-2)$개의 유한 영역이 추가된다.

즉, $P_n=P_{n-1}+(n-2)$이므로

$$
\begin{aligned}
P_n &= \{P_{n-2}+(n-3)\}+(n-2) \\
&= \{P_{n-3}+(n-4)\}+(n-3)+(n-2) \\
&\quad\cdots \\
&= P_2+1+2+3+4+\cdots+(n-3)+(n-2) \\
&= 1+2+3+\cdots+(n-3)+(n-2) \\
&= \frac{1+(n-2)}{2}\times(n-2) \\
&= \frac{(n-2)(n-1)}{2} \text{(개)}
\end{aligned}
$$

3

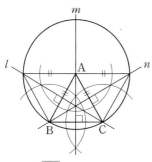

(ⅰ) 점 A를 중심으로 $\overline{AC}$를 반지름의 길이로 하는 원을 그린다.

(ⅱ) $\overline{AB}$의 수직이등분선을 직선 l이라 한다.

(ⅲ) $\overline{BC}$의 수직이등분선을 직선 m이라 한다.

(ⅳ) $\overline{CA}$의 수직이등분선을 직선 n이라 한다.

(ⅴ) 같은 방법으로 두 점 B와 C를 중심으로 $\overline{BC}$, $\overline{CA}$를 반지름의 길이로 하는 원을 그려 작도한다.

(ⅰ)~(ⅴ)에 의하여 △ABC의 세 변의 수직이등분선의 교점을 생각하면 점 O의 개수는 **10개**이다.

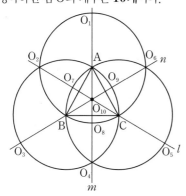

4 오른쪽의 그림과 같이 두 직선 l과 m을 평행한 두 직선이라고 하자. 이때, 한 직선 l과 만나는 임의의 한 직선을 n이라 하고, 그 두 직선의 교점을 P라고 한다.

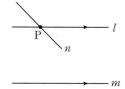

임의의 한 직선 n은 나머지 한 직선 m과 만나거나 만나지 않는 두 가지 경우 중 한 가지이다.

직선 n이 m과 만나지 않으면, 두 직선 n과 m은 평행하다. 그런데 조건에서 $l /\!/ m$이므로 주어진 평행선의 정의와 공리에 의해서 m에 평행한 직선은 유일하게 존재하여야 하므로 직선 n과 m은 평행할 수 없다.

따라서, 직선 n은 m과 반드시 만난다.

Ⅵ 평면도형의 성질

P. 138~155

특목고 대비 문제

1 30개	**2** 124	**3** 24개	**4** ④ **5** 풀이 참조
6 61개	**7** 60개	**8** 60개	

9 $\dfrac{1}{6}n(n-1)(n-2)$개 **10** 55 **11** 있다.

12 12개 **13** 324° **14** 1 : 1 **15** 5가지 **16** 4cm²

17 15cm² **18** 140° **19** 11개 **20** 150° **21** $\dfrac{ap}{2}$

22 30cm² **23** 142.5° **24** 8cm **25** 72cm²

26 풀이 참조   **27** 28개   **28** 풀이 참조

29 25° **30** ∠BAC=60°, ∠ABC=65°,
     ∠ACB=55° **31** 20° **32** 70° **33** 20cm

34 풀이 참조   **35** 풀이 참조 **36** 풀이 참조

37 1 : 5 **38** ④   **39** 50cm²   **40** B

41 모두 같다.   **42** $12r+2\pi r$

43 $(40+\pi)$cm² **44** $5+\dfrac{\pi}{2}$ **45** 풀이 참조

46 6   **47** 900πm²   **48** 5   **49** 4배

50 27π   **51** 4cm   **52** $(200\pi-400)$cm²

1

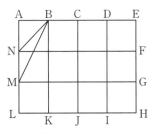

(ⅰ) 한 변의 길이가 $\overline{AB}$인 정사각형 : 12개

(ⅱ) 한 변의 길이가 $\overline{AC}$인 정사각형 : 6개

(ⅲ) 한 변의 길이가 $\overline{AD}$인 정사각형 : 2개

(ⅳ) 한 변의 길이가 $\overline{BN}$인 정사각형 : 6개

(ⅴ) 한 변의 길이가 $\overline{BM}$인 정사각형 : 4개

(ⅰ)~(ⅴ)에서 구하는 정사각형의 개수는
12+6+2+6+4=**30(개)**

2 $\dfrac{n(n-3)}{2}=54$에서 $n(n-3)=108$

12×9=108이므로 $n=12$
정 12각형의 꼭짓점 중 3개를 선택하여 만들어지는 삼각형 중에서
(ⅰ) 정 12각형과 한 변이 겹치는 경우는

8(가지)×12(변)=96(개)

(ⅱ) 정 12각형과 두 변이 겹치는 경우는 12개

(ⅰ), (ⅱ)에서 정 12각형과 겹치는 변이 하나도 없는 삼각형의 개수는

$m=220-(96+12)=112$(개)

따라서, $n+m=12+112=$**124**이다.

3 점 A와 (B, H), (C, G), (D, F)로 만들어지는 이등변삼각형이 3개이다.

점 B~H에 대하여 같은 방법으로 하면 3가지씩이므로 구하는 개수는

3×8=**24(개)**

4 ① 〈그림 2〉와 같이 3×3개의 정사각형으로 분할할 수 있다.

② 〈그림 2〉와 같이 가로를 n개, 세로를 n개로 분할하면 n^2개의 정사각형으로 분할할 수 있다.

③ $4^3=64=8^2$이므로 가로를 8개, 세로를 8개로 분할할 수 있다.

④ $n=6$일 때 〈그림 3〉과 같이 정사각형 ABCD를 6개의 정사각형으로 분할할 수는 있지만 $(n-3)$, 즉 3개의 정사각형으로는 분할할 수 없다.

⑤ 〈그림 2〉, 〈그림 3〉과 같이 n개로 분할한 정사각형 중 하나를 4개의 정사각형으로 분할하면 $(n+3)$개의 정사각형으로 분할할 수 있다.

5 오른쪽 그림과 같이 8개의 작은 도형으로 분할한다.

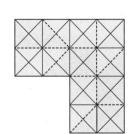

6 평행선이 1개인 경우 : 5(개)

평행선이 2개인 경우 : 5+4=9(개)

평행선이 3개인 경우 : 5+4×2=13(개)

평행선이 4개인 경우 : 5+4×3=17(개)
     ⋮

따라서, 평행선이 15개인 경우는 철사가
5+4×14=**61(개)**의 조각으로 나누어진다.

7 (ⅰ) 작은 삼각형 1개로 이루어진 정삼각형의 개수는
     16×2=32(개)

(ⅱ) 작은 삼각형 4개로 이루어진 정삼각형의 개수는
     9×2=18(개)

(iii) 작은 삼각형 9개로 이루어진 정삼각형의 개수는
$$4 \times 2 = 8(개)$$
(iv) 작은 삼각형 16개로 이루어진 정삼각형의 개수는
$$1 \times 2 = 2(개)$$
(i)~(iv)에 의하여 구하는 삼각형의 총 개수는
$$32 + 18 + 8 + 2 = \mathbf{60(개)}$$

8 (i) 직선 m 위에 변을 잡는 방법 :
$$\overline{FG}, \overline{GH}, \overline{HI}, \overline{FH}, \overline{GI}, \overline{FI}(6가지)$$
(ii) 직선 l 위에 변을 잡는 방법 :
$$\overline{AB}, \overline{BC}, \overline{CD}, \overline{DE}, \overline{AC}, \overline{BD}, \overline{CE}, \overline{AD}, \overline{BE}, \overline{AE}$$
(10가지)
(i), (ii)에 의하여 만들 수 있는 사각형의 개수는
$$6 \times 10 = \mathbf{60(개)}$$

> **참고**
>
> 직선 l과 m 위에서 각각 3개의 점 이상을 잡으면 사각형이 될 수 없다. 그러므로 두 점씩만 선택하여 사각형을 만들어야 한다.

9 세 개의 점을 순차적으로 선택하는 방법의 수는
$$n(n-1)(n-2)(가지)$$
그런데 세 개의 점 P_1, P_2, P_3를 선택한 경우
$(P_1, P_2, P_3), (P_1, P_3, P_2), (P_2, P_1, P_3), (P_2, P_3, P_1),$
$(P_3, P_1, P_2), (P_3, P_2, P_1)$의 6가지 경우는 같은 삼각형 $P_1P_2P_3$가 되므로 구하는 삼각형의 총수는
$$\frac{1}{6}n(n-1)(n-2)(개)$$

10 (i) 삼각형의 개수를 구해 보면
오각형과 한 변을 공유하는 경우 : $5 \times 4 = 20(개)$
오각형과 두 변을 공유하는 경우 : 5개
오각형과 변을 공유하지 않는 경우 : $5 \times 2 = 10(개)$
따라서, $a = 20 + 5 + 10 = 35$이다.
(ii) 사각형의 개수를 구해 보면
오각형과 한 변을 공유하는 경우 : 5개
오각형과 두 변을 공유하는 경우 : 5개
오각형과 세 변을 공유하는 경우 : 5개
오각형과 변을 공유하지 않는 경우 : 5개
따라서, $b = 5 + 5 + 5 + 5 = 20$이다.
(i), (ii)에 의하여 $a + b = 35 + 20 = \mathbf{55}$

11 오른쪽 그림과 같이 배열하고 하나의 정사각형을 빼면 된다.
따라서, 중복없이 덮을 수 **있다.**

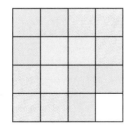

12 오른쪽 그림과 같이 사다리꼴 2개를 붙여 보면
$$\angle x = 360° - 105° \times 2$$
$$= 150°$$
□ABCD에서
$$\angle B = \angle D = 75°(동위각)$$
이므로
$$\angle DAB$$
$$= 360° - (150° + 75° + 75°) = 60°$$
즉, $\angle BAC = \dfrac{1}{2}\angle DAB = 30°$이다.
따라서, 주어진 사다리꼴을 n개까지 붙일 수 있다고 하면
$$\frac{360°}{n} = 30°에서 n = \mathbf{12(개)}이다.$$

13 정육각형의 한 내각의 크기는
$$\frac{180° \times (6-2)}{6} = 120°$$
정오각형의 한 내각의 크기는
$$\frac{180° \times (5-2)}{5} = 108°$$
따라서, $\angle x = \angle z = 180° - 120° = 60°$,
$\angle y = 360° - (120° + 108°) = 132°$,
$\angle w = 180° - 108° = 72°$이므로
$$\angle x + \angle y + \angle z + \angle w = 60° + 132° + 60° + 72°$$
$$= \mathbf{324°}$$

14 오른쪽 그림과 같이 대각선 BO를 그어 보면 점 F가 $\overline{MB}$의 중점이 므로 $\overline{MF} = \overline{BF}$에서
$$\triangle OMF = \triangle OBF$$
같은 방법으로 하면
$$\triangle ONG = \triangle OGB$$
따라서, $\triangle OEF + \triangle OGH + \triangle OIJ + \triangle OKL$의 값은 나머지 부분의 넓이의 합과 같으므로 구하는 비는 **1 : 1**이다.

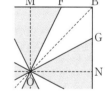

15 가로와 세로의 길이가 어떻게 되는지를 생각해 본다. 아래 그림은 모든 경우를 나타낸 것이다. 따라서, 만들 수 있는 길이는 **5가지**가 된다.

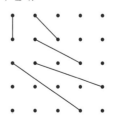

16 오른쪽 그림에서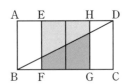
(구하는 사각형의 넓이)
= (가로와 세로의 길이가 모두
3cm인 정사각형의 넓이)
− {(A+B+C+D+E)의
넓이}
$= 3 \times 3 - \left(\frac{1}{2} \times 3 \times 1 + \frac{1}{2} \times 2 \times 1\right.$
$\left. + 1 \times 1 + \frac{1}{2} \times 1 \times 1 + \frac{1}{2} \times 2 \times 1\right)$
$= 9 - 5 = \mathbf{4(cm^2)}$

17

(색칠한 부분의 넓이)
$= \frac{1}{2} \times$ (사각형 EFGH의 넓이)
$= \frac{1}{2} \times \left\{\frac{1}{2} \times \text{(사각형 ABCD의 넓이)}\right\}$
$= \frac{1}{4} \times 60 = \mathbf{15(cm^2)}$

18 나머지 내각의 크기의 합을 x라 하면 볼록 n각형의 내각의 크기의 합은 $180° \times (n-2)$이므로
$x = 180° \times (n-2) - 2200°$
$0° < x < 180°$이므로 $0° < 180° \times (n-2) - 2200° < 180°$
$\frac{2200°}{180°} < n-2 < \frac{2380°}{180°}$, $12.3 < n-2 < 13.2$
$14.3 < n < 15.2$
따라서, $n=15$, $x=180° \times 13 - 2200° = \mathbf{140°}$이다.

19 정 n각형의 한 내각의 크기는
$\frac{180° \times (n-2)}{n} = 180° - \frac{360°}{n}$ ······㉠
㉠이 정수가 되려면 n은 $3 \le n \le 20$인 360의 약수가 되어야 한다.
$360 = 2^3 \times 3^2 \times 5$이므로 2^2, 2^3, 3, 3^2, 5, 2×3, $2^2 \times 3$, 2×3^2, 2×5, 3×5, $2^2 \times 5$의 **11개**이다.

20 오른쪽 그림에서
$\angle BOD = \angle DOC = \angle COA$
$= 180° \div 3 = 60°$
$\angle ODF = \angle OCF = \angle ODB$
$= 180° - (45° + 60°)$
$= 75°$

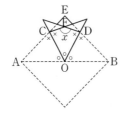

따라서, □OCFD에서
$\angle x = 360° - (60° + 75° \times 2)$
$= \mathbf{150°}$

21
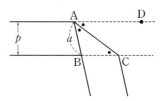

위의 그림과 같이 접기 전을 생각해 보면
$\angle DAC = \angle BAC$(접은 각), $\angle DAC = \angle ACB$(엇각)
따라서, △ABC는 이등변삼각형이므로
$\overline{BC} = \overline{AB} = a$
즉, △ABC는 밑변이 a이고, 높이가 p인 삼각형이므로
△ABC의 넓이는
$\frac{1}{2} \times a \times p = \frac{ap}{2}$

22
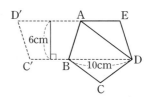

두 사각형 ABCD와 ABC′D′은 접은 도형이므로 그 넓이는 같다.
(평행사변형의 넓이) = □ABC′D′ + □ABDE,
(오각형의 넓이) = □ABCD + △ADE
이므로 구하는 넓이의 차는
(□ABC′D′ + □ABDE) − (□ABCD + △ADE)
= □ABDE − △ADE
= △ABD
$= \frac{1}{2} \times 10 \times 6 = \mathbf{30(cm^2)}$

23 △ABF에서 $\angle ABF = 65°$이므로
$\angle AFB = 180° - (90° + 65°) = 25°$,
$\angle EBF = 25° \div 2 = 12.5°$
따라서, $\angle DFE = 90° - 25° = 65°$,
$\angle BEC = 90° - 12.5° = 77.5°$이므로
$\angle DFE + \angle BEC = 65° + 77.5° = \mathbf{142.5°}$

24
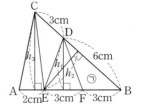

(ⅰ) △DEB에서 △DEF : △DFB=1 : 1이고 높이는 h_1
으로 같으므로 $\overline{EF}$: $\overline{FB}$=1 : 1, 즉 $\overline{EF}$=3(cm)이다.

(ⅱ) △EBC에서 △EBD : △EDC=2 : 1이고 높이는 h_2
로 같으므로 $\overline{BD}$: $\overline{DC}$=2 : 1, 즉 $\overline{DC}$=3(cm)이다.

(ⅲ) △CAB에서 △CAE : △CEB=1 : 3이고 높이는 h_3
로 같으므로 $\overline{AE}$: $\overline{EB}$=1 : 3, 즉 $\overline{AE}$=2(cm)이다.

(ⅰ), (ⅱ), (ⅲ)에 의하여
$\overline{AB}=\overline{AE}+\overline{EF}+\overline{FB}$
$\quad=2+3+3=$ **8(cm)**

25 오른쪽 그림과 같이 가장 긴
대각선은 $\overline{AE}$이고, 길이가
24cm이므로 대각선 AE의
중점을 O라고 하면
$\overline{BD}/\!/\overline{AE}$이다.

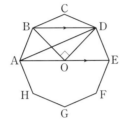

따라서, 삼각형 ABD의 넓이
는 밑변을 $\overline{BD}$로 하는 삼각형
BOD의 넓이와 같다.
이때, ∠BOD=90°이므로

$△ABD=△BOD=\dfrac{1}{2}\times\overline{OB}\times\overline{OD}$

$\qquad\qquad=\dfrac{1}{2}\times12\times12$

$\qquad\qquad=$ **72(cm²)**

26 (ⅰ) 원주 위의 한 점 A를 잡고, 점 A를 중심으로 주어진 원
의 반지름의 길이와 같은 원을 그린다.

(ⅱ) B → C → D → E → F를 계속 그려간다.

(ⅲ) 점 A, B, C, D, E, F를 이으면 정육각형 ABCDEF
가 그려진다.

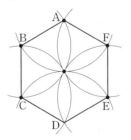

27 (ⅰ) 팔각형을 만들 수 있다.
즉, $\overline{O_1O_2}$, $\overline{O_2O_3}$, ···, $\overline{O_7O_8}$, $\overline{O_8O_1}$의 8개

(ⅱ) 팔각형의 대각선의 총수 : $\dfrac{8\times(8-5)}{2}=$20(개)

(ⅰ), (ⅱ)에 의하여 구하는 직선의 개수는
8+20=**28(개)**

28 보조선 OD를 그으면
△OAD는 $\overline{OA}=\overline{OD}$인 이
등변삼각형이므로
∠OAD=∠ODA
또, $\overline{OA}=\overline{OD}=\overline{OC}=\overline{OB}$
(반지름)이고, $\overline{AD}/\!/\overline{OC}$이
므로 ∠ADO=∠DOC(엇각),
∠DAO=∠COB(동위각)
따라서, △OCD≡△OBC(SAS합동)이므로
$\overline{CD}=\overline{BC}$이다.

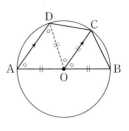

29 보조선 AO를 그으면 $\overset\frown{AB}=\overset\frown{AC}$이므로

∠AOB=∠AOC=$\dfrac{1}{2}\times(360°-100°)=130°$

따라서, △AOC에서 $\overline{OA}=\overline{OC}$이므로

∠OCA=$\dfrac{1}{2}\times(180°-130°)$

$\qquad\quad=$ **25°**

30

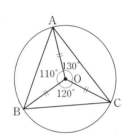

∠AOB+∠BOC+∠AOC=360°이므로
$(∠x+60°)+(2∠x+20°)+(3∠x-20°)=360°$,
$6∠x+60°=360°$에서 $∠x=50°$이다.

따라서, ∠AOB=110°, ∠BOC=120°, ∠AOC=130°
$\overline{OA}=\overline{OB}=\overline{OC}$에서 △AOB, △BOC, △AOC는 이등
변삼각형이므로

∠OAB=∠OBA=$\dfrac{1}{2}\times(180°-110°)=35°$

∠OBC=∠OCB=$\dfrac{1}{2}\times(180°-120°)=30°$

∠OCA=∠OAC=$\dfrac{1}{2}\times(180°-130°)=25°$

따라서, ∠BAC=**60°**, ∠ABC=**65°**, ∠ACB=**55°**이다.

31 $\overset\frown{DF}:\overset\frown{EF}:\overset\frown{DE}$
$=4 : 3 : 2$이므로

∠DOF=$\dfrac{4}{4+3+2}\times360°$

$\qquad\quad=160°$

또한, 원의 접선은 그 접점을
지나는 반지름에 수직이므로
∠ADO=∠AFO=90°

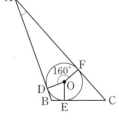

이때, □ADOF의 내각의 크기의 합은 360°이므로

∠DAF+90°+90°+160°=360°

따라서, ∠DAF=**20°**이다.

32 $\overrightarrow{AB}$와 $\overrightarrow{AC}$는 접선이므로

∠ABO=∠ACO=90°

이때, □ABOC의 내각의 크기의 합은 360°이므로

40°+90°+90°+∠BOC=360°에서

∠BOC=140°

이때, △OBC는 $\overline{OB}=\overline{OC}$인 이등변삼각형이므로

∠OBC=∠OCB=$\frac{1}{2}$(180°−∠BOC)=20°

따라서, ∠ABC=∠ABO−∠OBC

= 90°−20°=**70°**

33 $\overline{OA}\,/\!/\,\overline{CB}$이므로

∠OBC=∠AOB

=40°(엇각)

보조선 OC를 그으면 △OBC는 $\overline{OB}=\overline{OC}$인 이등변삼각형이므로

∠OCB=∠OBC=40°

따라서, ∠BOC

=180°−(40°+40°)

=100°

또한, $\overparen{AB}:\overparen{BC}=$∠AOB : ∠BOC이므로

$8:\overparen{BC}=40°:100°$

따라서, $\overparen{BC}=$**20(cm)**이다.

34 보조선 $\overline{OA}$, $\overline{OD}$를 긋고, 점 O에서 $\overline{AD}$에 내린 수선의 발을 E라고 하자.

△OAE와 △ODE에서

$\overline{OA}=\overline{OD}$ (큰 원의 반지름)

⋯⋯㉠

$\overline{OE}$는 공통   ⋯⋯㉡

또, ∠OAE=∠ODE이므로

∠AOE=∠DOE   ⋯⋯㉢

따라서, ㉠, ㉡, ㉢에 의하여

△OAE≡△ODE(ASA합동)이므로

$\overline{AE}=\overline{DE}$ ⋯⋯㉣

같은 방법으로 하면 △OBE와 △OCE에서

$\overline{BE}=\overline{CE}$ ⋯⋯㉤

따라서, ㉣, ㉤에 의하여

$\overline{AB}=\overline{AE}-\overline{BE}=\overline{DE}-\overline{CE}=\overline{CD}$

35 $\overline{AO}\,/\!/\,\overline{BC}$이므로

∠AOF=∠CFO(엇각)

△OFC는 $\overline{OF}=\overline{OC}$인 이등변삼각형이므로

∠OFC=∠OCF

$\overline{AO}\,/\!/\,\overline{BC}$이므로

∠DOE=∠OCF(동위각)

따라서, ∠DOE=∠EOF이므로 $\overparen{DE}=\overparen{EF}$

36 오른쪽 그림과 같이 두 점 A, O를 연결하여 원과 만나는 점을 D라 하면 △OAB와 △OAC는 이등변삼각형이다.

즉, ∠OAB=∠OBA, ∠OAC=∠OCA이므로

∠BOD=∠BAO+∠ABO

=2∠BAO,

∠COD=∠CAO+∠ACO=2∠CAO

따라서, ∠BAO=$\frac{1}{2}$∠BOD, ∠CAO=$\frac{1}{2}$∠COD이므로

∠BAC=∠BAO+∠CAO

=$\frac{1}{2}$∠BOD+$\frac{1}{2}$∠COD

=$\frac{1}{2}$(∠BOD+∠COD)

=$\frac{1}{2}$∠BOC

37 △OAM과 △OBM에서

$\overline{AM}=\overline{BM}$,

$\overline{OA}=\overline{OB}$,

$\overline{OM}$은 공통

따라서, △OAM≡△OBM (SSS합동)이므로

∠OBM=∠OAM=60°

따라서, ∠OMA=∠OMB=90°이므로

∠AOC=∠BOC=30°

또한, ∠DOB=180°−∠BOC

=180°−30°=150°

따라서, $\overparen{AC}:\overparen{BD}=$∠AOC : ∠BOD

=30°:150°=**1:5**

38 중심인 O_2가 지나지 않는 영역은 오른쪽 그림의 색칠한 부분과 같다.

따라서, **부채꼴** 모양이다.

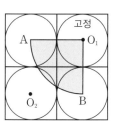

39 오른쪽 그림에서 ㉠과 ㉡ 부
분을 각각 ㉢과 ㉣ 부분에 붙
인다고 생각하면

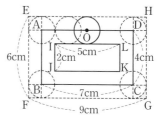

(구하는 넓이)

= 2 × (한 변의 길이가 5cm
인 정사각형의 넓이)

= 2 × (5 × 5) = **50(cm²)**

40 한 원의 반지름의 길이를 r라고 하면

(A의 끈의 길이)

= (원의 둘레의 길이) + 12 × (반지름의 길이)

= $2\pi r + 12r$

(B의 끈의 길이)

= (원의 둘레의 길이) + 8 × (반지름의 길이)

= $2\pi r + 8r$

따라서, **B**의 경우가 끈이 더 적게 든다.

41

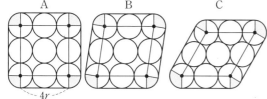

빈 캔의 반지름의 길이를 r라 하면 위의 그림에서

(끈의 길이) = (가로와 세로의 길이가 모두 4r인 사각형의
둘레의 길이) + (색칠한 부채꼴의 호의 길이)

또, A, B, C의 색칠한 부분을 짜 맞추면 하나의 원이 된다.

따라서, A, B, C 모두 필요한 끈의 길이는 $16r + 2\pi r$로
모두 같다.

42

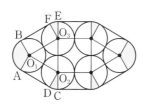

위의 그림에서 △O₁O₂O₃는 정삼각형이고, □O₁O₃FB는
직사각형이므로

$\angle AO_1B = 120°$, $\angle FO_3E = 30°$

따라서, 필요한 끈의 길이는

$6 \times \overline{BF} + 2 \times \widehat{AB} + 4 \times \widehat{EF}$

= $6 \times 2r + 2 \times 2\pi r \times \dfrac{120°}{360°} + 4 \times 2\pi r \times \dfrac{30°}{360°}$

= $12r + \dfrac{4\pi r}{3} + \dfrac{2\pi r}{3}$

= **$12r + 2\pi r$**

43

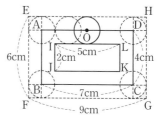

(구하는 넓이) = (□EFGH의 넓이) − (□IJKL의 넓이)
− (색칠한 부분의 넓이)

= $9 \times 6 - 5 \times 2 - 4\left(1 - \pi \times 1^2 \times \dfrac{90°}{360°}\right)$

= **$40 + \pi$(cm²)**

44

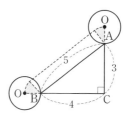

(구하는 길이)

= ($\overline{AB}$의 길이) + (색칠한 부채꼴의 호에 대한 길이)

= $5 + 2\pi \times 1 \times \dfrac{90°}{360°}$

= $5 + \dfrac{\pi}{2}$

45 부채꼴의 중심각의 크기를 $x°$라 하면

$l = 2\pi r \times \dfrac{x}{360}$에서

$\pi r \times \dfrac{x}{360} = \dfrac{l}{2}$

$S = \pi r^2 \times \dfrac{x}{360}$이므로

$S = \pi r \times \dfrac{x}{360} \times r = \dfrac{l}{2} \times r = \dfrac{1}{2}rl$

46

1번 접으면 원은 0개, 2번 접으면 원은 1개, 3번 접으면 원
은 3개, 4번 접으면 원은 9개, 5번 접으면 원은 21개, 6번
접으면 원은 49개, …생긴다.

이때, 직사각형 모양의 용지 귀퉁이 부분에는 부채꼴이 생
긴다.

원의 개수를 x개라 하면

$x \times \pi \times 2^2 = 196\pi$에서 $x = 49$

따라서, $n = $ **6**이다.

47 한 변의 길이가 $2a$인 정사각형의 넓이를 T, 내접원의 넓이를 S라 하면 $\dfrac{S}{T}=\dfrac{\pi a^2}{4a^2}=\dfrac{\pi}{4}$이다. 따라서, $\dfrac{S}{T}$는 a의 값에 관계없이 일정하다.

그러므로 교실 바닥에 있는 n개의 정사각형의 넓이를 T_n, 내접원의 넓이를 $S_n\,(n=1,\,2,\,3,\,\cdots)$이라 하면

$$\frac{S_1}{T_1}=\frac{S_2}{T_2}=\cdots=\frac{S_n}{T_n}=\frac{\pi}{4}$$

따라서, $\dfrac{S_1+S_2+\cdots+S_n}{T_1+T_2+\cdots+T_n}=\dfrac{\pi}{4}$,

$T_1+T_2+\cdots+T_n=60^2$이므로

$$S_1+S_2+\cdots+S_n=\frac{\pi}{4}\times 60^2=\mathbf{900\pi(m^2)}$$

48

〈그림 1〉　　　　〈그림 2〉

정사각형 안에서 원이 움직이면 위의 〈그림 1〉과 같이 네 귀퉁이의 흰 부분을 지나지 못한다.
원의 반지름의 길이를 r라 하면 흰 부분의 넓이는 위의 〈그림 2〉의 흰 부분의 넓이와 같으므로

$(2r)^2-\pi r^2=(4-\pi)r^2$

$11\times 11-(4-\pi)r^2=21+25\pi$이므로

$(4-\pi)r^2=25(4-\pi)$, $r^2=25$

그런데 $r>0$이므로 $r=\mathbf{5}$이다.

49 (활꼴 ㈎의 넓이)$=\dfrac{1}{3}\{$(큰 원의 넓이)$-\triangle ABC\}$

(활꼴 ㈏의 넓이)$=\dfrac{1}{3}\{$(작은 원의 넓이)$-\triangle DEF\}$

그런데, 원의 넓이는 반지름의 길이의 제곱에 비례하고, $\overline{OA}=2\overline{OE}$이므로 다음이 성립한다.

(큰 원의 넓이)$=4\times$(작은 원의 넓이)

또, $\overline{AB}=2\overline{DE}$이므로 $\triangle ABC=4\times\triangle DEF$에서

(활꼴 ㈎의 넓이)$=\dfrac{1}{3}\{$(큰 원의 넓이)$-\triangle ABC\}$

$\qquad=\dfrac{4}{3}\{$(작은 원의 넓이)$-\triangle DEF\}$

$\qquad=4\times$(활꼴 ㈏의 넓이)

따라서, 활꼴 ㈎의 넓이는 활꼴 ㈏의 넓이의 **4배**이다.

50 오른쪽 그림과 같이 두 원의 겹치는 부분을 C라고 하자.
큰 원의 넓이는 $T+C$이고, 작은 원의 넓이는 $S+C$이므로

(큰 원의 넓이)$-$(작은 원의 넓이)
$=T+C-(S+C)$
$=T-S$

따라서, $T-S=$(큰 원의 넓이)$-$(작은 원의 넓이)
$\qquad\qquad=6^2\times\pi-3^2\times\pi=\mathbf{27\pi}$

51 $\triangle BDE$와 $\triangle BAD$는 밑변의 길이가 같고, 높이도 같으므로 $\triangle BAD$의 넓이는 $4\pi\text{cm}^2$이다.

또한, $\triangle BEC$의 밑변의 길이는 $\triangle BAD$의 2배이고 높이는 같으므로 $\triangle BEC$의 넓이는 $2\times 4\pi=8\pi(\text{cm}^2)$이다.

따라서, $\triangle ABC$의 넓이는 $4\pi+4\pi+8\pi=16\pi(\text{cm}^2)$이므로 구하는 원의 반지름의 길이를 $r\text{cm}$라 하면 $\pi r^2=16\pi$에서 $r=\mathbf{4(cm)}$이다.

52 주어진 그림을 4등분하면 오른쪽 그림과 같다.

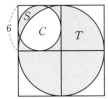

(구하는 넓이)
$=4\times 2\times\{$(부채꼴 AEF의 넓이)
$\qquad\qquad -\triangle AEF\}$
$=4\times 2\times\left(\pi\times 10^2\times\dfrac{90°}{360°}-\dfrac{1}{2}\times 10\times 10\right)$
$=\mathbf{200\pi-400(cm^2)}$

P. 156~157

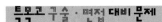
특목고 구술·면접 대비 문제

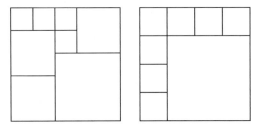

1 풀이 참조　　　　**2** $2r(n+\pi)$

3 (1) 6개　(2) 8개　(3) $(2n+4)$개

4 풀이 참조

1 다음 그림과 같이 8개의 정사각형으로 구분하여 나타낼 수 있다.

> 참고
> 답은 여러 가지 경우가 있다.

2

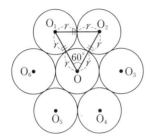

위의 그림과 같이 생각하면 $\angle x_1 + \angle x_2 + \cdots + \angle x_n = 360°$ 이므로 구하는 끈의 길이는

$$2r \times n + 2\pi r = 2r(n+\pi)$$

3 (1) 동전 한 개의 반지름의 길이를 r라 하면 오른쪽 그림에서 $\triangle O_1 O O_2$는 한 변의 길이가 $2r$인 정삼각형이므로

$$\angle O_1 O O_2 = 60°$$

따라서, 필요한 최소한의 동전의 개수는

$$\frac{360°}{60°} = 6(개)$$

(2) 위의 (1)의 그림에서 중심이 O인 원 옆에 한 개의 원을 접하게 하면 2개의 원이 추가로 필요하다.

즉, $6+2=8(개)$

(3) 6개에 2개씩 추가되므로 필요한 동전의 개수는

$$6+2(n-1)=2n+4(개)$$

4 세 원 O, O′, O″의 반지름의 길이를 각각 r, r', r''라고 하자. 또, $\overline{AB}=2R$라 하면

$$R=r+r'+r''$$

세 원의 둘레의 길이는 $2\pi(r+r'+r'')$이고, $\overline{AB}$를 지름으로 하는 원의 둘레의 길이는 $2\pi R$이므로 원의 둘레의 길이는 변함이 없다.

마찬가지로 n개의 원을 접하면서 그려 넣어도 n개의 원의 둘레의 길이의 합은 큰 원의 둘레의 길이와 같다.

시·도 경시 대비 문제

1 7가지	**2** 4가지	**3** 풀이 참조	**4** 9
5 풀이 참조	**6** 풀이 참조	**7** 40개, 32개	
8 40cm²	**9** $180° \times (n-4)$	**10** 18	
11 $(3n+1)$부분	**12** 풀이 참조	**13** 풀이 참조	
14 12개	**15** 2바퀴		

1

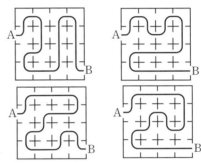

위의 그림과 같이 붙여서 만들면 모두 **7가지**이다.

2 주어진 조건을 만족하는 방법은 다음 **4가지**가 있다.

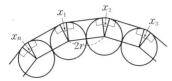

3 단순하게 생각하면 L자 조각 2개의 넓이의 합이 8이고, 정사각형의 넓이 100은 8의 배수가 되지 못하므로 덮을 수 없다.

즉, 아래에 주어진 〈그림 3〉과 같이 백색과 흑색을 칠했을 때, L자 조각은 〈그림 4〉의 ①과 같이 흑 3, 백 1을 차지하거나 ②와 같이 흑 1, 백 3을 차지할 수 밖에 없다. ①과 같은 경우의 x개와 ②와 같은 경우의 y개로 〈그림 1〉을 덮을 수 있다면, $x+y=25$이고, 놓여진 흑의 개수 $(3x+y)$개는 놓여진 백의 개수 $(x+3y)$개와 같으므로

$3x+y=x+3y$, 즉 $x=y=12.5$가 되어 모순이다.

따라서, $10 \times 10 = 100(개)$의 정사각형으로 이루어진 〈그림 1〉과 같은 도형을 〈그림 2〉와 같은 L자 조각 25개로 모두 덮을 수 없다.

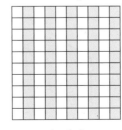

〈그림 3〉

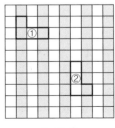

〈그림 4〉

4 △ADI, △BEF, △CHG는 모두 정삼각형이므로
$\overline{AD}=3$, $\overline{AI}=3$, $\overline{BE}=2$, $\overline{BF}=2$, $\overline{CH}=1$, $\overline{CG}=1$
△ABC의 세 변의 길이는 모두 같으므로
$\overline{AB}=\overline{BC}=\overline{CA}$에서
$3+y+2=2+6+1=1+x+3$
따라서, $x=5$, $y=4$이므로
$x+y=\mathbf{9}$

5 $\overline{BC}$, $\overline{CA}$, $\overline{AB}$의 중점을 각
각 D, E, F라 하면 △ABC
는 4개의 합동인 삼각형
△AFE, △FBD, △EDC,
△DEF로 나누어지고, 각각
의 넓이는 $\dfrac{S}{4}$이다.

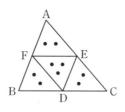

△ABC 안에 임의의 9개의 점을 찍으면 $9=2\times4+1$이므
로 4개의 삼각형 중 적어도 한 삼각형 안에는 반드시 세 점
이 존재한다. (단, 경계선 포함)

따라서, 이 세 점을 이은 삼각형의 넓이는 $\dfrac{S}{4}$ 이하이다.

6 △ABD와 △ADC에서
$\overline{AB}=\overline{AD}$, $\angle ABD=\angle ADC$, $\angle BAD=\angle DAC$
따라서, △ABD≡△ADC(ASA합동)이므로
$\overline{AB}=\overline{AD}=\overline{AC}$
즉, △ABC는 이등변삼각형이고, $\overline{AD}$는 ∠BAC의 이등
분선이므로 $\overline{AD}$는 $\overline{BC}$의 수직이등분선이다.
따라서, $\overline{AD}\perp BC$이다.

7 가장 바깥쪽의 한 변의 정사각형 수를 x개라 하자.
(ⅰ) 두 번째 바깥쪽의 한 변의 정사각형 수 : $(x-2)$개
(ⅱ) 세 번째 바깥쪽의 한 변의 정사각형 수 : $(x-4)$개
(ⅲ) 네 번째 바깥쪽의 한 변의 정사각형 수 : $(x-6)$개
(ⅳ) 가장 안쪽의 한 변의 정사각형 수 : $(x-8)$개
(ⅰ)~(ⅳ)에 의해
$4\{(x-1)+(x-3)+(x-5)+(x-7)+(x-9)\}=700$
$20x=800$에서 $x=40$
따라서, 가장 바깥쪽의 한 변의 정사각형의 개수는 **40개**이
고, 가장 안쪽의 한 변의 정사각형의 개수는 **32개**이다.

8 오른쪽 그림에서 △ABC와
△ACD의 넓이 사이에 다음 관
계가 성립한다.
(△ABC의 넓이)
$=3\times$(△ACD의 넓이)
따라서, 작은 정육각형과 큰 두

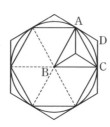

정육각형의 넓이의 비는 $3:4$이므로 큰 정육각형의 넓이는
$30\times\dfrac{4}{3}=\mathbf{40}(\mathbf{cm}^2)$

9

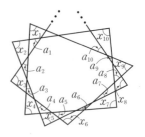

위의 그림과 같이 n각형의 외각을 생각해 보자.
외각은 각각 a_1, a_2, a_3, $\cdots$, a_n이므로
$\angle a_1+\angle a_2+\angle a_3+\cdots+\angle a_n=360°$
꼭지각 x_i를 한 각으로 가지는 삼각형을 생각해 보면 n개
의 삼각형의 내각의 크기의 합은 $180°\times n$이고, 나머지 두
각들의 크기의 합은 $2(\angle a_1+\angle a_2+\angle a_3+\cdots+\angle a_n)$이
므로
$\angle x_1+\angle x_2+\angle x_3+\cdots+\angle x_n$
$+2(\angle a_1+\angle a_2+\angle a_3+\cdots+\angle a_n)=180°\times n$
따라서,
$\angle x_1+\angle x_2+\angle x_3+\cdots+\angle x_n=180°\times n-2\times360°$
$\qquad\qquad\qquad\qquad\qquad=\mathbf{180°}(\mathbf{n-4})$

10 별꼴 정 n각형은
다각형 $B_1B_2\cdots B_n$과 n개의
△$B_1A_2B_2$로 이루어져 있다.
따라서, 내각의 크기의 합은

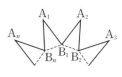

$180°\times(n-2)+180°\times n=180°\times(2n-2)$
또, n개의 $\angle A_1$과 n개의 $360°-\angle B_1$으로 되어 있으므로
$180°\times(2n-2)=n\angle A_1+n(360°-\angle B_1)$
$n(\angle B_1-\angle A_1)=360°$
그런데 $\angle B_1-\angle A_1=20°$이므로
$20°\times n=360°$
따라서, $n=\mathbf{18}$이다.

11 그림의 원에 직접 현을 그려서 살펴본다.

 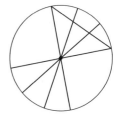

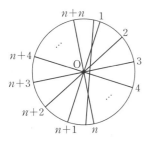

따라서, $2n+(n+1)$부분, 즉 $(3n+1)$부분으로 나눌 수 있다.

12 (i) 대각선 $\overline{AC}$, $\overline{BD}$를 긋는다.

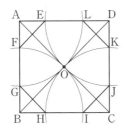

(ii) 사각형의 꼭짓점을 중심으로 하고 $\overline{AO}$를 반지름으로 하는 원을 그린다.

(iii) (ii)와 사각형 ABCD의 교점을 연결하면 정팔각형 EFGHIJKL이 완성된다.

13 (i) O를 지나는 지름을 작도한다.

(ii) 반지름의 이등분선을 작도하여 A라고 한다.

(iii) $\overline{BO}\perp\overline{OA}$인 $\overline{BO}$를 작도한다.

(iv) 중심 A이고 반지름이 $\overline{AB}$인 원을 그려 지름과의 교점을 C라 한다.

(v) 중심 B이고 반지름 $\overline{BC}$인 원을 그려 원 O와의 교점을 D, E라 한다.

(vi) 중심 D이고 반지름 $\overline{BC}$인 원을 그려 원 O와의 교점을 F라 한다.

(vii) 중심이 E이고 반지름 $\overline{BC}$인 원을 그려 원 O와의 교점을 G라 한다.

(viii) 점 B, D, F, G, E를 이어 정오각형 BDFGE를 완성한다.

14 오른쪽 그림에서
$\overline{OA}=9$, $\overline{OE}=15$, $\overline{AB}=6$
$\overline{CD}=2\overline{AD}$
$\overline{AD}$는 주어진 길이의 비에 의해 12이다.
따라서, 가장 짧은 현의 길이는 24이고, 가장 긴 현의 길이는 30이다.
즉, 가장 짧은 현은 $\overline{CD}$, 가장 긴 현은 $\overline{BE}$이다.

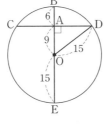

오른쪽 그림과 같이 길이가 25 이상 29 이하인 현은 두 가지씩 그을 수 있다.
즉, 25, 26, 27, 28, 29의 길이인 현은 2개씩 존재하므로 구하는 개수는
$1+2+2+2+2+2+1$
$=\mathbf{12(개)}$

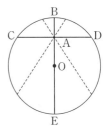

15

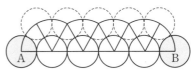

원이 움직인 거리는 원의 중심이 이동한 거리와 같다.
원의 반지름의 길이를 r라 하면 원의 중심이 이동한 거리는 위의 그림에서 반지름의 길이가 $2r$, 중심각의 크기가 $60°$인 부채꼴 6개의 원주를 합한 것과 같다.
즉, (원의 움직인 거리)$=6\times\left(2\pi\times 2r\times\dfrac{60°}{360°}\right)$

$$=4\pi r$$

따라서, (원이 굴러간 바퀴 수)$=\dfrac{4\pi r}{2\pi r}=\mathbf{2(바퀴)}$이다.

P. 164~165

올림피아드 대비 문제

1 풀이 참조   **2** 풀이 참조   **3** 풀이 참조
4 45조각, $3+(2+4+6+8+10+\cdots+2n)$조각

1 (i) n이 짝수일 때,

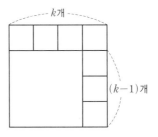

위의 그림과 같이 $n=6, 8, 10, 12, \cdots$
즉, $n=2k(k\geq 3)$일 때 분할하면
(정사각형의 개수)$=k+(k-1)+1=2k=n$

(ii) n이 홀수일 때,

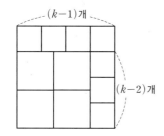

위의 그림과 같이 $n=7, 9, 11, 13, \cdots$

즉, $n=2k+1(k \geq 3)$일 때 분할하면

(정사각형의 개수)$=(k-1)+(k-2)+4$
$$=2k+1=n$$

(i), (ii)에 의하여 주어진 정사각형을 $n(n \geq 6)$개의 작은 정사각형으로 분할할 수 있다.

2 l개의 삼각형들의 내각의 크기의 합은 $180° \times l$이다. 이것은 정 n각형의 내각의 크기의 합 $180° \times (n-2)$와 내부에 있는 점 m개에서 나오는 $360° \times m$의 합이다.

즉, $180° \times l = 180° \times (n-2) + 360° \times m$
$$= 180° \times \{(n-2) + 2m\}$$

따라서, $l+n=2(n+m-1)$이므로 $n+l$은 항상 짝수이다.

3

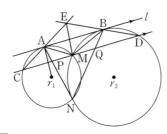

$\overline{Ar_1}$은 $\overline{CM}$의 수직이등분선이다.

즉, $\overline{AC} = \overline{AM}$

같은 방법으로 하면 $\overline{BM} = \overline{BD}$

또, 평행선과 동위각, 엇각의 성질에 의해

$\angle EAB = \angle ACM = \angle ABE = \angle MDB$

즉, $\angle EAB = \angle MAB$, $\angle ABE = \angle ABM$

따라서, $\triangle ABE \equiv \triangle ABM$(ASA합동)이므로

$\overline{EM} \perp \overline{CD}$ ......㉠

선분 NM의 연장선과 선분 AB의 교점을 F라고 하면

$\overline{AF}^2 = \overline{FM} \cdot \overline{FN} = \overline{BF}^2$이므로 $\overline{AF} = \overline{BF}$이다.

또, $\overline{AB} /\!/ \overline{PQ}$이므로

$\overline{PM} = \overline{QM}$ ......㉡

㉠, ㉡에 의하여 $\triangle EPM \equiv \triangle EQM$(SAS합동)이므로

$\overline{EP} = \overline{EQ}$

4 (i) 원이 1개인 경우

원과 정사각형은 4개의 공통점을 가진다.

따라서, 종이는 $1+4=5$(조각)으로 나누어진다.

이때, 이것을 P_1이라 하자. 즉, $P_1=5$

(ii) 원이 2개인 경우

두 번째 원과 원래 도형은 4개의 공통점을 가진다.

즉, $P_2 = P_1 + 4 = 5 + 4 = 9$(조각)

(iii) 원이 3개인 경우

오른쪽 그림과 같이 세 번째 원과 원래 도형은 6개의 공통점을 가진다.

즉, $P_3 = P_2 + 6$
$$= 9 + 6 = 15$$(조각)

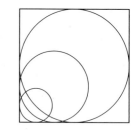

(iv) 원이 4개인 경우

네 번째 원과 원래 도형은 8개의 공통점을 가진다.

즉, $P_4 = P_3 + 8 = 15 + 8 = 23$(조각)

(v) 원이 5개인 경우

다섯 번째 원과 원래 도형은 10개의 공통점을 가진다.

즉, $P_5 = P_4 + 10 = 23 + 10 = 33$(조각)

(vi) 원이 6개인 경우

여섯 번째 원과 원래 도형은 12개의 공통점을 가진다.

즉, $P_6 = P_5 + 12 = 33 + 12 = \textbf{45}$(조각)

(i)~(vi)에 의하여 원이 n개인 경우 n번째 원과 원래 도형은 $2n$개의 공통점을 가진다.

즉, $P_n = P_{n-1} + 2n$
$$= \{P_{n-2} + 2(n-1)\} + 2n$$
$$= \{P_{n-3} + 2(n-2)\} + 2(n-1) + 2n$$
$$= 1 + 4 + 4 + 6 + 8 + \cdots + 2n$$
$$= \textbf{3} + \textbf{(2+4+6+8+10+}\cdots\textbf{+2}\textbf{\textit{n}}\textbf{)}\text{(조각)}$$

입체도형의 성질

P. 170~182

특목고 대비 문제

1 ③, ⑤	**2** 풀이 참조	**3** ⑤	**4** ④
5 ⑤	**6** ⑤	**7** 풀이 참조	**8** 풀이 참조
9 ①, ②, ③	**10** ①, ②, ⑤		**11** ④
12 ⑤	**13** 90개	**14** ④	**15** 풀이 참조
16 풀이 참조	**17** $\frac{1}{2}$	**18** ②, ⑤	**19** ①
20 풀이 참조	**21** 8가지	**22** ㄱ, ㄴ, ㄷ, ㄹ, ㅁ	
23 6개	**24** 6 : π : 2	**25** 9cm³	**26** 12
27 6cm	**28** 1120πcm³	**29** 3cm	**30** 1 : 5
31 9cm³	**32** 4cm	**33** $\frac{3}{2\pi}$	**34** $\frac{10}{3}$
35 6장	**36** 3	**37** 304	

1 ③ 정다면체의 한 면의 모양은 정삼각형, 정사각형, 정오각형의 세 가지이다.
④ 정십이면체의 모서리의 개수는 30개이고, 정이십면체의 모서리의 개수도 30개이다.
⑤ 정팔면체의 면의 모양은 정삼각형이고, 정십이면체의 면의 모양은 정오각형이다.

2 정육면체의 전개도를 그린 후 $\overline{AI}$, $\overline{IG}$를 나타내면 오른쪽 그림과 같다.

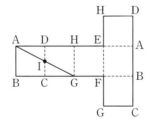

3 ⑤ 회전체는 다면체가 아니라 입체도형이다.

4 ④ n각기둥의 옆면은 직사각형으로 이루어져 있다.

5 ⑤ 옆면의 모양은 사다리꼴이지만 두 각이 직각은 아니다.

6 (가)에 의해 다면체이므로 다면체인 것을 찾으면 ①, ②, ⑤이다. ①, ②, ⑤ 중에서 (나), (다)를 만족하는 것을 찾으면 ⑤이다.

7 회전체의 겨냥도는 오른쪽 그림과 같다.

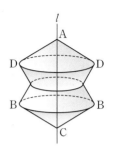

8 $\overline{AD}$, $\overline{CD}$, $\overline{EF}$, $\overline{FG}$의 중점을 모두 지나는 평면으로 자른 단면은 오른쪽 그림과 같다. 즉, $\overline{AD}$, $\overline{CD}$, $\overline{CG}$, $\overline{FG}$, $\overline{EF}$, $\overline{AE}$의 중점을 모두 지나는 정육각형으로 잘린다.

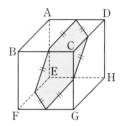

따라서, 그 단면의 모양은 오른쪽 그림과 같다.

9 화살표 방향으로 자르면 단면의 모양은 오른쪽 그림과 같다.

10 화살표 방향으로 자르면 단면의 모양은 오른쪽 그림과 같다.

11 한 꼭짓점에 모이는 면의 모양과 개수는 다음과 같다.
① 삼각형, 3개
② 정삼각형, 3개
③ 정사각형, 3개
④ 정삼각형, 4개
⑤ 정오각형, 3개

12 ⑤ 원뿔의 전개도에서 옆면은 삼각형이 아니라 부채꼴이다.

13 (i) 정오각형이 12장이므로 모서리는
 $5 \times 12 = 60$(개)
 (ii) 정육각형이 20장이므로 모서리는
 $6 \times 20 = 120$(개)
 한 개의 모서리를 두 다각형이 공유하므로 구하는 모서리의 총 개수는 $\frac{1}{2} \times (60+120) = \mathbf{90(개)}$

14 물이 있는 부분을 색칠하면 오른쪽 그림과 같다.
 따라서, 물이 닿지 않는 면은 ④이다.

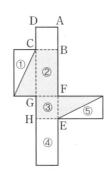

15 꼭짓점이 스크린에 떨어진 위치를 살펴보면 두 점 B와 H는 그림자의 중심이고, 점 A, E, F, G, C, D는 정육각형의 꼭짓점이 된다.
 따라서, 그림자의 모양은 오른쪽 그림과 같다.

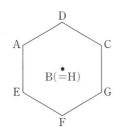

16 겨냥도를 그려보면 오른쪽 그림과 같다.

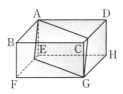

17 $a=30$, $b=5$, $c=3$이므로
 $$\frac{1}{b} + \frac{1}{c} - \frac{1}{a} = \frac{1}{5} + \frac{1}{3} - \frac{1}{30}$$
 $$= \frac{15}{30} = \mathbf{\frac{1}{2}}$$

19 정다면체는 구와 연결 상태가 같으므로
 $x - z + y = 2$에서 $x + y = z + 2$이다.

20 옆면의 전개도를 그리면 오른쪽 그림과 같다.

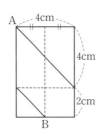

21 입체도형은 아래 그림과 같이 **8가지**이다.

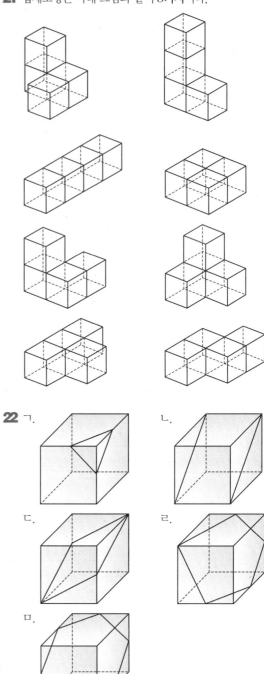

22 ㄱ. ㄴ. ㄷ. ㄹ. ㅁ.

위의 그림과 같이 단면이 되는 것은 ㄱ, ㄴ, ㄷ, ㄹ, ㅁ이다.

23 치즈를 위에서 본 모양은 오른쪽 그림과 같다.
 따라서, 구하는 치즈의 개수는
 $(4-1) + (3-1) + 1 = \mathbf{6(개)}$

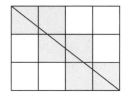

참고

치즈가 직육면체 $a \times b \times c$인 경우 철사가 통과하는 치즈의 개수는 $(a-1)+(b-1)+(c-1)+1$(개)이다.

24 (정육면체의 부피)$=10 \times 10 \times 10=10^3(cm^3)$

(구의 부피)$=\dfrac{4\pi \times 5^3}{3}(cm^3)$

(사각뿔의 부피)$=\dfrac{1}{3} \times 10 \times 10 \times 10=\dfrac{10^3}{3}(cm^3)$

따라서, 구하는 부피의 비는

$10^3 : \dfrac{4\pi \times 5^3}{3} : \dfrac{10^3}{3}=\mathbf{6 : \pi : 2}$

25 (밑넓이)$=\dfrac{1}{2} \times 3 \times 3(cm^2)$이고, 높이는 6cm인 삼각뿔이므로

(부피)$=\dfrac{1}{3} \times \left(\dfrac{1}{2} \times 3 \times 3\right) \times 6=\mathbf{9(cm^3)}$

26 오른쪽 그림에서

$l_1=2\pi b \times \dfrac{90^\circ}{360^\circ}=2\pi r$이므로

$r=\dfrac{1}{4}b$

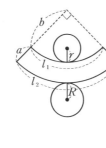

$l_2=2\pi(a+b) \times \dfrac{90^\circ}{360^\circ}=2\pi R$

이므로 $R=\dfrac{1}{4}(a+b)$

그런데 $R-r=3$이므로

$\dfrac{1}{4}(a+b)-\dfrac{1}{4}b=3, \dfrac{1}{4}a=3$

따라서, $a=\mathbf{12}$이다.

27 원기둥의 부피는 $(64\pi \times 20)cm^3$이고, 현재 물의 부피는 $(64\pi \times 18)cm^3$이므로 채워지지 않은 물의 부피는

$64\pi \times 2=128\pi(cm^3)$

쇠공의 반지름의 길이를 r cm라 하면 쇠공의 부피는 $\dfrac{4}{3}\pi r^3 cm^3$이고, 넘쳐 흐른 물의 양과 채워지지 않은 물의 부피의 합이 쇠공의 부피와 같아야 한다.

따라서, $\dfrac{4}{3}\pi r^3=128\pi+160\pi=288\pi$이므로

$r^3=216$에서 $r=\mathbf{6(cm)}$이다.

28 바깥이 되는 부분의 원의 반지름의 길이는

$18\pi \div 2\pi=9(cm)$

안쪽이 되는 부분의 원의 반지름의 길이는

$10\pi \div 2\pi=5(cm)$

따라서, 그릇의 밑넓이는

$9^2\pi-5^2\pi=56\pi(cm^2)$이므로

그릇의 부피는

$56\pi \times 20=\mathbf{1120\pi(cm^3)}$

29 부족한 물의 부피는

$\pi \times 5^2 \times x=25\pi x(cm^3)$

주어진 오른쪽 그림에서 빈 공간은 높이가 6cm인 원기둥의 부피의 절반과 같으므로

$25\pi x=\dfrac{1}{2} \times (\pi \times 5^2 \times 6)$에서 $x=3(cm)$

따라서, **3cm**만큼 물을 더 부어야 그릇에 물이 가득찬다.

30 정육면체의 한 모서리의 길이를 a라 하면

(정육면체의 부피)$=a^3$

작은 입체도형은 밑면이 직각삼각형인 삼각뿔이므로

(작은 입체도형의 부피)$=\dfrac{1}{3} \times \left(\dfrac{1}{2} \times a \times a\right) \times a=\dfrac{1}{6}a^3$

따라서, (큰 입체도형의 부피)$=a^3-\dfrac{1}{6}a^3=\dfrac{5}{6}a^3$이므로

구하는 부피의 비는

$\dfrac{1}{6}a^3 : \dfrac{5}{6}a^3=\mathbf{1 : 5}$

31 만들어진 입체도형의 겨냥도는 오른쪽 그림과 같다.

따라서, (부피)$=\dfrac{1}{3} \times \left(\dfrac{1}{2} \times 3 \times 3\right) \times 6$

$=\mathbf{9(cm^3)}$

32 $\triangle EFG=\triangle EBF=\dfrac{1}{2} \times 6 \times 6=18(cm^2)$

$\overline{GD}=12cm$이므로

(삼각뿔 D$-$EFG의 부피)$=\dfrac{1}{3} \times 18 \times 12=72(cm^3)$

$\triangle DEF$

$=\square ABCD-(\triangle AED+\triangle DFC+\triangle EBF)$

$=144-(36+36+18)$

$=54(cm^2)$

꼭짓점 G에서 밑면 DEF에 내린 수선의 길이를 h라 하면

$\dfrac{1}{3} \times 54 \times h=72$에서

$h=\mathbf{4(cm)}$

33 구하는 물의 높이를 h cm라 하면

$\left(\dfrac{1}{2} \times 3 \times 4\right) \times 4=\pi \times 4^2 \times h$에서 $h=\mathbf{\dfrac{3}{2\pi}(cm)}$

34 $\dfrac{1}{3} \times 3 \times 4 \times 5 = \dfrac{1}{2} \times 4 \times x \times 3$에서 $x = \dfrac{10}{3}$

35

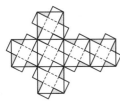 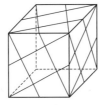

〈그림 1〉 　　　　〈그림 2〉

위의 그림과 같이 십자가 모양 6개로 정육면체의 전개도를 모두 덮을 수 있으므로 〈그림 1〉과 같은 전개도로 정육면체를 만들면 〈그림 2〉와 같은 겨냥도가 된다.

색칠한 부분은 밖으로 나간 삼각형 부분이 입체도형을 만들었을 때 채워지는 부분과 똑같다.

따라서, 최소한 **6장**이 필요하다.

36 반지름의 길이가 r인 구의 겉넓이는 $4\pi r^2$이고, 구의 부피는 $\dfrac{4\pi r^3}{3}$이므로

$4\pi r^2 = \dfrac{4\pi r^3}{3}$에서 $r = \mathbf{3}$

37 작은 직육면체를 잘라내어도 겉넓이는 원래의 겉넓이와 같다. 따라서, 원래 직육면체의 높이를 h라 하면
$2 \times (8 \times 6 + 8 \times h + 6 \times h) = 292$에서
$h = 7$
따라서, 구하는 입체도형의 부피는
(원래 직육면체의 부피) − (잘라 낸 직육면체의 부피)
$= 8 \times 6 \times 7 - 32 = 336 - 32 = \mathbf{304}$

P. 183~184

특목고 구술 · 면접 대비 문제

1 풀이 참조	**2** 15개 영역	**3** 194cm²
4 256배		

1 (1) 2 이하가 될 수 없다. 면의 개수가 2 이하이면 정다면체의 꼭짓점을 이룰 수 없다.
　(2) (i) $n \leq 2$이면 다각형이 될 수 없다.
　　(ii) $n \geq 6$이면 정 n각형의 한 내각이 $120°$ 이상이 되어 한 꼭짓점에 모이는 면의 개수가 3개 이상일 수 없다.
　　(i), (ii)에 의해 $3 \leq n \leq 5$

그러므로 정다면체를 이루는 면은 정삼각형, 정사각형, 정오각형 뿐이다.
(3) (i) 정다면체의 모서리의 개수를 비교하자.
　　정 n각형이 f개이므로
　　$\dfrac{fn}{2} = e$에서 $fn = 2e$
　　한 꼭짓점에 모이는 면의 개수는 k이고, 꼭짓점의 개수가 v이므로
　　$\dfrac{kv}{2} = e$에서 $kv = 2e$
　　구와 연결 상태가 같은 다면체이므로
　　$v - e + f = 2$
　(ii) ㄱ. 정삼각형인 경우
　　　$n = 3$, $k = 3$일 때
　　　$3f = 2e = 3v$에서 $e = \dfrac{3}{2}f$, $v = f$
　　　$v - e + f = 2$이므로 $f - \dfrac{3}{2}f + f = 2$에서
　　　$f = 4$(정사면체)
　　　$n = 3$, $k = 4$일 때 $f = 8$(정팔면체)
　　　$n = 3$, $k = 5$일 때 $f = 20$(정이십면체)
　　ㄴ. 정사각형인 경우
　　　$n = 4$, $k = 3$일 때 $f = 6$(정육면체)
　　ㄷ. 정오각형인 경우
　　　$n = 5$, $k = 3$일 때 $f = 12$(정십이면체)
　따라서, 정다면체는 정사면체, 정육면체, 정팔면체, 정십이면체, 정이십면체의 다섯 가지 뿐이다.

2 평면의 개수를 n이라고 하자.
　(i) $n = 1$일 때, 최대 2영역
　(ii) $n = 2$일 때, 최대 4영역
　(iii) $n = 3$일 때, 최대 8영역
　(iv) $n = 4$일 때,
　　이미 공간에 세 평면 α, β, γ가 주어져 있고, 네 번째 평면 z를 작도하였다고 하자. 그러면 z는 α, β, γ와 세 직선에서 만나며, 이 세 직선은 평면 z를 7개의 영역으로 나눈다. 이 7개의 부분 평면들은 공간을 분할하며, $n = 3$일 때보다 7개의 영역을 더 만든다.
　　따라서, 구하는 영역의 개수는 $8 + 7 = \mathbf{15(개)}$의 영역이다.

> **참고**
>
> 공간을 n개의 평면으로 나눌 때 구분되는 공간의 개수를 cake number라고 하며, 2, 4, 8, 15, 26, 42, 64, 93, 130, 176, … 등으로 나타난다.
>
> 일반적으로 이 수는 $\dfrac{n^3 + 5n + 6}{6}$ 으로 나타낼 수 있다.
>
> 이것의 설명 방법은 고등학교에서 조합을 배우면 알 수 있다.

3 겉넓이가 최소가 되려면 접하는 부분이 많아야 하므로 오른쪽 그림과 같다.

따로 떨어져 있을 때의 세 정육면체의 겉넓이의 합은

$6(25+9+4)=6\times38$
$=228(\text{cm}^2)$

여기에서 두 면이 접하는 부분의 넓이를 2개씩 빼면 된다.

접하는 부분의 넓이는 3^2cm^2, 2^2cm^2, 2^2cm^2이므로 구하는 겉넓이는 $228-2(9+4+4)=\mathbf{194(cm^2)}$

4 처음 정사면체의 부피를 a라고 하면

1회 시행 : $4a$

2회 시행 : 4^2a

3회 시행 : 4^3a

4회 시행 : $4^4a=256a$

따라서, 처음의 정사면체의 부피의 **256배**가 된다.

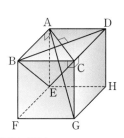

P. 185~187

시·도 경시 대비 문제

1 풀이 참조   **2** 풀이 참조

3 풀이 참조   **4** 300개   **5** 2876개

6 40   **7** $\dfrac{100}{3}x$ **8** 6배   **9** 5cm

1

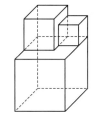

□ABCD에서 $\overline{AC}\perp\overline{BD}$ ······㉠

두 사각형 BCGF와 CDHG에서 $\overline{CG}\perp\overline{CB}$, $\overline{CG}\perp\overline{CD}$이므로

$\overline{CG}\perp$(삼각형 BCD를 포함한 평면)

$\overline{BD}$는 이 평면에 포함되므로 $\overline{CG}\perp\overline{BD}$ ······㉡

㉠, ㉡에서 $\overline{BD}\perp$(삼각형 ACG를 포함한 평면)

즉, $\overline{AG}\perp\overline{BD}$이다.   ······㉢

같은 방법으로 $\overline{AG}\perp\overline{DE}$이다.   ······㉣

㉢, ㉣에서 $\overline{AG}\perp$(삼각형 BDE를 포함한 평면)

참고

직선과 평면의 수직

직선이 평면과 만날 때, 그 교점을 지나는 평면의 두 직선에 수직이면 그 직선은 평면에 수직이다.

2 정십이면체는 마주 보는 면 6쌍이 서로 평행하다. 따라서, 평행한 면끼리 짝지으면 **1과 7, 2와 8, 6과 9, 5와 10, 4와 11, 3과 12**이다.

3 전개도를 그리면 오른쪽 그림과 같다.

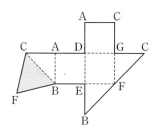

4 먼저 가로 방향으로 놓인 성냥개비의 개수의 규칙을 살펴보자.

(ⅰ) 가로줄 1줄에 있는 성냥개비의 개수는

$1\rightarrow2\rightarrow3\rightarrow4\rightarrow\cdots$

(ⅱ) 한 층에 있는 가로줄 성냥개비의 줄수는

$2\rightarrow3\rightarrow4\rightarrow5\rightarrow\cdots$

(ⅲ) 층의 개수는

$2\rightarrow3\rightarrow4\rightarrow5\rightarrow\cdots$

(ⅰ), (ⅱ), (ⅲ)에 의하여

(네 번째의 가로 방향의 성냥개비의 개수)

$=4\times5\times5$

$=100(\text{개})$

세로 방향과 높이 방향의 성냥개비의 개수도 각각 100개씩이므로 구하는 성냥개비의 개수는

$100\times3=\mathbf{300(개)}$

5 (ⅰ) 총 27개의 꼭짓점에서 세 점을 선택하는 방법

$\dfrac{1}{6}\times27\times26\times25=2925(\text{개})$

(ⅱ) 한 모서리에서 세 점을 선택하는 경우 삼각형이 만들어지지 않는다. 즉, $9\times3=27(\text{개})$

(ⅲ) 각 면의 대각선 위의 세 점을 선택하는 경우 삼각형이 만들어지지 않는다. 즉, $9\times2=18(\text{개})$

(ⅳ) 공간의 대각선 위의 세 점을 선택하는 경우 삼각형이 만들어지지 않는다. 즉, 4개이다.

(ⅰ)~(ⅳ)에 의하여 구하는 삼각형의 총수는

$2925-27-18-4=\mathbf{2876(개)}$

---

6 구하려는 입체도형은 다음 세 부분으로 이루어져 있다.

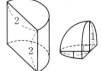

(i) 한 모서리의 길이가 2인 정육면체

(ii) 4개의 반원기둥

(iii) 구석에 있는 4개의 사분구

$$(\text{부피})=2\times2\times2+4\times\left(\frac{1}{2}\times\pi\times1^2\times2\right)$$
$$+4\times\left(\frac{4}{3}\pi\times1^3\times\frac{1}{4}\right)$$
$$=8+\frac{16}{3}\pi$$

따라서, $a=8$, $b=\frac{16}{3}$이므로

$a+6b=8+32=\textbf{40}$

7 정사각뿔 A-CDEF의 밑넓이는 $10\times10=100$

$(\text{정사각뿔의 부피})=\frac{1}{3}\times(\text{밑넓이})\times(\text{높이})$이므로

$$(\text{정팔면체의 부피})=2\times(\text{정사각뿔의 부피})$$
$$=2\times\left(\frac{1}{3}\times\frac{x}{2}\times100\right)$$
$$=\frac{\textbf{100}}{\textbf{3}}\textbf{\textit{x}}$$

8 정육면체의 한 모서리의 길이를 a라 하면 정팔면체의 반으로 이루어진 사각뿔의 밑넓이는 정육면체의 밑넓이의 반이므로 $a\times a\times\frac{1}{2}=\frac{a^2}{2}$이고, 높이는 $\frac{a}{2}$이다.

$$(\text{정팔면체의 부피})=2\times(\text{사각뿔의 부피})$$
$$=2\times\left(\frac{1}{3}\times\frac{a^2}{2}\times\frac{a}{2}\right)=\frac{a^3}{6}$$

따라서, 정육면체의 부피는 정팔면체의 부피의 **6배**가 된다.

9 물이 담긴 부분은 오른쪽 그림과 같이 삼각기둥 PST-DEF와 사각뿔 P-STRQ의 두 부분으로 나누어 생각할 수 있다. 직각삼각형의 가장 짧은 변 EF의 길이를 $x$cm라 하면

$\overline{DE}=(x+5)$cm

따라서, 물의 부피는 200cm³이므로

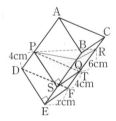

$$\frac{1}{2}\times x(x+5)\times4+\frac{1}{3}\times(10-4)\times x\times(x+5)=200$$

$4x(x+5)=200$, $x(x+5)=50$

따라서, $x=\textbf{5(cm)}$이다.

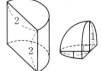

올림피아드 **대비 문제**

1 ③	**2** 풀이 참조	**3** 풀이 참조

4 $\frac{7}{4}$배, $\frac{23}{4}$배

1 볼록다면체는 삼각형인 면이 2개, 사각형인 면이 1개 존재하는 상태이다.

이때, 꼭짓점의 개수를 v, 모서리의 개수를 e, 면의 개수를 f라고 하면 다음이 성립한다.

$$\begin{cases} v-e+f=2 \\ b=(\text{각 면의 모서리의 개수})=2e \\ c=(\text{각 꼭짓점에 연결된 모서리 수}) \end{cases}$$

이때, c는 각 꼭짓점에 최소 3개의 모서리가 연결되어 있어야 하므로 $2e\geq3v$가 성립한다.

주어진 ①~⑤를 살펴보자.

① 오각형 : 3개, 육각형 : 2개

$f=8$, $b=37$, $e=\frac{37}{2}$ (성립하지 않는다.)

② 오각형 : 2개, 육각형 : 3개

$f=8$, $b=38$, $e=19$, $v=13$

그러나 $2e\geq3v$가 성립하지 않는다.

③ 오각형 : 4개, 육각형 : 1개

$f=8$, $b=36$, $e=18$, $v=12$

④ 오각형 : 2개, 육각형 : 2개

$f=7$, $b=32$, $e=16$, $v=11$

그러나 $2e\geq3v$가 성립하지 않는다.

⑤ 오각형 : 1개, 육각형 : 4개

$f=8$, $b=39$, $e=\frac{39}{2}$ (성립하지 않는다.)

따라서, 옳은 것은 ③이며 실제로 정육면체의 한 면에서 마주 보는 두 꼭짓점을 조금 잘라내면 ③을 만족하는 볼록다면체가 된다.

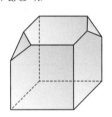

2 △ABC, △BCD, △CDA, △DAB가 모두 예각삼각형이 되게 하는 네 점 A, B, C, D가 존재한다고 하자. 이때, 네 점은 볼록사각형 또는 오목사각형을 이룬다.

(i) 만일 네 점 A, B, C, D가 볼록사각형을 이룬다고 하면 사각형의 내각의 크기의 합은 360°이므로 네 개의 내각 중 적어도 하나의 각의 크기는 90°보다 작지 않다.(네 개의 내각의 크기가 모두 90°보다 작다면 내각의 크기의 합이 360°보다 작게 되므로 90°보다 작지 않은 각이 반드시 존재한다.)

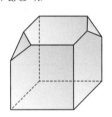

62 정답 및 해설

따라서, 이 각을 한 각으로 하는 삼각형은 예각삼각형이 아니므로 네 점 A, B, C, D는 볼록사각형을 이룰 수 없다.

(ii) 네 점 A, B, C, D가 오목사 각형을 이룬다고 하자. 오른 쪽 그림과 같이 점 D가 오목 한 각이라 하면 ∠ADB, ∠BDC, ∠ADC

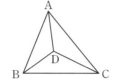

의 크기의 합이 360˚이므로 이 세 각 중에 하나의 크기 는 120˚보다 작지 않다.

따라서, 이 각을 한 각으로 하는 삼각형은 예각삼각형 이 아니므로 네 점 A, B, C, D는 오목사각형을 이룰 수 없다.

(i), (ii)에서 △ABC, △BCD, △CDA, △DAB가 모두 예각삼각형이 되는 같은 평면 위의 네 점은 존재하지 않는다.

3 (1) 볼록 n각형의 꼭짓점
$P_{i+1}(i=1, \cdots, n)$에서의
외각의 크기는
$\angle P_{i+1}P_{i+2}P_i + \angle P_{i+1}P_iP_{i+2}$

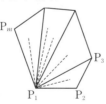

이고 이것을 모두 합하면
모든 외각의 크기의 합이므로 360˚가 되어야 한다.
$$\sum_{i=1}^{n} \angle P_{i+1}P_{i+2}P_i + \sum_{i=1}^{n} \angle P_{i+1}P_iP_{i+2} = 360˚$$
$$(단, P_{n+1}=P_1, P_{n+2}=P_2)$$
좌변의 $2n$개의 각 중 각의 크기가 최소인 각을 α라 하면
$2n\alpha \leq 360˚$에서 $\alpha \leq \dfrac{180˚}{n}$이다.

즉, $\dfrac{180˚}{n}$보다 크지 않은 각이 반드시 존재한다.

(2) 어떤 두 점 P_1, P_2를 잡아서 나머지 모든 점이 직선 P_1P_2에 대하여 같은 방향에 있게 할 수 있다.

다음 $\overline{P_1P_2}$에 대하여 가장 밖 의 점 P_3를 잇는 방식으로 모든 점을 볼록다각형의 내 부에 포함시키도록 할 수 있 다. 이렇게 하여 볼록 m각 형을 얻고 나머지 $(n-m)$

개의 점이 이 다각형의 내부에 있는 경우를 생각하면 된 다. 한 꼭짓점에서 $(n-1)$개의 서로 다른 방사선을 얻 고 이러한 방사선이 만드는 $(n-2)$개의 각을 얻는다. 이들의 합은 한 꼭지각의 크기이다.

(i) m개의 꼭짓점에 대해서 생각하면 $m(n-2)$개의 각의 크기의 합이 $180˚ \times (m-2)$이다.

(ii) (1)에서와 같이 각 꼭짓점에서의 외각을 생각하면 $2m$개의 각의 크기의 합이 $180˚ \times 2$인 것이 있다.
　　　　　……★

(i), (ii)의 두 경우를 합하면
$m(n-2)+2m=mn$(개)의 각의 크기의 합은
$180˚ \times (m-2) + 180˚ \times 2 = 180˚ \times m$

그러므로 이들 중 최소인 각은 $\dfrac{180˚ \times m}{mn} = \dfrac{180˚}{n}$

보다 크지 않다.

따라서, 일반적인 경우도 「…」 부분이 (1)과 똑같이 성 립한다.

참고 ★

(ii) (1)에서와 같이 꼭짓점에서의 외각을 생각하면
m각형은 $2m$개의 내각이 있고 그 크기의 합은
외각의 크기의 합과 같으므로 $360˚(180˚ \times 2)$이다.

예 5각형은 10개의 내각이 있고, 이 내각의 크기의 합은
$360˚(180˚ \times 2)$이다.

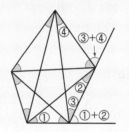

4 (i) 정사면체를 자를 때 생기는 오 른쪽 그림과 같은 단면의 넓이 를 S라고 하면 잘려진 정사면 체의 하나의 겉넓이는 $4S$이므 로 잘려진 4개의 정사면체의 겉넓이의 합은 $16S$이다.

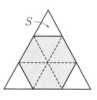

남은 입체도형의 단면은 $6S$이므로 남은 입체도형의 겉 넓이는
$6S \times 4 + 4S = 28S$

따라서, 남은 도형의 겉넓이는 잘려진 4개의 정사면 체의 겉넓이의 합의 $\dfrac{28S}{16S} = \dfrac{7}{4}$(배)이다.

(ii) 잘려 나간 정사면체 하나의 부피를 V라고 하면 잘려진 4개의 정사면체의 부피의 합은 $4V$이다.

처음 정사면체의 부피는 부피가 V인 정사면체가
$9+4+1+(9+4)=27$(개)이므로 남은 도형의 부피 는 $23V$이다.

따라서, 남은 도형의 부피는 잘려진 4개의 정사면체의 부피의 합의 $\dfrac{23V}{4V} = \dfrac{23}{4}$(배)이다.

VIII 교과서 외의 경시

특목고 대비 문제

P. 194~201

1 없다.　　**2** 짝수　**3** 풀이 참조　　**4** 없다.

5 홀수　　**6** $p=2, q=5$　**7** 풀이 참조

8 풀이 참조　　**9** 풀이 참조　　　　**10** 3

11 풀이 참조　　**12** (1) 풀이 참조　(2) 풀이 참조

13 (1) 풀이 참조　(2) 풀이 참조　　**14** 할 수 없다.

15 $73_{(9)}$　**16** 1　　**17** 25자리의 수　　**18** 8

19 107　**20** 1개　**21** 16개

22 $11000_{(2)}$ 또는 $100110_{(2)}$

---

1 오른쪽 그림과 같이 $\boxed{1\ 0}$ 을 차례로 써보면 1은 30개, 0은 32개가 있어야 한다.
따라서, **31개의 도미노로 완전히 덮을 수 있는 방법은 없다.**

1	0	1	0	1	0	1	0
0	1	0	1	0	1	0	1
1	0	1	0	1	0	1	0
0	1	0	1	0	1	0	1
1	0	1	0	1	0	1	0
0	1	0	1	0	1	0	1
1	0	1	0	1	0	1	0
0	1	0	1	0	1	0	1

2 모두 맞는다면 $5 \times 20 = 100$(점), 기본 점수가 20점이므로 $100 + 20 = 120$(점)이며, 121명의 학생이 참가했으므로 총점은 $120 \times 121 = 14520$(점)이다.
1문제를 틀렸다고 하면 맞았을 때의 점수인 5점에서 -1점이 되므로 총점에서 6점이 줄어들게 되고, 1문제를 답하지 않았다고 하면 맞았을 때의 점수인 5점에서 1점을 얻게 되므로 총점에서 4점이 줄어들게 된다.
따라서, 항상 짝수 점수만큼 줄어들게 되므로 총합은 홀짝이 바뀌지 않는다. 그러므로 총합은 항상 **짝수**이다.

3 (i) p가 홀수, q가 짝수이면 $p-1$은 짝수, $q-1$은 홀수이다.
　　따라서, $(p-1)(q-1)$은 짝수이다.
　(ii) p가 짝수, q가 홀수이면 $p-1$은 홀수, $q-1$은 짝수이다.
　　따라서, $(p-1)(q-1)$은 짝수이다.
　(i), (ii)에 의하여 $(p-1)(q-1)$은 짝수이다.

4 가정에 의하여 이러한 동작을 한 번 할 때마다 남는 수는 홀수의 개수가 변하지 않거나 두 개 줄어든다는 것을 알 수

있다. 만약 두 개의 홀수를 지우면 짝수 한 개가 생긴다. 그런데 1, 2, 3, $\cdots$, 1990 중에 있는 홀수의 개수는 995개, 즉 홀수 개이다. 따라서, 홀짝에 의하여 반드시 남는 수는 홀수이어야 한다. 그러므로 결과는 **0이 될 수 없다.**

5 (홀수)$\pm$(홀수)$=$(짝수) , (짝수)$\pm$(짝수)$=$(짝수)이다.
홀수끼리 홀수 번 더하거나 빼면 홀수가 되는데, 1부터 2005까지의 수 중에서, 홀수는 1003개, 즉 홀수 개 있다.
따라서, $+$ 또는 $-$를 써넣어서 계산하면 그 결과는 항상 **홀수**이다.

6 $q-p$가 홀수이므로 p와 q는 홀짝이 서로 달라야 한다.
　(i) p가 홀수이면 q는 짝수이고, 짝수인 소수는 2이므로 $q=2$이지만 이것을 만족하는 p는 존재하지 않는다.
　(ii) p가 짝수이면 q는 홀수이고, 짝수인 소수는 2이므로 $p=2, q=5$이다.
　(i), (ii)에 의하여
　$p=2, q=5$

7 5 이상의 소수가
　(i) $6n \pm 2$꼴이라고 하면 $2(3n \pm 1)$이므로 2의 배수이다.
　(ii) $6n$꼴이라고 하면 6의 배수이다.
　(iii) $6n+3$꼴이라고 하면 $3(2n+1)$이므로 3의 배수이다.
　(i), (ii), (iii)에 의하여 5 이상의 소수는 $6n \pm 1$(단, n은 자연수)꼴이다.

8 $4n+3$꼴인 소수가 유한 개만 있다고 가정하자.
$p_1, p_2, \cdots, p_k$가 $4n+3$꼴인 소수 전체라고 하면
$m = 4p_1 p_2 \cdots p_k - 1 = 4(p_1 p_2 \cdots p_k - 1) + 3$
m이 홀수이므로 m의 소인수 $p_n(n=1, 2, \cdots, k)$도 홀수이어서 $4n+1$이나 $4n+3$꼴이다.
만약 각각의 $p_n(n=1, 2, \cdots, k)$이 $4n+1$꼴이면 m도 $4n+1$꼴이므로 모순이다. 따라서, m은 $4n+3$꼴인 소인수를 적어도 하나 가진다.
즉, 가정에 모순이므로 $4n+3$꼴인 소수는 무한히 많다.

9 홀수를 제곱하여 4로 나누면 나머지가 1이고, 짝수를 제곱하면 4의 배수이므로 제곱수는 $4k$나 $4k+1$(k는 정수)의 꼴이다.
$p_1=2$이고, $p_2, p_3, \cdots, p_n$ 중에서 적어도 하나는 $4k+3$꼴이므로 $p_2 p_3 \cdots p_n$은 $4k+3$꼴이다.
즉, $P_n = p_1 p_2 \cdots p_n + 1 = 2(4k+3) + 1 = 4(2k+1) + 3$
따라서, P_n은 제곱수가 아니다.

10 $p = 3k \pm 1$일 때,
$p^2 + 2 = (3k \pm 1)^2 + 2 = 3(3k^2 \pm 2k + 1)$

따라서, p^2+2는 3으로 나누어 떨어지므로 p^2+2는 소수가 아니다.

즉, $p=3k$이어야 하고, p는 소수이므로 $p=3$이다.

11 $n>3$이므로 $n=3k$는 합성수이다.

$n=3k+1$일 때, $n+2=3(k+1)$은 합성수이다.

$n=3k+2$일 때, $n+4=3(k+2)$는 합성수이다.

따라서, $n>3$일 때, 세 정수 n, $n+2$, $n+4$는 모두 소수가 아니다.

12 (1) 5 이상의 소수들은 $6n\pm1$의 꼴이다.

$6n\pm1=(2n\pm1)+(2n\mp1)+2n+(\pm1)$과 같고

여기서, $(2n\pm1)\times(2n\mp1)\neq2n\times(\pm1)$,

$\qquad(2n\pm1)\times2n\neq(2n\mp1)\times(\pm1)$,

$\qquad(2n\pm1)\times(\pm1)\neq(2n\mp1)\times2n$

이므로 A이면 B이다.

(2) 예를 들어 $1+2+3+4=10$에서 $1\times2\neq3\times4$이지만 10은 소수가 아니므로 B이면 A가 아니다.

13 (1) n이 $n\geq4$인 짝수라고 할 때,

$n+2\geq6$이고 $n+2=p+q+r$(단, p, q, r는

$p\leq q\leq r$인 소수)에서 n이 짝수이므로 p, q, r가 모두

짝수이거나 한 개만 짝수이다.

(i) p, q, r가 모두 짝수인 경우

$\qquad n+2=2+2+2$, $n=4=2+2$

(ii) p, q, r 중 한 개만 짝수인 경우

$\qquad n+2=2+q+r$, $n=q+r(n\geq4)$

(i), (ii)에 의하여 임의의 6 이상인 정수를 세 개의 소수의 합으로 쓸 수 있다고 가정하면 임의의 4 이상인 짝수는 두 개의 소수의 합으로 쓸 수 있다.

(2) $n\geq6$이라고 할 때,

(i) n이 짝수이면 $n-2\geq4$

$\qquad n-2=p+q$이므로

$\qquad n=2+p+q$

(ii) n이 홀수이면 $n-3\geq4$

$\qquad n-3=p+q$이므로

$\qquad n=3+p+q$

(i), (ii)에 의하여 임의의 4 이상인 짝수를 두 개의 소수의 합으로 쓸 수 있다고 하면 임의의 6 이상인 정수는 세 개의 소수의 합으로 쓸 수 있다.

14 같은 수에 대하여 홀수가 홀수 번째에 있으면 다른 홀수도 홀수 번째에 있고, 홀수가 짝수 번째에 있으면 다른 홀수도 짝수번째에 있다.

또한, 같은 수에 대하여 짝수가 홀수 번째에 있으면 다른 짝수는 짝수 번째에 있고, 짝수가 짝수 번째에 있으면 다른

짝수는 홀수 번째에 있다.

이때, 1, 1, 2, 2, $\cdots$, 2006, 2006을 한 줄로 배열하면 1번째 자리부터 4012번째 자리가 생기게 된다. 이 중 홀수 번째 자리는 총 2006개가 있다.　　　　　 ······㉠

이제 이 2006개의 자리에 올 수 있는 수에 대해 생각해 보자.

홀수 중 홀수 번째 자리에 오는 수는 $2p$(단, p는 자연수)개가 있고, 짝수 중 홀수 번째 자리에 오는 수는 1003개가 있다.

따라서 홀수 번째에 오는 수는 모두 $(2p+1003)$개이다.
　　　　　　　　　　　　　　　　　　······㉡

㉠, ㉡에 의하여 $2p+1003=2006$, 즉 $2p=1003$가 되어 모순이다. 따라서 **조건을 만족하게 배열할 수 없다.**

15 $ababab_{(9)}=a\times9^5+b\times9^4+a\times9^3+b\times9^2+a\times9+b$

$\qquad=9^4(a\times9+b)+9^2(a\times9+b)+(a\times9+b)$

$\qquad=(a\times9+b)(9^4+9^2+1)$

$\qquad=(a\times9+b)(9^4+2\times9^2+1-9^2)$

$\qquad=(a\times9+b)\{(9^2+1)^2-9^2\}$

$\qquad=(a\times9+b)(9^2+9+1)(9^2-9+1)$

$\qquad=(a\times9+b)\times91\times73$

$\qquad=(a\times9+b)\times7\times13\times73$

양의 약수의 개수가 2^6개이므로

$P=a\times9+b=\alpha^x\beta^y\gamma^z$(단, α, β, γ는 서로 다른 소수)의 꼴이 되어 $(x+1)(y+1)(z+1)=2^3$이 되어야 한다.

a, b는 8 이하의 소수이므로 2, 3, 5, 7 중의 하나이다.

따라서, (a,b)는 $(2,3)$, $(2,5)$, $(2,7)$, $(3,2)$, $(3,5)$, $(3,7)$, $(5,2)$, $(5,3)$, $(5,7)$, $(7,2)$, $(7,3)$, $(7,5)$ 중에서 만족하는 경우는 $(7,3)$일 때뿐이다.

따라서, 구하는 수는 $73_{(9)}$이다.

> **참고**
>
> ① $A^2+A+1=A^2+2A+1-A=(A+1)^2-A$
>
> ② $A^2-B^2=(A+B)(A-B)$
>
> ③ (a,b)가 $(7,3)$일 때, $P=66=2\times3\times11$이므로
> $\quad(x+1)(y+1)(z+1)=(1+1)(1+1)(1+1)=2^3$

16 $n^2=ab1c_{(8)}=a\times8^3+b\times8^2+1\times8+c$라 하자.

(i) n이 짝수($n=2k$)이면, n^2은 4의 배수이므로 n^2을 8로 나눈 나머지는 0 또는 4이다.

(ii) n이 홀수($n=2k+1$)이면

$\qquad n^2=(2k+1)^2=4(k^2+k)+1$이고,

$\qquad k^2+k=k(k+1)$은 연속하는 두 수의 곱이므로 짝수이다. 따라서, n^2을 8로 나눈 나머지는 1이다.

(i), (ii)에서 가능한 c의 값은 0, 1, 4이다.

$c=0$이면 $n^2=8(8m+1)$이고, 이때는 8이 제곱수가 아니므로 불가능하다.

또, $c=4$이면 $n^2=4(8n+3)$이고, 이때는 어떤 짝수의 제곱의 꼴이 아니므로 불가능하다.

따라서, $c=\mathbf{1}$뿐이다.

17 이진법으로 나타낼 때, 100자리인 수를 n이라 하면

$2^{99} \le n < 2^{100}$

즉, $8 \cdot 16^{24} \le n < 16^{25}$

따라서, n을 십육진법으로 나타내면 **25자리의 수**이다.

18 $530_{(k)}+250_{(k)}=1000_{(k)}$이므로 k자리의 수 3과 5를 더하면 0이 되어야 한다.

즉, $3_{(k)}+5_{(k)}=10_{(k)}$이므로 $k=\mathbf{8}$

19 ADE, ADC, AAB가 연속한 오진법으로 나타낸 수이다.

AAB$=$ADC$+1$이므로

C$=4$이고, B$=0$, A$=$D$+1$

또, ADC$=$ADE$+1$이므로 E$=3$

따라서, A$=$D$+1$, B$=0$, C$=4$, E$=3$이므로

D$=1$, A$=2$

즉, CDA$=412_{(5)}$이므로 십진법의 수로 나타내면

$4 \times 5^2 + 1 \times 5 + 2 = \mathbf{107}$

20 55를 이진법의 수로 나타내면 $55=110111_{(2)}$이므로 0이 하나이다. 따라서, 필요한 흰 바둑알은 **1개**이다.

21 이진법으로 나타낼 때, 다섯 자리가 되는 수는 $10000_{(2)}$부터 $11111_{(2)}$까지이다.

$10000_{(2)}=16$이고, $11111_{(2)}=31$이므로 구하는 십진법의 수의 개수는

$31-16+1=\mathbf{16(개)}$

22 $11111_{(2)}=31$이므로 $x_{(2)}=24$ 또는 $x_{(2)}=38$

따라서, $x_{(2)}$를 이진법으로 나타내면

$24=\mathbf{11000_{(2)}}$ **또는** $38=\mathbf{100110_{(2)}}$

P. 202~203

특목고 구술·면접 대비 문제

1 풀이 참조   **2** 풀이 참조   **3** 풀이 참조
4 (1) 0, 1, 2   (2) 풀이 참조   (3) 풀이 참조

1 어떤 소수 p에 대하여 $p^2 \le N < (p+1)^2$이라고 하자.

N이 p보다 큰 소수 a를 약수로 갖는다고 하면 $N=ab$에서 b는 p보다 작은 수이다. 그러므로 b는 반드시 p보다 작

거나 같은 소인수를 가져야 하고, N도 p보다 작거나 같은 소인수를 가져야 한다. 따라서, p까지의 소수로 N을 나누어 보면 충분하다.

2 좌표평면에서 x좌표, y좌표가 짝수인 경우를 ○, 홀수인 경우를 ×로 나타내어 구분하면 (○, ○), (○, ×), (×, ○), (×, ×)의 4가지 경우가 생긴다.

5개의 격자점이 주어지면 비둘기집 원리에 의하여 같은 조에 두 개의 격자점이 속하게 되고, 이 두 점의 중점인

x좌표, y좌표는 $\dfrac{(짝수)+(짝수)}{2}$ 또는 $\dfrac{(홀수)+(홀수)}{2}$

꼴이 되므로 중점의 좌표는 격자점이 된다.

따라서, 두 점의 중점이 격자점인 것이 적어도 한 쌍 존재한다.

비둘기집 원리

n개의 비둘기집에 $(n+1)$마리 이상의 비둘기가 들어갔다면 두 마리 이상의 비둘기가 들어간 비둘기집이 적어도 하나 있다.

3 $p+1$에서 p는 2를 제외하고는 모두 홀수이므로 $p>3$인 경우 $p+1$은 2의 배수이다.

연속한 세 자연수 중에서 하나는 3의 배수인데, p와 $p+2$가 소수이므로 $p+1$은 3의 배수가 되어야 한다.

따라서, $p+1$은 3의 배수이고, 동시에 2의 배수이므로 6의 배수이다.

4 (1) 모든 정수는 k가 정수일 때, $2k$, $2k+1$의 꼴이므로

　(ⅰ) $m=2k$, $n=2k'$일 때,
　　$m^2+n^2=4(k^2+k'^2)$이므로 나머지는 0이다.

　(ⅱ) $m=2k$, $n=2k'+1$일 때,
　　$m^2+n^2=4(k^2+k'^2+k')+1$이므로 나머지는 1이다.

　(ⅲ) $m=2k+1$, $n=2k'$일 때,
　　$m^2+n^2=4(k^2+k+k'^2)+1$이므로 나머지는 1이다.

　(ⅳ) $m=2k+1$, $n=2k'+1$일 때,
　　$m^2+n^2=4(k^2+k+k'^2+k')+2$이므로 나머지는 2이다.

　(ⅰ)~(ⅳ)에 의하여 구하는 나머지는

　0, 1, 2

(2) $n=\cdots11000\cdots00_{(2)}$에서 일의 자리에서부터 0이 짝수 번 연속되므로 $2k$번 계속되었다고 할 수 있다. 그러므로 $2k+1$번째와 $2k+2$번째 자릿수가 1이다. $2k+3$번째 자릿수를 b_1, $2k+4$번째 자릿수를 b_2, $\cdots$라 하면 (단, b_1, b_2, $\cdots$는 0 또는 1)

$n=1 \times 2^{2k} + 1 \times 2^{2k+1} + b_1 \times 2^{2k+2} + b_2 \times 2^{2k+3} + \cdots$

$$=2^{2k}+2^{2k+1}+2^{2k+2}(b_1+2b_2+\cdots)$$
$$=4^k+2\times4^k+4\times4^k(b_1+2b_2+\cdots)$$
$$=4^k\{1+2+4(b_1+2b_2+\cdots)\}$$

여기서 $b_1+2b_2+\cdots=s$(단, s는 음이 아닌 정수)라 하면 $n=4^k(4s+3)$이다.

(3) 영희가 이길 수 있는 방법 : 다음 경우를 주의하고, 항상 철수가 적는대로 따라 적는다.

철수가 처음에 0을 적으면 1을, 철수가 두 번째도 0을 적으면 영희는 1을, 철수가 세 번째도 0을 적으면 영희는 1을 적는다. 이후에는 철수가 적는대로 같은 숫자를 따라 적는다. (만약, 철수가 세 번 중에 한 번이라도 1을 적으면 그 때부터 따라 적는다.)

(i) 철수가 끝까지 0을 적고 영희가 따라 적으면
$n=00\cdots00_{(2)}=0$이 되어 제곱수의 합($n=0^2+0^2$)이 되므로 영희가 진다. 이를 방지하기 위해 철수가 처음에 0을 적으면 영희는 1을, 철수가 두 번째도 0을 적으면 1을, 세 번째도 0을 적으면 영희는 1을 적는다. 그 후에도 철수가 계속해서 0을 적는다면 영희는 0을 계속해서 적는다.

즉, $n=01010100\cdots00_{(2)}$

이것을 십진법으로 나타내면
$n=2^{4006}+2^{4004}+2^{4002}=2^{4002}(2^4+2^2+1)=21\times2^{4002}$
가 된다.

여기서 2^{4002}는 제곱수이지만 21은 제곱수의 합이 아니므로 n이 제곱수의 합이 되지 않는다. 따라서, 영희가 이긴다.

물론 철수가 어느 순간에 1을 적으면 그 때부터는 영희가 따라 적으면 되고, 이것은 아래 (ii)의 경우가 된다.

(ii) 철수가 한 번 이상 1을 쓴다고 하자. 철수와 영희가 번갈아서 0 또는 1을 적어서 4008자리 숫자 n을 만들 때, 철수가 적은 숫자를 영희가 그대로 따라서 적는 경우에는 $n=\cdots1100\cdots00_{(2)}$의 형태 또는 $n=\cdots1100\cdots11_{(2)}$의 두 가지 형태로 생각할 수 있다.

㉮ $n=\cdots1100\cdots00_{(2)}$의 꼴인 경우
문제 (2)와 같이 $n=4^k(4s+3)$으로 나타낼 수 있다. 철수가 이기려면
$n=4^k(4s+3)=x^2+y^2$(x, y는 자연수)가 성립해야 한다.
철수가 이긴다고 하면 $x=2^k a$, $y=2^k b$인 자연수 a, b가 존재하여야 한다.
따라서, $a^2+b^2=4s+3$이 되어야 하는데 (1)번 문제에서와 같이 제곱수의 합 중 4로 나누어 나머지가 3이 되는 경우는 없다. 그러므로 철수가 이긴다는 가정은 모순이다.
따라서, 영희가 이긴다.

㉯ $n=\cdots1100\cdots11_{(2)}$의 꼴인 경우
이것을 십진법으로 나타내면 끝에서 세 번째 이상 자리에서는 모두 4의 배수이므로 $n=4q+3$의 형태가 된다. 이 또한 4로 나눈 나머지가 3인 수이므로 제곱수의 합이 될 수 없다.
따라서, 영희가 이긴다.

따라서, (i), (ii)의 경우에 영희가 반드시 이긴다.

Memo